高等数学(Ⅰ)

主　　编　徐　祥　万细仔

副主编　邓炳茂　周志轩　张新文

参编人员　(以姓氏笔画为序)

王祥玲　邓炳茂　田　检

张新文　蒋春玲　商晓阳

北京邮电大学出版社

www.buptpress.com

内容简介

本书是高等数学的入门教材，主要内容包括一元函数微分学、一元函数积分学、微分方程初步．全书共6章：第1章：函数、极限和连续；第2章：导数与微分；第3章：微分中值定理与导数的用；第4章：不定积分；第5章：定积分及其应用；第6章：微分方程．每一节、每一章都配有适量的习题，书末附有习题的提示与答案．本书是由基础数学博士后、华软软件学院主管教学的副院长徐祥教授主持编写的，积累了数位作者民办高校多年教学经验，精选内容、合理组织结构，力求具有选择面宽，适用范围广的特点．

本书选材精炼，推理严谨，重点突出，例题丰富，习题多并且难易适度，对重要的概念和内容我们从背景开始，再引和相应的概念和内容，使读者对知识的来龙去脉有一定的了解，进而学会如何提出问题和解决问题．

本教材适用于综合大学、理工科大学的理工科专业本科一年级学生，尤其是民办高校的理工科专业本科一年级学生．

图书在版编目(CIP)数据

高等数学(Ⅰ)／徐祥，万细仔主编．--北京：北京邮电大学出版社，2015.6(2020.1重印)

ISBN 978-7-5635-4285-7

Ⅰ.①高…　Ⅱ.①徐…②万…　Ⅲ.①高等数学—高等学校—教材　Ⅳ.①O13

中国版本图书馆CIP数据核字(2015)第012384号

书　　　名：高等数学(Ⅰ)
著作责任者：徐　祥　万细仔　主编
责 任 编 辑：满志文
出 版 发 行：北京邮电大学出版社
社　　　址：北京市海淀区西土城路10号(邮编：100876)
发　行　部：电话：010-62282185　传真：010-62283578
E-mail：publish@bupt.edu.cn
经　　　销：各地新华书店
印　　　刷：北京玺诚印务有限公司
开　　　本：787 mm×1 092 mm　1/16
印　　　张：14
字　　　数：343千字
版　　　次：2015年6月第1版　2020年1月第3次印刷

ISBN 978-7-5635-4285-7　　定　价：30.80元

·如有印装质量问题，请与北京邮电大学出版社发行部联系·

前　言

微积分是一门历史悠久的学科，是所有科学技术的基础，也是公民数学素养中的基本素养之一，自然也就成为大学教育的基础内容.

近十几年来，中国的高等教育有了飞速的发展，无论是在校生规模，还是办学模式都有非常大的改观. 规模的扩大，办学层次的多元化就必然造成在校大学生数学基础有非常大的差异，因材施教的特色教学就成为大学高等数学教学的必须，而有特色的高质量的高等数学教材就自然而然地成为最迫切的需求. 本书就是根据编者近几年在全日制民办高校教学经验总结编写而成，从编写原则、理论体系、概念的引入、定理的证明、实例和习题的选择、解题思路及计算的处理，都既考虑到基础较差的学生，又兼顾希望考研的学生，使其既便于教师教，也便于不同层次的学生学. 本书可作为非重点全日制公办高校，全日制民办高校及成人高校的工科专业高等数学教材.

本教材内容包括一元函数微分学，一元函数积分学，微分方程初步. 全书共6章：第1章：函数、极限与连续，由万细仔、张新文执笔；第2章：导数与微分，由商晓阳执笔；第3章：微分中值定理与导数的应用，由邓炳茂、周志轩执笔；第4章：不定积分，由王祥玲执笔；第5章：定积分及其应用，由蒋春玲执笔；第6章：微分方程，由田检执笔.

本教材得到广州大学华软软件学院"精品课程"和"高等数学教学团队建设"两个项目的资助，华软软件学院领导、广东道锋文化发展有限公司和北京邮电大学出版社为本书的出版给予了大力的支持和帮助，在此一并表示感谢.

由于编者的经验和水平有限，教材中缺点和错误总是难免的，敬请专家和读者不吝指正.

编　者

目　　录

第1章　函数、极限与连续

学习目标

了解反函数、函数单调性、奇偶性、有界性、周期性的概念；无穷小、无穷大的概念；闭区间上连续函数的性质；

理解函数、基本初等函数、复合函数、初等函数、分段函数的概念；函数极限的定义；无穷小的性质；函数在一点连续、函数在区间上连续的概念；初等函数的连续性. 掌握相同函数的判断；复合函数的复合过程；复合函数的分解；反函数的求法；极限的四则运算法则；

会用函数关系描述实际问题；会对无穷小进行比较；

会用两个重要极限求极限；

会判断间断点的类型；会求连续函数和分段函数的极限.

函数是被广泛应用于自然科学、工程技术以及经济生活中的数学概念之一，其重要意义远远超出了数学范围. 函数作为相关变量之间的关系式，是运用数学模型研究实际问题的重要手段. 极限概念是研究变量在某一过程中的变化趋势时引出的，它是有限运算（初等数学）过渡到无限运算（高等数学）的桥梁，是微积分的基础. 微积分学中的重要概念——导数和积分都是用极限表述的；微积分学中的很多定理也是用极限方法推导出来的.

1.1　函　　数

一、函数的概念

1. 常量与变量

在日常生活、生产活动和经济活动中，经常遇到各种不同的量，例如：身高、气温、面积、产量、收入、成本等等. 这些量可分为两类，一类量在考查过程中不发生变化，只取一个固定的值，我们把它称作**常量**，例如：圆周率 π 永远是个不变的量，飞机上的乘客数在飞行过程中不会发生变化，一个国家的国土面积在一段时间内是固定不变的；光在真空中的传播速度也是一个固定的量，这些都是常量；另一类量在考查过程中是变化的，可以取不同的数值，我们称之为**变量**,例如:一天中的气温,飞机飞行过程中离地面的高度,离出发地、目的地的距离,陨石下落过程中的速度等都是在不断变化的,它们都是变量.

在理解常量与变量时,应注意下面几点:

(1) 常量变量依赖于所研究的过程,同一个量,在某个过程中可认为是常量,而在另一个过程中则可能是变量,反过来也是同样的.例如:利率在一定时期内是固定的,而从长远来看是变化的.

(2) 从几何意义上讲,常量对应着实数轴上的定点,变量则对应着实数轴上的动点.

(3) 一个变量所能取的数值的集合称作这个变量的变动区域.

有一类变量,如人数、货币数量,它们取有限或可数个点 $x_1,x_2,x_3,\cdots,x_n,\cdots$,我们称这类变量为**离散变量**;还有一类变量,例如气温、时间,它们的取值可介于两个实数之间的任意实数值,称作**连续变量**,连续变量的变动区域常用区间表示.

习惯上我们用 x,y,z,u,v,w 表示变量,用 a,b,c,d 表示常量.

2. 函数的概念

【例 1-1-1】 某产品专卖店,场租和人工为 100 000 元,每件产品的进货价为 300 元/件,则该专卖店销售量 x(件)与总成本 y(元)之间有下面关系式:

$$y = 100\,000 + 300x \quad (x \in \mathbf{N})$$

显然,销售量 x 取任何一个合理值,总成本 y 就有一个确定值与它对应,我们说总成本 y 是销售量 x 的函数.

【例 1-1-2】 根据《税法》,广州市居民个人月收入 x(元)与其应纳个人所得税税额 T(元)之间的关系为:

$$T(x)=\begin{cases} 0 & x \leqslant 3\,500 \\ 0.03(x-3\,500) & 3\,500 < x \leqslant 5\,000 \\ 0.1(x-3\,500)-105 & 5\,000 < x \leqslant 8\,000 \\ 0.2(x-3\,500)-555 & 8\,000 < x \leqslant 12\,500 \\ 0.25(x-3\,500)-1\,005 & 12\,500 < x \leqslant 38\,500 \\ 0.3(x-3\,500)-2\,755 & 38\,500 < x \leqslant 58\,500 \\ 0.35(x-3\,500)-5\,505 & 58\,500 < x \leqslant 83\,500 \\ 0.45(x-3\,500)-13\,505 & x > 83\,500 \end{cases}$$

居民的月收入 x 取任意的值,其应纳个人所得税税额 T 就完全由 x 确定,我们说应纳个人所得税税额 T 是个人月收入 x 的函数.

上面两个例子有一个共同特点:就是两个变量之间存在一个对应关系式.

定义 1-1-1 设 x 和 y 是两个变量,若变量 x 在非空数集 D 内任取一数值时,变量依照某一规则 f 总有一个确定的数值 y 与之对应,则称变量 y 为变量 x 的**函数**,记作 $y=f(x)$,这里,x 称作**自变量**,y 称作**因变量**或**函数**,f 是函数符号,它表示 y 与 x 的对应规则.有时函数符号也可以用其他字母来表示,如 $y=g(x)$或 $y=Q(x)$等.

集合 D 称作函数的**定义域**,相应的 y 值的集合:$R(f)=\{f(x)\mid x\in D\}$称作函数的**值域**.

当自变量 x 在其定义域内取定某确定值 x_0 时,因变量 y 按所给函数关系 $y=f(x)$求出

的对应值 y_0 称作当 $x=x_0$ 时的**函数值**(或函数在 x_0 处的值),记作 $f(x_0)$或$f(x)\big|_{x=x_0}$.

【例 1-1-3】 设 $f(x)=\sqrt{7+x^2}$,求 $f(0)$,$f(3)$,$f(-3)$,$f(-x)$.

解:

$$f(0)=\sqrt{7+0^2}=\sqrt{7}$$

$$f(3)=\sqrt{7+3^2}=\sqrt{16}=4$$

$$f(-3)=\sqrt{7+(-3)^2}=\sqrt{16}=4$$

$$f(-x)=\sqrt{7+(-x)^2}=\sqrt{7+x^2}=f(x)$$

3. 函数的表示

我们通常采用分析法(或称解析法、公式法)、图示法及表格法三种方法表示函数.

(1) 分析法,两个变量之间的函数关系,通过公式或分析式子给出。如例 1-1-1、例 1-1-2中的函数关系式.

(2) 图示法,用坐标平面的曲线表示两个变量间函数关系的方法称作**图示法**. 如气象站用自动温度记录仪记录下来的某地一昼夜气温变化曲线就是气温与时间函数关系的图示法表示. 同样医疗仪器记录的脑电波、心电图也是用图示法表示用于诊断的变量之间的函数关系式.

(3) 表格法,用表格列出自变量中的一系列值与其对应的函数值的表示方法称作**表格法**. 如水稻种植中产量与施肥量的函数关系可通过试验中不同施肥量与对应产量的表格来表示.

4. 函数的定义域及相同的函数

实际中的函数往往指定了自变量的取值范围,即给定了定义域。但从数学上考虑,对给定的函数表达式,使式子有意义 x 的取值范围可能大于实际问题中的 x 取值范围,如例 1-1-1中,实际问题中的 x 必须是非负整数,而数学式子:$y=100\,000+300x$ 则对所有$x\in\mathbf{R}$ 都有意义.

定义 1-1-2　使函数表达式 $y=f(x)$有意义的 x 的最大取值范围称作函数 $y=f(x)$的**自然定义域**.

从定义知,求一个函数的自然定义域,就是将实轴去掉函数没有意义的点,即满足下述条件点的交集:(1)分式中使分母不为零的点;(2)开偶数次方中,使根式内式子为非负的点;(3)对数函数中使真数大于零的点;(4) $\arcsin u$,$\arccos u$ 中使 $|u|\leqslant 1$ 的点;(5) $f(x)^{g(x)}$ 中使式子有意义且 $f(x)$,$g(x)$不同时为零的点.

【例 1-1-4】 函数 $y=5\ln(x^2+x-2)-2\arcsin\dfrac{2x-1}{3}$的自然定义域为 $D=$________.

解:D 由满足下述二个条件的点组成:

$$\begin{cases} x^2+x-2>0 \\ \left|\dfrac{2x-1}{3}\right|\leqslant 1 \end{cases}$$

即 $D=(1,2]$故填上$(1,2]$即可.

定义 1-1-3　设函数 $y=f(x)$,$z=g(u)$是两个分别定义在 D_1,D_2 上的函数,如果 $D_1=D_2$,且对任意 $x\in D_1=D_2$,都有 $f(x)=g(x)$,则称两个函数是相同的.

从定义不难看出,两个相同的函数具有相同的定义域和相同的对应法则. 因而要判断两个函数是否相同,首先检验它们的定义域是否相同,其次再看它们的对应法则是否一致(对解析式进行恒等变形,看看表达式是否一致).

【例 1-1-5】 下列函数对中,表示相同函数的是(　　).

(A) $f(x)=x$ 与 $g(x)=\dfrac{\sqrt{x^4}}{x}$

(B) $f(x)=x$ 与 $g(x)=\sqrt{x^2}$

(C) $f(x)=x$ 与 $g(x)=(\sqrt{x})^2$

(D) $f(x)=x+\sqrt{1+x^2}$ 与 $g(x)=\dfrac{1}{\sqrt{1+x^2}-x}$

解:正确的选择是 D,故在括号中填 D.

(A) $f(x)=x$ 的定义域为 $D_1=(-\infty,+\infty)$,而 $g(x)=\dfrac{\sqrt{x^4}}{x}$的定义域为 $D_2=(-\infty,0)\cup(0,+\infty)$,定义域不同,故两个函数不同.

(B) $f(x)=x$ 与 $g(x)=\sqrt{x^2}$ 的定义域相同,都是$(-\infty,+\infty)$但 $g(x)=(\sqrt{x^2})=|x|$,当 $x<0$ 时 $f(x)\neq g(x)$,对应法则不同,故两个函数也不同.

(C) $f(x)=x$ 的定义域 $D_1=(-\infty,+\infty)$,而 $g(x)=(\sqrt{x})^2$ 的定义域为 $D_2=[0,+\infty)$,故两个函数还是不同.

(D) 因为 $x^2+1>0$,且 $\sqrt{x^2+1}-x\neq 0$ 故 $f(x),g(x)$的定义域都是$(-\infty,+\infty)$,对$g(x)$的分母进行有理化有:

$g(x)=\dfrac{1}{\sqrt{x^2+1}-x}=\dfrac{\sqrt{x^2+1}+x}{(\sqrt{x^2+1}-x)(\sqrt{x^2+1}+x)}=\sqrt{x^2+1}+x=f(x)$,因而 D 是正确的选择.

【例 1-1-6】 下列函数对中,表示不同的函数的是(　　).

(A) $f(x)=1$ 与 $g(x)=\sin^2 x+\cos^2 x$

(B) $f(x)=x$ 与 $g(u)=\ln e^u$

(C) $f(x)=\dfrac{\pi}{2}$与 $g(x)=\arcsin x+\arccos x$

(D) $f(x)=\ln|\sec x+\tan x|$ 与 $g(x)=-\ln|\sec x-\tan x|$

解:正确的选择应为 C,故在括号中填 C.

(A) 由三角恒等式易知 $f(x)=g(x)$.

(B) 显然 $f(x)=x$ 与 $g(u)=\ln e^u$ 的定义域都是$(-\infty,+\infty)$,而对任意 $x\in(-\infty,+\infty)$,有:$g(x)=\ln e^x=x\ln e=x=f(x)$,故 $f(x)=g(x)$.

(C) 显然 $f(x)=\dfrac{\pi}{2}$的定义域都是$(-\infty,+\infty)$,而 $g(x)=\arcsin x+\arccos x$ 的定义域为:$D=[-1,1]$,由此得 $f(x)\neq g(x)$,故 C 是正确的选择.

(D) 由三角恒等式:$\sec^2 x-\tan^2 x=1$,易得 $f(x)=g(x)$.

5. 分段函数

对例 1-1-2 中给出的个税函数,个税额 T 与个人收入 x 的表达式不能用一个统一的式子来表示，而必须根据 x 的八个不同范围用八个不同的式子来表示. 我们称这种将定义域分成若干部分，对不同部分范围的 x，函数关系由不同的式子分段表达的函数称为**分段函数**.

注：分段函数是由几个关系式合起来表示一个函数，而不是几个函数，对自变量 x 在定义域内的某个值，则有唯一一个对应规则确定对应的 y 值，分段函数的定义域是各段自变量取值集合的并集.

【例 1-1-7】 对例 1-1-2 中的税收函数，求：

(1) 若某居民 2013 年 8 月份的应税收入为 10 000 元，则其应交个人所得税是多少？

(2) 若某居民 2013 年 8 月份交个人所得税 5 000 元，则其该月应税收入是多少？

(3) 函数的定义域.

解：(1) 由 $x=10\,000$，$8\,000<x=10\,000<12\,500$

故 $T(10\,000)=0.2(10\,000-3\,500)-555=745$(元)

(2) 因为 $T(12\,500)=0.2(12\,500-3\,500)-555=1\,245<5\,000$，故居民月收入 $x>12\,500$，而 $T(38\,500)=0.25(38\,500-3\,500)-1\,005=7\,745>5\,000$，故居民月收入 $x<38\,500$，所以：$5\,000=T(x)=0.25(x-3\,500)-1005$，解得：$x=27\,520$(元).

(3) $D=[0,3\,500]\cup(3\,500,5\,000]\cup(5\,000,8\,000]\cup\cdots\cup(83\,500,+\infty)=[0,+\infty)$

二、函数的基本性态

我们比较感兴趣的几种函数基本性态是：有界性、单调性、奇偶性和周期性.

1. 函数的有界性

定义 1-1-4　设函数 $y=f(x)$ 在集合 D 上有定义，如果存在一个正数 M，对于所有的 $x\in D$，恒有 $|f(x)|\leqslant M$，则称函数 $f(x)$ 在 D 上是**有界的**. 如果不存在这样的正数 M，则称 $f(x)$ 在 D 上是**无界的**.

例如，$y=3\sin x-2\cos x+4$ 在其定义域$(-\infty,+\infty)$内，都有

$$|3\sin x-2\cos x+4|\leqslant 3|\sin x|+2|\cos x|+4\leqslant 9$$

所以 $y=3\sin x-2\cos x+4$ 在$(-\infty,+\infty)$内是有界的.

函数 $y=\dfrac{1}{x}$在$(0,+\infty)$内是无界的.

函数 $y=f(x)$ 在$[a,b]$有界的几何意义是：曲线 $y=f(x)$在区间$[a,b]$内部分限制在$y=-M$ 和 $y=M$ 两条直线之间(如图 1-1-1 所示)。函数在(a,b)无界的几何意义是：不管多大的 M，在直线 $y=-M$，$y=M$ 外都有曲线 $y=f(x)$上的点$(x_0,f(x_0))$，其中，$x_0\in(a,b)$.

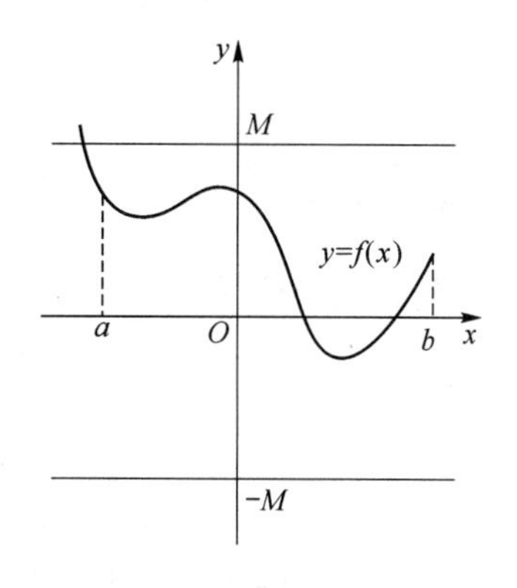

图 1-1-1

对函数的有界性，要注意以下两点：

(1) 当函数 $y=f(x)$在区间$[a,b]$内有界时，正数 M 的取法不是唯一的. 如在$(-\infty,+\infty)$内有界的函数 $y=3\sin x-2\cos x+4$，M 可取 9，也可取任意大于 9 的实数；

(2) 有界性是依赖于区间的。例如 $y=\dfrac{1}{x}$在$(0,+\infty)$

内是无界的,但在$(1,+\infty)$内则是有界的.

2. 函数的单调性

定义 1-1-5 设函数 $y=f(x)$在数集 D 上有定义,如果对 D 上任意两点 x_1,x_2 满足$x_1<x_2$,都有 $f(x_1)<f(x_2)$(或 $f(x_1)>f(x_2)$)则称 $f(x)$在 D 上是**单调增加(或单调减少)**.

函数 $f(x)$在数集 D 上单调增加,单调减少统称为函数 $f(x)$在数集 D 上单调,如果 D 是区间,则称该区间为 $f(x)$的单调区间.

单调增加函数的图形是沿 x 轴的正向上升的曲线(图 1-1-2),单调减少函数的图形是沿 x 轴正向下降的曲线(图 1-1-3).

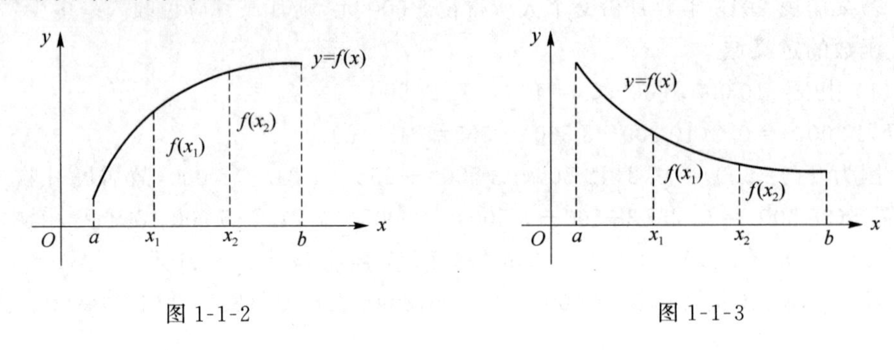

图 1-1-2　　图 1-1-3

【例 1-1-8】 讨论函数 $y=2x^2+1$ 的单调性.

解:令 $f(x)=2x^2+1$,则 $f(x)$的定义域为$(-\infty,+\infty)$

对任意 $x_1<x_2\leqslant 0$,有 $f(x_1)=2x_1^2+1>2x_2^2+1=f(x_2)$,所以 $f(x)=2x^2+1$ 在$(-\infty,0]$内单调减少.

对任意 $0\leqslant x_1<x_2$,有 $f(x_1)=2x_1^2+1<2x_2^2+1=f(x_2)$,所以 $f(x)=2x^2+1$ 在$(0,+\infty)$内单调增加.

注:利用 $y=2x^2+1$ 的图像很容易观察出上述结论.

3. 函数的奇偶性

定义 1-1-6 如果数集 D 满足:对任意 $x\in D$,都有 $-x\in D$,且函数 $f(x)$满足:$f(-x)=-f(x)$(或 $f(-x)=f(x)$)则称 $f(x)$是数集 D 上的**奇函数(或偶函数)**.

【例 1-1-9】 下列函数中,不是奇函数的是(　　).

(A) $f(x)=\left(\dfrac{1}{e^x+1}-\dfrac{1}{2}\right)\cos x$　　(B) $f(x)=\left(1-\dfrac{2}{e^x+1}\right)(1+x^2)$

(C) $f(x)=\left(\dfrac{1}{e^x+1}-\dfrac{1}{2}\right)\sin x$　　(D) $f(x)=\ln\left(\sqrt{x^2+1}+x\right)$

解:正确的选择应为 C,故在括号填 C.

对于(A) $f(-x)=\left(\dfrac{1}{e^{-x}+1}-\dfrac{1}{2}\right)\cos(-x)=\left(\dfrac{e^x}{e^x+1}-\dfrac{1}{2}\right)\cos x=\left[\dfrac{(e^x+1)-1}{e^x+1}-\dfrac{1}{2}\right]\cos x$

$$=\left(\frac{1}{2}-\frac{1}{e^x+1}\right)\cos x=-\left(\frac{1}{e^x+1}-\frac{1}{2}\right)\cos x=-f(x)$$

所以 $f(x)$为奇函数。同理可验证(B)、(D)中 $f(x)$的也是奇函数,只有(C)是正确的选择.

【例 1-1-10】 下列函数中,是偶函数的是(　　).

(A) $f(x)=\frac{1}{2}(e^x-e^{-x})$　　(B) $f(x)=\left(\frac{1}{e^x+1}-\frac{1}{2}\right)\sin x$

(C) $f(x)=(1+x^2)\frac{e^x-1}{e^x+1}$　　(D) $f(x)=\sqrt{x^2+1}+x$

解:正确的选择应为 B,故在括号填 B.

对于(B)中的 $f(x)$有

$$\begin{aligned} f(-x) &= \left(\frac{1}{e^{-x}+1}-\frac{1}{2}\right)\sin(-x) \\ &= \left(\frac{e^x}{e^x+1}-\frac{1}{2}\right)(-\sin x) = \left[\frac{(e^x+1)-1}{e^x+1}-\frac{1}{2}\right](-\sin x) \\ &= \left(\frac{1}{2}-\frac{1}{e^x+1}\right)(-\sin x) = \left(\frac{1}{e^x+1}-\frac{1}{2}\right)\sin x = f(x) \end{aligned}$$

故 $f(x)$是偶函数.

可以直接验证(A)、(C)中的 $f(x)$为奇函数,而(D)中的 $f(x)$为非奇非偶函数,只有(B)是正确的选择.

奇函数的图像关于原点对称(图 1-1-4),偶函数的图像关于 y 轴对称(图 1-1-5).

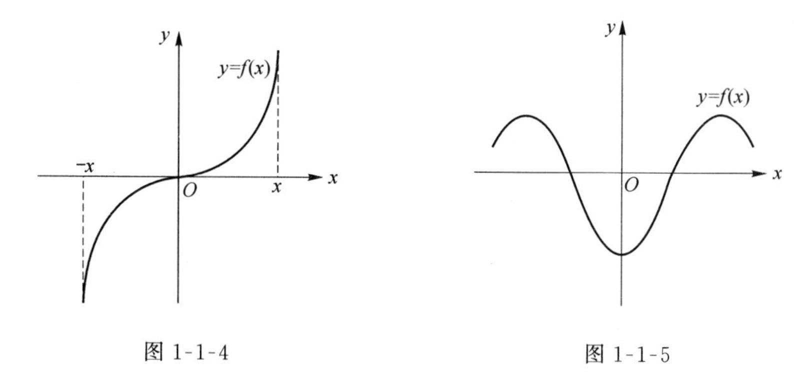

图 1-1-4　　图 1-1-5

4. 函数的周期性

定义 1-1-7　设函数 $y=f(x)$在 D 上有定义,如果存在正数 T,使得对任意 $x\in D$,有 $x+T\in D$,且 $f(x+T)=f(x)$恒成立,则称函数 $f(x)$为**周期函数**,满足等式 $f(x+T)=f(x)$的最小正数 T 称为函数的**周期**.

例如:$y=\sin x$,$y=\cos x$ 是周期为 2π 的周期函数,$y=\tan x$,$y=\cot x$ 是周期为 π 的周期函数.

定理 1-1-1　设函数 $y=f(x)$是 D 上周期为 T 的周期函数,则函数 $F(x)=f(ax+b)$(其中:a,b 为常数,且 $a\neq 0$)是周期为$\frac{T}{|a|}$的周期函数.

根据定理,我们易知 $y=5\sin(2x-1)-6$ 是周期为 $T=\frac{2\pi}{2}=\pi$ 的周期函数.

三、复合函数与反函数

1. 复合函数

引例:设某厂生产某种产品,产品销售收入 y 是产量 q 的函数,即 $y=R(q)$;而产量 q 又是生产工时t的函数,即$q=q(t)$,则该厂销售收入是生产工时的函数,即:$y=R[q(t)]$.

定义 1-1-8 设函数$y=f(u)$是D_1上的函数$u=\varphi(x)$是D_2上的函数,如果$D=\{x\in D_2 \mid \varphi(x)\in D_1 \mid \neq \phi\}$,则任意$x\in D$,$x\to f[\varphi(x)]$,就是定义在$D$上的一个函数,称作$y=f(u)$与$u=\varphi(x)$的**复合函数**.记作$y=f[\varphi(x)]$,其中$x$称作**自变量**,$u$称为**中间变量**.

求两个函数$y=f(x)$与$y=\varphi(x)$的复合函数$y=f[\varphi(x)]$,就是将$u=\varphi(x)$代入$y=f(u)$中.

【例 1-1-11】 设$f(x)=3x+2$,$\varphi(x)=x^2-3$,求(1)$f[\varphi(x)]$;(2)$\varphi[f(x)]$.

解:(1) 将$u=\varphi(x)=x^2-3$代入$f(u)=3u+2$中得:

$$f[\varphi(x)] = 3\varphi(x) + 2 = 3(x^2 - 3) + 2 = 3x^2 - 7$$

(2) 将$u=f(x)=3x+2$代入$\varphi(u)=u^2-3$中得:

$$\varphi[f(x)] = [f(x)]^2 - 3 = (3x + 2)^2 - 3 = 9x^2 + 12x + 1$$

从上例中可以看出,复合函数$f[\varphi(x)]$与$\varphi[f(x)]$不一定是相同函数.

实际问题中,有时会出现下面一类问题,就是已知$u=\varphi(x)$和$y=f[\varphi(x)]=g(x)$,要求出$y=f(x)$的表达式的问题.

【例 1-1-12】 已知$a\neq 0$,$f\left(x+\dfrac{1}{ax}\right)=a^2x^2+\dfrac{1}{x^2}$,则$f(x)=$________.

解:等价于:已知$u=\varphi(x)=x+\dfrac{1}{ax}$和$f[\varphi(x)]=a^2x^2+\dfrac{1}{x^2}$,求$f(x)$的问题.将$f[\varphi(x)]=a^2x^2+\dfrac{1}{x^2}=a^2\left[\left(x+\dfrac{1}{ax}\right)^2-\dfrac{2}{a}\right]=a^2\varphi^2(x)-2a$表示成$\varphi(x)$的函数,再用$u$代替$\varphi(x)$得:$f(u)=a^2u^2-2a$将自变量$u$换成$x$得

$$f(x) = a^2x^2 - 2a$$

练习 (1) 已知$f\left(x-\dfrac{1}{2x}\right)=4x^2+\dfrac{1}{x^2}$,则$f(x)=$________;

(2) 已知$f\left(x+\dfrac{2}{x}\right)=\dfrac{1}{4}x^2+\dfrac{1}{x^2}$,则$f(x)=$________.

【例 1-1-13】 已知$a\neq 0$,$f(x+a)=x^2+2bx+c$,则$f(x)=$________.

解:等价于:已知$u=\varphi(x)=x+a$和$f[\varphi(x)]=x^2+2bx+c$,求$f(x)$的问题.

因为$u=\varphi(x)=x+a$,易得:$x=u-a$,代入$f[\varphi(x)]$中有:

$$\begin{aligned} f(u) &= (u-a)^2 + 2b(u-a) + c \\ &= u^2 - 2au + a^2 + 2bu - 2ba + c = u^2 + 2(b-a)u + c + a^2 - 2ba \end{aligned}$$

所以
$$f(x)=x^2+2(b-a)x+c+a^2-2ba$$

练习 已知$f(x+2)=x^2+4x+20$,则$f(x)=$________.

在后面的函数求导时,经常需要将一个复杂的函数表示成若干个简单函数的复合,我们称这一过程为**复合函数的分解**.

【例 1-1-14】 将下列复合函数分解:(1)$y=\sin^2 x$;(2)$y=\mathrm{e}^{\sin^2 x}$.

解:(1) 令$u=\sin x$则$y=\sin^2 x$是由$y=u^2$,$u=\sin x$复合而成.

(2) $y=\mathrm{e}^{\sin^2 x}$是由$y=\mathrm{e}^u$,$u=v^2$,$v=\sin x$复合而成.

2. 反函数

引例:设某商品的市场需求量Q与商品的价格P之间存在关系:$Q=30\,000-50P$(需求

函数)，则商品的价格 P 与商品的供给量 Q 之间的关系为 $P=600-\frac{1}{50}Q$(价格函数).

定义 1-1-9　设 $y=f(x)$ 是定义在 D 上的一个函数，如果对任意 $y=R(f)=\{f(x)\mid x\in D\}$，都存在唯一的一个 x 满足：$y=f(x)$，则对应 $y\to x$ 就定义了一个 $R(f)$ 上的函数：$x=\varphi(y)$，称作函数 $y=f(x)$ 的**反函数**. 而函数 $y=f(x)$ 称为**直接函数**.

定理 1-1-2(反函数存在定理)　若 $y=f(x)$ 是 D 上的单调函数，则 $y=f(x)$ 一定存在反函数 $x=\varphi(y)$，且 $x=\varphi(y)$ 也是单调函数.

习惯上，我们喜欢将自变量用 x 表示，因变量用 y 表示，故将 $y=f(x)$ 的反函数 $x=\varphi(y)$ 仍记成 $y=\varphi(x)$ 的形式.

求给定函数 $y=f(x)$ 的反函数 $x=\varphi(y)$ 的步骤：

(1) 从方程 $y=f(x)$ 中解出 $x=\varphi(y)$；

(2) 改变自变和因变量记号得：$y=\varphi(x)$.

【例 1-1-15】　求下列函数的反函数：

(1) $y=4x^2-1\quad(x\leqslant 0)$；

(2) $y=\ln(\sqrt{x^2+1}+x)$；

(3) $y=\log_a x$.

解：(1) 由 $y=4x^2-1$，得 $x=\pm\frac{\sqrt{y+1}}{2}$.

因为 $x\leqslant 0$，　　所以 $x=-\frac{\sqrt{y+1}}{2}$

所以 $y=-\frac{\sqrt{x+1}}{2}$ 是直接函数 $y=4x^2-1(x\leqslant 0)$ 的反函数.

(2) 由 $y=\ln(\sqrt{x^2+1}+x)$ 得，$\sqrt{x^2+1}+x=\mathrm{e}^y$　　①

所以
$$\sqrt{x^2+1}-x=\frac{1}{\sqrt{x^2+1}+x}=\mathrm{e}^{-y}\qquad ②$$

①－②得，$x=\frac{1}{2}(\mathrm{e}^y-\mathrm{e}^{-y})$

所以 $y=\frac{1}{2}(\mathrm{e}^x-\mathrm{e}^{-x})$ 是 $y=\ln(\sqrt{x^2+1}+x)$ 的反函数.

(3) 由 $y=\log_a x$ 得，$x=a^y$

所以 $y=a^x$ 是 $y=\log_a x$ 的反函数.

由于 $x=\varphi(y)$ 是从 $y=f(x)$ 解出来的，因而，在同一坐标平面上，其图像就是同一条曲线，而 $y=\varphi(x)$ 图像无非是 $x=\varphi(y)$ 图像中 x 轴换成 y 轴，y 轴换成 x 轴. 因此，如果在同一坐标平面中画出 $y=f(x)$ 与其反函数 $y=\varphi(x)$ 的图像，则两个图形关于 $y=x$ 对称(图 1-1-6). 因此，$y=f(x)$ 的反函数 $y=\varphi(x)$ 的反函数图像与 $y=f(x)$ 完全一致，故反函数 $y=\varphi(x)$ 的反函数就是直接函数 $y=f(x)$. 所以有 $y=\frac{1}{2}(\mathrm{e}^x-\mathrm{e}^{-x})$ 的反函数为 $y=\ln(\sqrt{x^2+1}+x)$；$y=a^x$ 的

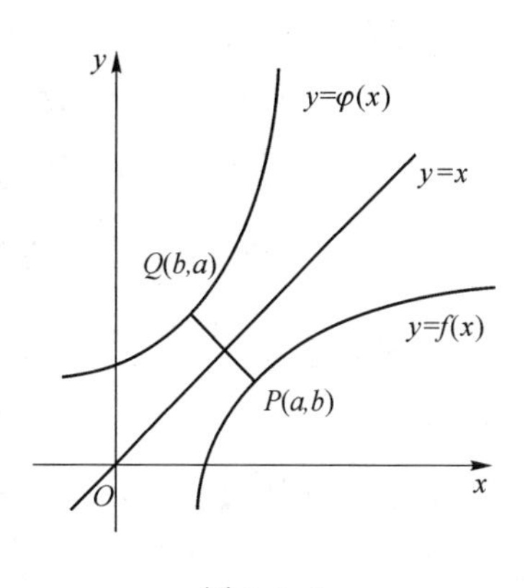

图 1-1-6

反函数为 $y=\log_a x$.

四、基本初等函数和初等函数

在数学的发展过程中,形成了最简单、最常用的六类函数:常值函数、幂函数、指数函数、对数函数、三角函数、反三角函数,统称为基本初等函数.它们是微积分中所研究对象的基础,利用这些基本初等函数可以构造出更加广泛的函数.

1. 常数函数 $y=C$

常数函数 $y=C$ 是定义在 $(-\infty,+\infty)$ 上的函数,对任意自变量 x 的取值,函数值都等常数 C,所以,它的图像是过点 $(0,C)$ 且平行于 x 轴的直线(图 1-1-7),它是偶函数.

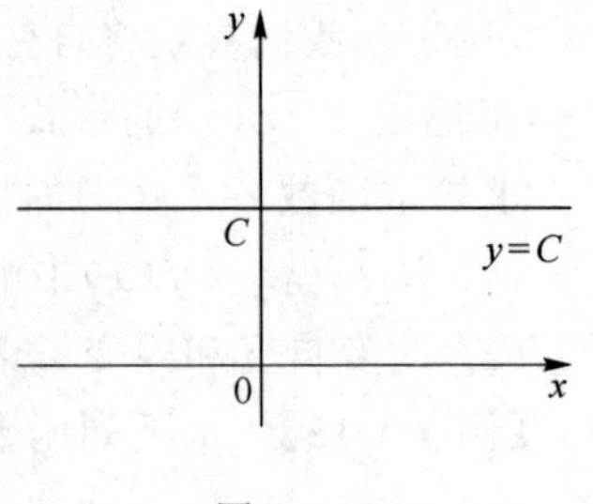

图 1-1-7

2. 幂函数

函数 $y=x^\mu$(μ 为实数)称作**幂函数**。它的定义域和性质随 μ 的不同而变化,但在 $(0,+\infty)$ 内幂函数总有意义,且图形经过(1,1)点(图 1-1-8 和图 1-1-9).

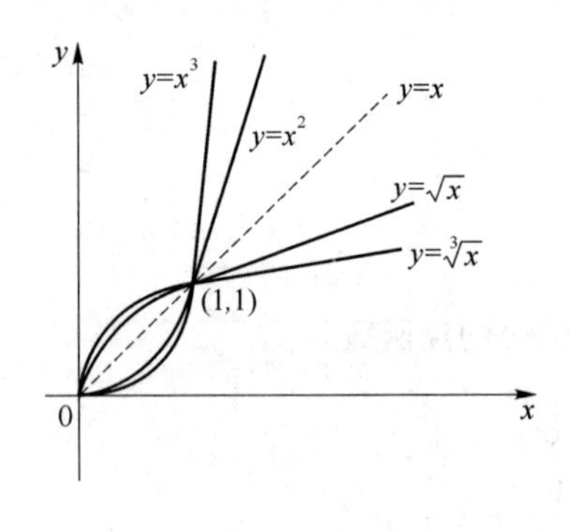

图 1-1-8

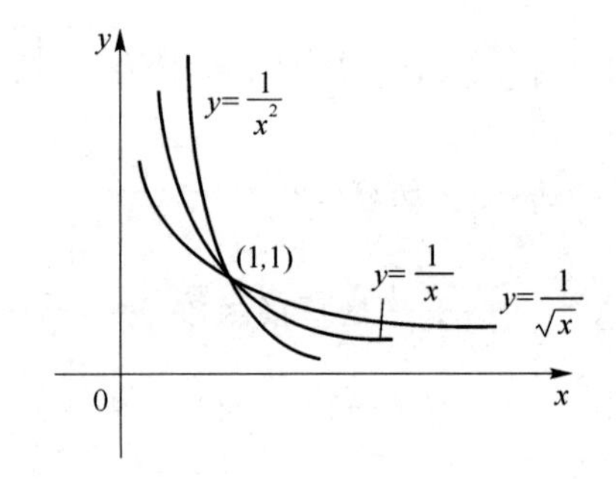

图 1-1-9

3. 指数函数

函数 $y=a^x$($a>0,a\neq1$)称作**指数函数**,它的定义域为 $(-\infty,+\infty)$,图形通过点(0,1),总在 x 轴的上方,即无论 x 为何值,总有 $a^x>0$.

若 $a>1$,a^x 是单调增函数;

若 $0<a<1$,a^x 是单调减函数.

函数 $y=a^x$ 与 $y=\left(\dfrac{1}{a}\right)^x$ 的图形关于 y 轴对称(图 1-1-10).

4. 对数函数

函数 $y=\log_a x$($a>0,a\neq1$)称作**对数函数**,图形通过点(1,0),总在 y 的右侧.

若 $a>1$,则函数 $y=\log_a x$ 单调增加;

若 $0<a<1$,则函数 $y=\log_a x$ 单调减少.

函数 $y=\log_a x$ 与 $y=\log_{\frac{1}{a}} x$ 的图形对称于 x 轴(图 1-1-11).

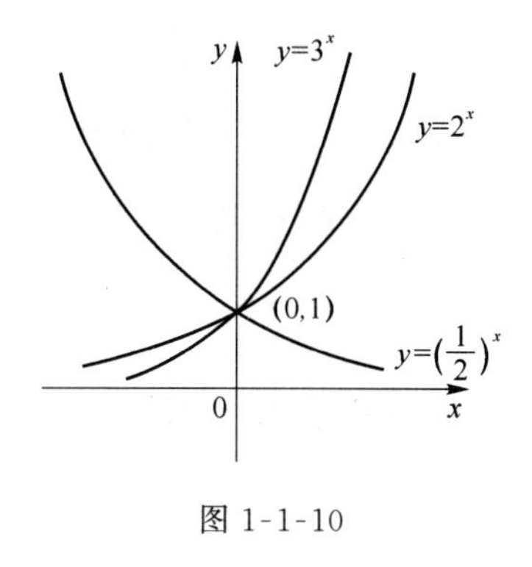

图 1-1-10

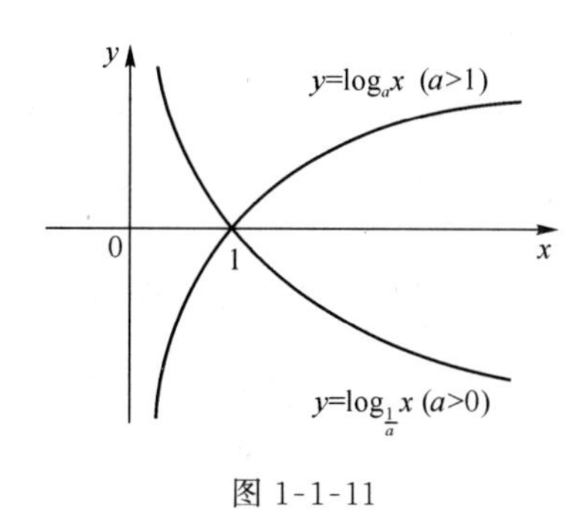

图 1-1-11

5. 三角函数

函数：$y=\sin x, y=\cos x, y=\tan x, y=\cot x, y=\sec x, y=\csc x$ 统称为**三角函数**.

函数 $y=\sin x$ 是定义域为$(-\infty,+\infty)$，值域为$[-1,1]$，周期为 2π 的有界奇函数(图 1-1-12).

函数 $y=\cos x$ 是定义域为$(-\infty,+\infty)$，值域为$[-1,1]$，周期为 2π 的有界偶函数(图 1-1-13).

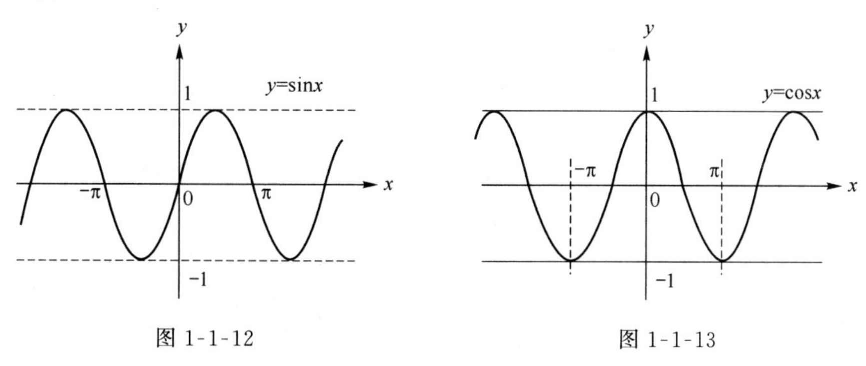

图 1-1-12　　图 1-1-13

函数 $y=\tan x$ 是定义在实轴除去点 $x=k\pi+\dfrac{\pi}{2}(k=0,\pm 1,\pm 2,\cdots)$后的以 π 为周期的无界奇函数，$x=k\pi+\dfrac{\pi}{2}(k=0,\pm 1,\pm 2,\cdots)$为其垂直渐近线(图 1-1-14).

至于 $y=\cot x$(图 1-1-15)，$y=\sec x=\dfrac{1}{\cos x}$，$y=\csc x=\dfrac{1}{\sin x}$，我们在此不一一详细讨论.

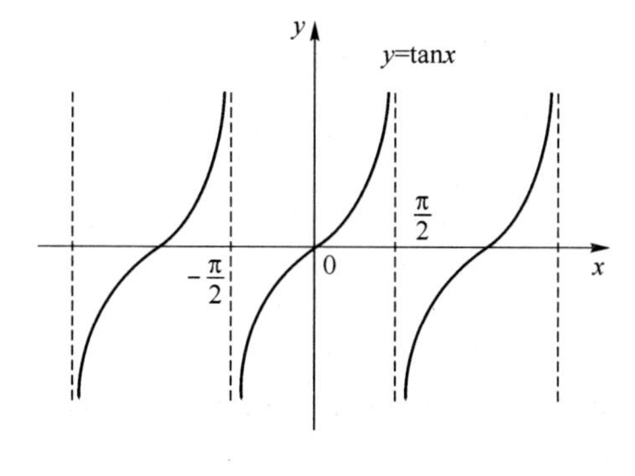

图 1-1-14

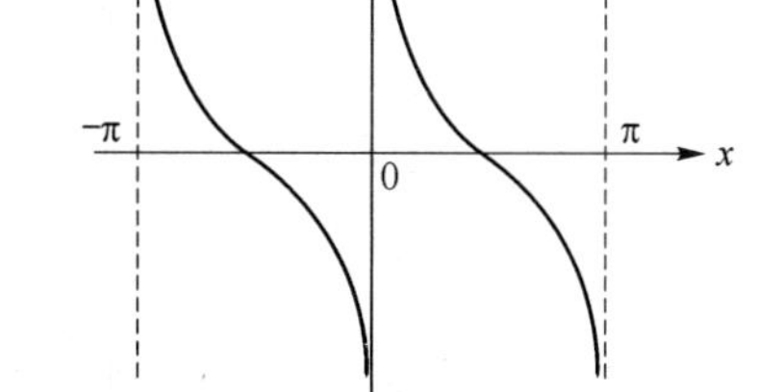

图 1-1-15

6. 反三角函数

函数:$y=\arcsin x$,$y=\arccos x$,$y=\arctan x$,$y=\operatorname{arccot} x$ 统称为**反三角函数**.

① 函数 $y=\arcsin x$ 是函数 $y=\sin x\left(-\frac{\pi}{2}\leqslant x\leqslant\frac{\pi}{2}\right)$的反函数,其定义域为$[-1,1]$,值域为$\left[-\frac{\pi}{2},\frac{\pi}{2}\right]$的有界单调增加的奇函数(图 1-1-16);

② 函数 $y=\arccos x$ 是函数 $y=\cos x(0\leqslant x\leqslant\pi)$的反函数,其定义域为$[-1,1]$,值域为$[0,\pi]$的有界单调减少函数(图 1-1-17);

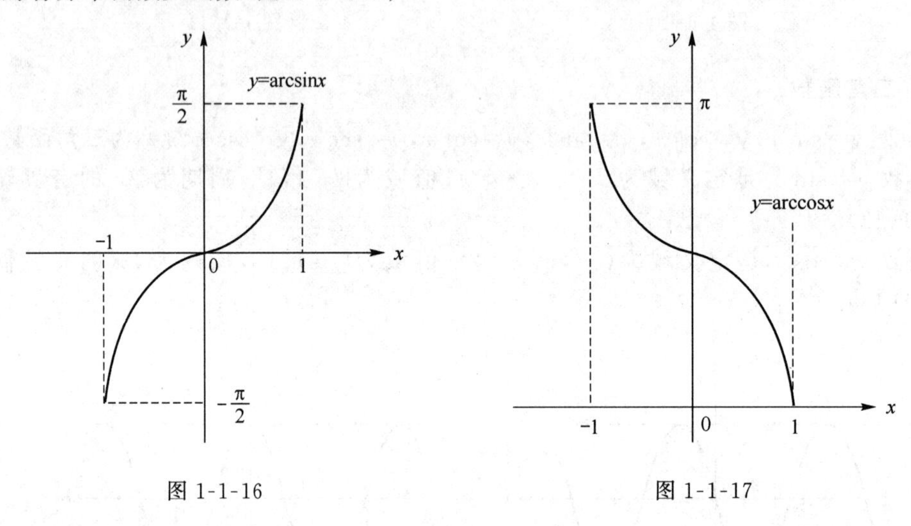

图 1-1-16　　图 1-1-17

③ 函数 $y=\arctan x$ 是函数 $y=\tan x\left(-\frac{\pi}{2}<x<\frac{\pi}{2}\right)$的反函数,其定义域为$(-\infty,+\infty)$,值域为$\left(-\frac{\pi}{2},\frac{\pi}{2}\right)$的有界单调增加的奇函数,$y=\pm\frac{\pi}{2}$是其水平渐近线(图 1-1-18);

④ 函数 $y=\operatorname{arccot} x$ 是函数 $y=\cot x(0<x<\pi)$的反函数,其定义域为$(-\infty,+\infty)$,值域为$(0,\pi)$的有界单调减少函数,$y=0$,$y=\pi$ 是其水平渐近线(图 1-1-19).

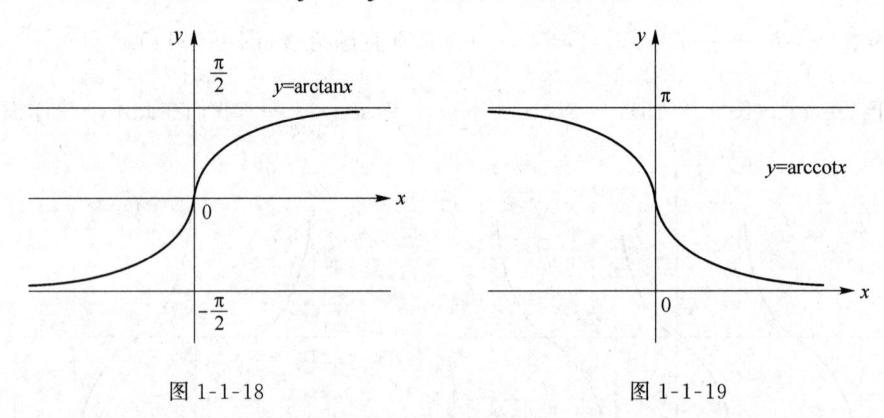

图 1-1-18　　图 1-1-19

从基本初等函数出发,利用四则运算和函数复合,可以得到更广泛一类的函数——初等函数,本书今后主要讨论的就是初等函数.

定义 1-1-10　由基本初等函数经过有限次的四则运算和函数复合步骤所形成的并可以

用一个式子表示的函数,称作**初等函数**.

例如函数:$y=\sin(2x+3)$,$y=e^{\sqrt{1-x^2}}$,$y=\arctan x^2+x^3+x+2$ 等都是初等函数.

但分段函数:$f(x)=\begin{cases}1+x^2, & x\leqslant 0\\ 2^x, & x>0\end{cases}$

并不是由一个式子表示出来,所以并不是初等函数,尽管如此,这些函数的每一段可按初等函数处理.

习题 1.1

1. 设 $f(x)=3x^2-4x+3$,求 $f(0)$,$f(1)$,$f(-1)$,$f(x+2)$.

2. 设 $f(x)=\begin{cases}1+x, & -\infty<x\leqslant 0\\ 2^x, & 0<x<+\infty\end{cases}$,求 $f(0)$,$f(2)$,$f(-2)$,$f(x+2)$.

3. 设 $f(x)=\dfrac{1-x}{1+x}$,求 $f[f(x)]$.

4. 设 $f(x)=\sqrt{1+x^2}$ 令 $f_1(x)=f[f(x)]$,$f_2(x)=f[f_1(x)]$,$\cdots$,$f_n(x)=f[f_{n-1}(x)]$,求 $f_n(x)$.

5. 设 $f(x)=ax^2+bx+c$ 满足:$f(a_1)=0$,$f(a_2)=0$,$f(a_3)=1$(其中:a_1,a_2,a_3 为三个互异的实数),求出 $f(x)$的表达式.

6. 求下列函数的定义域

(1) $y=\dfrac{2x}{x^2+1}$;　　(2) $y=\dfrac{1-e^x}{1+e^x}$;

(3) $y=-\sqrt{1-x^2}+2\arcsin\dfrac{x-1}{2}$;　　(4) $y=\sqrt{1-x^2}-\arccos(2x-1)$;

(5) $y=\log_4\dfrac{1}{1-x}+\sqrt{x+2}$;　　(6) $y=\ln(\lg x)$;

(7) $y=\log_3(x^2-x-2)+5\arcsin\dfrac{x-1}{3}$.

7. 指出下列函数中,哪些是奇函数,哪些是偶函数,哪些既不是奇函数,也不是偶函数?

(1) $y=2x^3-7\sin x$;　　(2) $y=3x^2-2x\sin x$;

(3) $y=\dfrac{2-\sin x}{2+\sin x}$;　　(4) $y=\ln(\sqrt{1+x^2}+x)$;

(5) $y=x\ln(\sqrt{1+x^2}-x)$;　　(6) $y=\left(\dfrac{1}{1+e^x}-\dfrac{1}{2}\right)\cos x$;

(7) $y=\dfrac{1-e^x}{1+e^x}+2\sin x$;　　(8) $y=\dfrac{1-x^2}{1+x^2}$;

(9) $y=x(x+1)(x-1)(x+2)(x-2)$;　　(10) $y=\ln\dfrac{1-x}{1+x}$;

(11) $y=xe^x$;　　(12) $y=\arcsin x+\arctan x$.

8. 指出下列函数对中,哪些表示相同的函数,哪些表示不同的函数?

(1) $f(x)=\lg x^2$ 与 $g(x)=2\lg x$;

(2) $f(x)=x$ 与 $g(x)=\frac{x^2}{x}$；

(3) $f(x)=x$ 与 $g(x)=\sqrt{x^2}$；

(4) $f(x)=x$ 与 $g(x)=(\sqrt{x})^2$；

(5) $f(x)=|x|$ 与 $g(x)=\sqrt{x^2}$；

(6) $f(x)=x$ 与 $g(x)=e^{\ln x}$；

(7) $f(x)=x$ 与 $g(x)=\tan(\arctan x)$；

(8) $f(x)=x$ 与 $g(x)=\sin(\arcsin x)$；

(9) $f(x)=x$ 与 $g(x)=\arcsin(\sin x)$；

(10) $f(x)=x$ 与 $g(x)=\arctan(\tan x)$；

(11) $f(x)=1$ 与 $g(x)=\tan x\cot x$；

(12) $f(x)=1$ 与 $g(x)=\sin^2 x+\cos^2 x$；

(13) $f(x)=\frac{\pi}{2}$ 与 $g(x)=\arcsin x+\arccos x$；

(14) $f(x)=\frac{\pi}{2}$ 与 $g(x)=\arctan x+\operatorname{arccot} x$；

(15) $f(x)=\frac{1-e^x}{1+e^x}$ 与 $g(x)=\frac{e^{-x}-1}{1+e^{-x}}$；

(16) $f(x)=\frac{1}{1+e^x}-\frac{1}{2}$ 与 $g(x)=\frac{1}{2}-\frac{e^x}{1+e^x}$；

(17) $f(x)=x+\sqrt{x^2+1}$ 与 $g(x)=\frac{1}{\sqrt{x^2+1}-x}$；

(18) $f(x)=\ln(\sqrt{x^2+1}-x)$ 与 $g(x)=-\ln(\sqrt{x^2+1}+x)$.

9. 下列函数在给定定义域内，哪些是有界函数，哪些是无界函数？

(1) $y=e^x\quad x\in(-\infty,+\infty)$；

(2) $y=\tan x\quad x\in\left(-\frac{\pi}{2},\frac{\pi}{2}\right)$；

(3) $y=\tan x\quad x\in\left(-\frac{\pi}{4},\frac{\pi}{4}\right)$；

(4) $y=\ln(1+x^2)\quad x\in(-\infty,+\infty)$；

(5) $y=e^{-\frac{1}{x^2}}\quad (x\neq 0)$；

(6) $y=\arctan(1+x^2)\quad x\in(-\infty,+\infty)$；

(7) $y=\ln\frac{1}{1+x^2}\quad x\in(-\infty,+\infty)$；

(8) $y=\arcsin\frac{1}{1+x^2}\quad x\in(-\infty,+\infty)$；

(9) $y=\frac{1}{x+1}\quad x\in(0,+\infty)$；

(10) $y=x^3-10x^2+9x+1\quad x\in(0,1\,000)$.

10. 如果 $f(x)=x+1$，$g(x)=x^2+1$，求 $f[g(x)]$ 和 $g[f(x)]$.

11. 设 $f(x)=x^2$，$g(x)=2^x$，求 $f[g(x)]$ 与 $g[f(x)]$.

12. 下列函数可看成由哪些简单函数复合而成？

(1) $y=\sqrt{3x^2-1}$；　(2) $y=\lg(1+x^5)$；

(3) $y=e^{\lg\sqrt{1+x^2}}$；　(4) $y=\sin^3(2x^2+1)$；

(5) $y=\ln^2(\arcsin x)$；　(6) $y=e^{\arctan\sqrt{x}}$.

13. 求下列函数的反函数

(1) $y=x^2 \quad (x>0)$；　(2) $y=x^2 \quad (x<0)$；

(3) $y=\dfrac{x+2}{x-2}$；　(4) $y=e^{x+2}$；

(5) $y=2+\lg(4x+3)$；　(6) $y=\ln(\sqrt{x^2+1}+x)$.

1.2　数列与极限

一、极限思想

【例 1-2-1】 某战略储备仓库最初存粮 100 万吨，为了换仓，每年年中卖掉仓库中存粮的 20%，并在年末从新收获的粮食中购入 $a(a>0)$吨，问：

(1) 第 n 年年末仓库存粮数是多少？

(2) a 为多少时，每年年末仓库中存粮数不变？

(3) 要建一个多大的仓库才能保证任何年份都能存下储粮？

(4) 当 n 趋近于无穷大时，仓库的存粮将趋近于多少？

解：(1) 设第 n 年年末仓库中存粮数为 x_n(万吨)，$n=0,1,2,\cdots$

则
$$x_n=x_{n-1}-0.2x_{n-1}+a=0.8x_{n-1}+a$$

即 x_n满足一阶差分方程：

$$\begin{cases} x_n = 0.8x_{n-1}+a \\ x_0 = 100 \end{cases} \qquad ①$$

先求式①的满足条件，$x_n=x_{n-1}=x^*$ 的稳定解：

$$x^* = 0.8x^* + a \qquad ②$$

得
$$x^*=5a$$

①－②得新的差分方程：

$$\begin{cases} x_n-x^* = 0.8(x_{n-1}-x^*) \\ x_0-x^* = 100-x^* \end{cases} \qquad ③$$

令 $y_n=x_n-x^*$ 则 y_n满足差分方程：

$$\begin{cases} y_n = 0.8y_{n-1} \\ y_0 = 100-x^* \end{cases} \qquad ④$$

显然 y_n是公比为 0.8 的等比级数，由等比级数通项公式知：

$$y_n = (0.8)^n y_0 = (0.8)^n(100-5a) \quad n=0,1,2,\cdots$$

所以
$$x_n=x^*+y_n=5a+(0.8)^n(100-5a) \quad n=0,1,2,\cdots$$

(2) 显然,当 $100-5a=0$,$a=20$(万吨)时,$x_n=5a=100$(万吨),$n=0,1,2,\cdots$即仓库中每年年末存数不变.

(3) 当 $a<20$(万吨)时,$100-5a>0 \quad x_n>x_{n+1} \quad n=0,1,2,\cdots$

所以
$$x_n<x_{n-1}<\cdots<x_1<x_0=100$$

当 $a\geqslant 20$(万吨)时,$100-5a\leqslant 0\Rightarrow(0.8)^n(100-5a)\leqslant 0$

所以
$$x_n\leqslant 5a$$

故只要建一个能够储存 Max$\{100,5a\}$万吨的仓库就满足要求.

(4) 且当 n 趋于无穷大时,因为无穷递减等比级数通项$(0.8)^n$趋近于零,项$(0.8)^n(100-5a)$趋近于零,仓库中存粮数无限趋近于 $5a$.

故无论 a 为何值时,当 n 趋近无穷大时,仓库中存粮数趋近于 $5a$.

【例 1-2-2】 计算由抛物线 $y=x^2$,直线 $x=1$ 及 x 轴所围成的曲边三角形的面积.

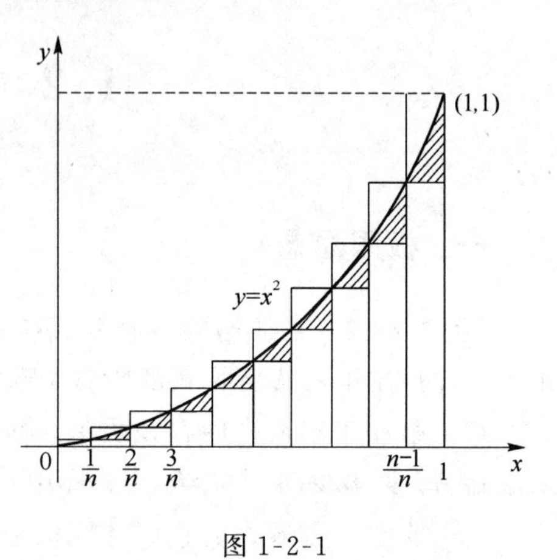

图 1-2-1

解:如图 1-2-1 所示,将$[0,1]n$ 等分,分成 n 个小区间$\left[0,\frac{1}{n}\right],\left[\frac{1}{n},\frac{2}{n}\right],\cdots,\left[\frac{n-1}{n},\frac{n}{n}\right]$,过每个分点$\frac{i}{n}$作 y 轴的平行线,把曲边三角形分成 n 个曲边梯形,用 Δs_i表示第 i 个曲边梯形的面积。显然第 i 个曲边梯形包含了以长为$\left(\frac{i-1}{n}\right)^2$、宽为$\frac{1}{n}$的小矩形(空白小矩形),包含于长为$\left(\frac{i}{n}\right)^2$,宽为$\frac{1}{n}$的大一点小矩形(包含阴影部分的小矩形),因此$\left(\frac{i-1}{n}\right)^2$

$$\frac{1}{n}<\Delta s_i<\left(\frac{i}{n}\right)^2\cdot\frac{1}{n}\quad i=1,2,\cdots,n$$

所以曲边梯形面积 s 满足:

$$\frac{1}{n^3}\sum_{i=1}^{n}(i-1)^2=\sum_{i=1}^{n}\left(\frac{i-1}{n}\right)^2\frac{1}{n}<s=\Delta s_1+\Delta s_2+\cdots+\Delta s_n<\sum_{i-1}^{n}\left(\frac{i}{n}\right)^2\frac{1}{n}=\frac{1}{n^3}\sum_{i=1}^{n}i^2$$

所以:
$$\frac{1}{n^3}\times\frac{(n-1)n(2n-1)}{6}<s<\frac{1}{n^3}\times\frac{n(n+1)(2n+1)}{6}$$

即:
$$\frac{1}{3}-\frac{1}{2n}+\frac{1}{6n^2}<s<\frac{1}{3}+\frac{1}{2n}+\frac{1}{6n^2}$$

当 $n\to\infty$时,
$$\frac{1}{2n}\to 0\quad\frac{1}{6n^2}\to 0$$

$$\frac{1}{3}\leqslant s\leqslant\frac{1}{3}\quad\Rightarrow s=\frac{1}{3}$$

因此,所求的曲边三角形的面积为$\frac{1}{3}$.

从上面两个实例我们不难看出,大量的实际问题,需要我们研究一串数$\{x_n\}$,当 $n\to\infty$时,x_n的趋势,即 x_n的极限问题.

二、数列的极限

1. 数列

定义 1-2-1　按一定规则排列的无穷多个数：$x_1, x_2, \cdots, x_n, \cdots$称作数列，简记作$\{x_n\}$，其中 x_1 称作数列的第一项，x_2 称作数列的第二项，…，x_n称作数列的第 n 项，又称一般项(通项).

例如：

(1) $1, \frac{1}{2}, \frac{1}{3}, \frac{1}{4}, \cdots, \frac{1}{n}, \cdots$

(2) $\frac{1}{2}, \frac{2}{3}, \frac{3}{4}, \cdots, \frac{n}{n+1}, \cdots$

(3) $\frac{1}{2}, -\frac{1}{2^2}, \frac{1}{2^3}, -\frac{1}{2^4}, \cdots, \frac{(-1)^{n+1}}{2^n}, \cdots$

(4) $\frac{1}{1}, \frac{5}{2}, \frac{5}{3}, \cdots, \frac{2n+(-1)^n}{n}, \cdots$

(5) $1, -1, 1, -1, \cdots, (-1)^{n+1}, \cdots$

都是数列，它们的通项依次为：$\frac{1}{n}, \frac{n}{n+1}, \frac{(-1)^{n+1}}{2^n}, \frac{2n+(-1)^n}{n}, (-1)^{n+1}$.

如果建立一个对应：$n \xrightarrow{f} x_n$ 则数列$\{x_n\}$可看成集合 $N_+ = \{1, 2, 3, 4, \cdots, n, \cdots\}$上的一个函数；反之，给定 N_+上的一个函数 $f: N_+ \to R$，令 $x_n = f(n)$　$n=1, 2, \cdots$则$\{x_n\}$就是一个数列，因而数列可看成定义在全体正整数上的函数.

2. 数列的极限

定义 1-2-2　对数列$\{x_n\}$，当 n 无限增大时，如果通项 x_n无限趋近于某个确定常数 A，则称当 n 趋近于无穷大时，数列$\{x_n\}$以 **A 为极限**，记作

$$\lim_{n\to\infty} x_n = A \text{ 或 } x_n \to A (n \to \infty)$$

亦称数列$\{x_n\}$收敛于 A；如果这样的 A 不存在，则称数列$\{x_n\}$**没有极限**，或称$\{x_n\}$**发散**.

用严格的数学语言($\varepsilon-N$)，数列极限的定义如下：

对数列$\{x_n\}$，如果$\forall \varepsilon > 0$(任给 $\varepsilon > 0$)，$\exists$(存在)常数 A，$\exists N > 0$(存在 $N > 0$)，只要 $n > N$ 时，必有$|x_n - A| < \varepsilon$，则称数列$\{x_n\}$以 A 为**极限**，记作$\lim\limits_{n\to\infty} x_n = A$；如果这样的 A 不存在，则称数列$\{x_n\}$没有**极限**，或称$\{x_n\}$**发散**.

直观观察有：　$\lim\limits_{n\to\infty}\frac{1}{n} = 0$；　$\lim\limits_{n\to\infty}\frac{(-1)^n}{2^n} = 0$

$\lim\limits_{n\to\infty}\frac{2n+(-1)^n}{n} = 2$；　$\lim\limits_{n\to\infty}\frac{n}{n+1} = 1$

而数列$\{(-1)^n\}$则发散.

常用的数列极限公式

(1) $\lim\limits_{n\to\infty} C = C$

(2) $\lim\limits_{n\to\infty} a^n = 0$　$(|a| < 1)$

(3) $\lim\limits_{n\to\infty}\dfrac{1}{n^{\sigma}}=0 \quad (\sigma>0)$

利用上面三个极限结果和后面的极限运算法则,我们可以计算大量的数列极限.

习题 1.2

1. 用 $\varepsilon-N$ 语言证明:$\lim\limits_{n\to\infty}\dfrac{1}{n}=0$.

2. 用 $\varepsilon-N$ 语言证明:$\lim\limits_{n\to\infty}\dfrac{1}{\sqrt{n}}=0$.

3. 用 $\varepsilon-N$ 语言证明:$\lim\limits_{n\to\infty}a^n=0$(其中$|a|<1$).

4. 用 $\varepsilon-N$ 语言证明:$\lim\limits_{n\to\infty}\dfrac{2n+(-1)^n}{n}=2$.

1.3 函数的极限

一、$x\to\infty$时函数的极限

定义 1-3-1 如果当 x 的绝对值无限增大时,函数 $f(x)$趋于一个常数 A,则称当 $x\to\infty$ 时函数 $f(x)$**以 A 为极限**,记作

$$\lim_{x\to\infty}f(x)=A \text{ 或 } f(x)\to A(x\to\infty)$$

如果这样的 A 不存在,则称当 $x\to\infty$时函数 $f(x)$**没有极限**,或称**发散**.

用严格的数学语言($\varepsilon-X$),$x\to\infty$**时函数的**极限的定义如下:

对函数 $f(x)$,如果$\forall\varepsilon>0$,$\exists$常数 A,$\exists X>0$,只要$|x|>X$ 时,必有$|f(x)-A|<\varepsilon$,则称当 $x\to\infty$时,函数 $f(x)$以 A 为**极限**,记作$\lim\limits_{x\to\infty}f(x)=A$,如果这样的 A 不存在,则称当 $x\to\infty$时,函数 $f(x)$没有极限,或称**发散**.

常用的极限公式:

(1) $\lim\limits_{x\to\infty}C=C$;

(2) $\lim\limits_{x\to\infty}\dfrac{1}{x}=0$.

定义 1-3-2 如果当 $x>0$ 且无限增大时,函数 $f(x)$趋于一个常数 A,则称当 $x\to+\infty$ 时函数 $f(x)$以 **A 为极限**。记作:

$$\lim_{x\to+\infty}f(x)=A \text{ 或 } f(x)\to A(x\to+\infty)$$

如果这样的 A 不存在,则称当 $x\to+\infty$时函数 $f(x)$**没有极限**,或称**发散**.

类似地给出 $x\to+\infty$**时函数的极限**的严格数学语言($\varepsilon-X$)的定义:

对函数 $f(x)$,如果$\forall\varepsilon>0$,$\exists$常数 A,$\exists X>0$,只要 $x>X$ 时,必有$|f(x)-A|<\varepsilon$,则称当 $x\to+\infty$时,函数 $f(x)$以 A 为**极限**,记作 $\lim\limits_{x\to+\infty}f(x)=A$,如果这样的 A 不存在,则称当

$x\to+\infty$时，函数 $f(x)$**没有极限**，或称**发散**.

常用的极限公式：

(1) $\lim\limits_{x\to+\infty}C=C$；

(2) $\lim\limits_{x\to+\infty}\dfrac{1}{x}=0$；

(3) $\lim\limits_{x\to+\infty}a^x=0(0<a<1)$；

(4) $\lim\limits_{x\to+\infty}\arctan x=\dfrac{\pi}{2}$，$\lim\limits_{x\to+\infty}\text{arccot}\, x=0$.

定义 1-3-3　如果当 $x<0$，且 x 无限减小，$|x|$无限增大时，函数 $f(x)$趋近于一个常数 A，则称函数 $f(x)$当 $x\to-\infty$时以 A 为极限，记作：

$$\lim_{x\to-\infty}f(x)=A \text{ 或 } f(x)\to A(x\to-\infty)$$

如果这样的 A 不存在，则称当 $x\to-\infty$时函数 $f(x)$**没有极限**，或称**发散**.

完全仿照定义 1-3-2，可给出 $x\to-\infty$时函数的极限的严格数学语言($\varepsilon-X$)的定义：

对函数 $f(x)$，如果 $\forall\varepsilon>0$，$\exists$ 常数 A，$\exists X>0$，只要 $x<0$，$|x|>X$ 时，必有 $|f(x)-A|<\varepsilon$，则称当 $x\to-\infty$时，函数 $f(x)$以 A 为**极限**，记作 $\lim\limits_{x\to-\infty}f(x)=A$，如果这样的 A 不存在，则称当 $x\to-\infty$时，函数 $f(x)$没有极限，或称**发散**.

常用极限公式：

(1) $\lim\limits_{x\to-\infty}C=C$；

(2) $\lim\limits_{x\to-\infty}\dfrac{1}{x}=0$；

(3) $\lim\limits_{x\to-\infty}a^x=0(a>1)$；

(4) $\lim\limits_{x\to-\infty}\arctan x=-\dfrac{\pi}{2}$，$\lim\limits_{x\to-\infty}\text{arccot}\, x=\pi$.

定理 1-3-1　$\lim\limits_{x\to\infty}f(x)$与 $\lim\limits_{x\to+\infty}f(x)$，$\lim\limits_{x\to-\infty}f(x)$的关系满足：$\lim\limits_{x\to\infty}f(x)=A$ 的充要条件是 $\lim\limits_{x\to+\infty}f(x)=A$ 且 $\lim\limits_{x\to-\infty}f(x)=A$.

二、$x\to x_0$时函数的极限

考查函数 $f(x)=x^3-3$ 当 $x\to2$ 时，函数值的变化情况，由于 $|f(x)-5|=|x^3-8|=|x^2+2x+4||x-2|$，当 $x\to2$ 时，$|x-2|$无限趋近于零，因而 $|f(x)-5|\to0$，故函数 $f(x)=x^3-3$，当 $x\to2$ 时函数值趋近于 5.

定义 1-3-4　设函数 $y=f(x)$在点 x_0 的某个邻域(点 x_0本身可以除外)内有定义，如果当 x 趋近于 x_0(但 $x\neq x_0$)时，函数 $f(x)$趋于一个常数 A，则称当 x 趋于 x_0 时，$f(x)$**以 A 为极限**，记作：

$$\lim_{x\to x_0}f(x)=A \text{ 或 } f(x)\to A(x\to x_0)$$

亦称当 $x\to x_0$时，$f(x)$**收敛**，如果这样的 A 不存在，称当 $x\to x_0$时，$f(x)$**发散**.

用严格的数学语言($\varepsilon-\delta$)，$x\to x_0$ **时函数的**极限的定义如下：

对函数 $f(x)$，如果 $\forall\varepsilon>0$，$\exists$ 常数 A，$\exists\delta>0$，只要 $0<|x-x_0|<\delta$ 时，必有 $|f(x)-A|<\varepsilon$，则称当 $x\to x_0$ 时，函数 $f(x)$以 A 为**极限**，记作 $\lim\limits_{x\to x_0}f(x)=A$，如果这样的 A

不存在,则称当 $x\to x_0$ 时,函数 $f(x)$ 没有极限,或称**发散**.

常用极限公式:

(1) $\lim\limits_{x\to x_0}C=C$;

(2) $\lim\limits_{x\to x_0}x=x_0$.

注:直接用 $\varepsilon-\delta$ 定义可以证明:a,b 为常数时,$\lim\limits_{x\to x_0}(ax+b)=ax_0+b$.

同样,直接用 $\varepsilon-\delta$ 定义可以证明下面定理:

定理 1-3-2 若函数 $f(x)$ 和数列 $\{x_n\}$ 满足:$\lim\limits_{x\to x_0}f(x)=A,\lim\limits_{n\to\infty}x_n=x_0$,则

$$\lim_{n\to\infty}f(x_n)=A=\lim_{x\to x_0}f(x)$$

后面将看到,根据定理 1-3-2 我们可将大量的求数列极限问题转化为求函数极限的问题,这就是为什么我们对数列极限一笔带过的原因.

定义 1-3-5 设函数 $y=f(x)$ 在点 x_0 右侧的某个邻域(点 x_0 本身可以除外)内有定义,如果当 x 从 x_0 的右边 $(x>x_0)$ 趋近于 x_0 时,函数 $f(x)$ 趋于一个常数 A,则称当 x 趋于 x_0 时,$f(x)$ 的**右极限是 A**,记作:

$$\lim_{x\to x_0^+}f(x)=A \text{ 或 } f(x)\to A(x\to x_0^+)$$

类似地定义 $f(x)$ 当 $x\to x_0$ 的左极限:$\lim\limits_{x\to x_0^-}f(x)=\lim\limits_{\substack{x\to x_0\\x<x_0}}f(x)$.

我们可以完全仿照定义 1-3-4,给出当 $x\to x_0$ 时,函数 $f(x)$ 在 x_0 点左右极限的严格数学语言($\varepsilon-\delta$)的定义.

【例 1-3-1】 设 $f(x)=\begin{cases}x+2, & x<0\\ 1, & x\geqslant 0\end{cases}$,求:(1) $\lim\limits_{x\to 0^+}f(x)$;(2) $\lim\limits_{x\to 0^-}f(x)$.

解:(1) $\lim\limits_{x\to 0^+}f(x)=\lim\limits_{\substack{x\to 0\\x>0}}f(x)=\lim\limits_{\substack{x\to 0\\x>0}}1=1$

(2) $\lim\limits_{x\to 0^-}f(x)=\lim\limits_{\substack{x\to 0\\x<0}}f(x)=\lim\limits_{\substack{x\to 0\\x<0}}(x+2)=2$

定理 1-3-3 $\lim\limits_{x\to x_0}f(x)$ 与 $\lim\limits_{x\to x_0^+}f(x)$,$\lim\limits_{x\to x_0^-}f(x)$ 的关系满足:$\lim\limits_{x\to x_0}f(x)=A$ 的充要条件是 $\lim\limits_{x\to x_0^+}f(x)=A$ 且 $\lim\limits_{x\to x_0^-}f(x)=A$.

习题 1.3

1. 用 $\varepsilon-X$ 语言证明:$\lim\limits_{x\to+\infty}a^x=0$(其中 $0<a<1$).

2. 用 $\varepsilon-X$ 语言证明:$\lim\limits_{x\to-\infty}a^x=0$(其中 $a>1$).

3. 用 $\varepsilon-X$ 语言证明:$\lim\limits_{x\to\infty}\dfrac{1}{x}=0$.

4. 用 $\varepsilon-\delta$ 语言证明:$\lim\limits_{x\to x_0}(ax^2+bx+c)=a(x_0)^2+bx_0+c$(其中 a,b,c 为常数).

5. 设 $f(x)=\begin{cases}x+2 & x\leqslant 1\\ x^2-1 & x>1\end{cases}$,讨论 $\lim\limits_{x\to 1}f(x)$ 是否存在?

1.4　无穷小量与无穷大量

一、无穷小量

在函数极限中，有一类以零为极限的特殊函数，这类函数在微积分中处于特殊的地位，我们称它为无穷小量.

定义 1-4-1　若函数 $y=f(x)$在自变量 x 某个变化过程中(如，$x\to x_0$，$x\to\infty$，$x\to x_0^+$，$x\to-\infty$等)以零为极限，则称在该变化过程中，$f(x)$是**无穷小量，简称无穷小**.

例如，当 $x\to 0$ 时，x^2，$\sqrt{1-\cos x}$，$\sin x$ 是无穷小量；当 $x\to 2$ 时，$(x-2)^2$，x^2-4 是无穷小量；当 $x\to\infty$时，$\frac{1}{x}$，$\frac{1}{1+x^2}$是无穷小量.

对无穷小量的理解，应注意下面几点：

(1) 定义中所说的自变量 x 的变化过程，包括 $x\to\infty$，$x\to+\infty$，$x\to-\infty$、$x\to x_0$、$x\to x_0^+$ 和 $x\to x_0^-$六种形式.

(2) 无穷小量的定义对数列也适用，例如数列$\left\{\frac{1}{n}\right\}$和$\left\{\frac{(-1)^n}{2^n}\right\}$当 $n\to\infty$时就是无穷小量.

(3) 无穷小量是以零为极限的变量，很小的数不是无穷小量. 例如10^{-10000}虽然非常小，但并不是无穷小量.

(4) 不能笼统地说某个函数是无穷小量，必须指出它的极限过程. 例如：当 $x\to 0$ 时，x^2 是无穷小量，但 $x\to 1$ 时，x^2就不是无穷小量.

定理 1-4-1　对 x 的某个变化过程，函数 $f(x)$以 A 为极限的充要条件是：

$$f(x)=A+\alpha(x)$$

且 $\lim\alpha(x)=0$.

二、无穷大量

与无穷小量相对应的一个重要概念为无穷大.

定义 1-4-2　若在自变量 x 的某个过程中，$|f(x)|$无限增大，则称在该变化过程中，$f(x)$为**无穷大量**，简称**无穷大**，记作 $\lim f(x)=\infty$.

需要说明的是，这里我们虽然使用了极限符号，但并不意味着 $f(x)$有极限，$\lim f(x)=\infty$，只表示在 x 的变化过程中，$|f(x)|$无限增大的状态，并不表示 $\lim f(x)$极限存在. 例如，当 $x\to 0$ 时，$\frac{1}{x}$，$\cot x$ 是无穷大量，但极限$\lim\limits_{x\to 0}\frac{1}{x}$，$\lim\limits_{x\to 0}\cot x$ 并不存在(根据极限定义，极限值必须是有限常数).

定理 1-4-2　在 x 的某个变化过程中，若 $f(x)$为无穷大量，则$\frac{1}{f(x)}$为无穷小量；反之，若在 x 的某个变化过程中，$\alpha(x)$为无穷小量，且 $\alpha(x)\neq 0$，则在该变化过程中，$\frac{1}{\alpha(x)}$是无穷大量.

三、无穷小量的性质

下面,我们不加证明地介绍无穷小量的四个性质:

性质1 有限个无穷小量的代数和仍是无穷小量.

性质2 有界变量与无穷小量的乘积仍是无穷小量.

性质3 常数乘无穷小量仍是无穷小量.

性质4 有限个无穷小量的乘积仍是无穷小量.

【例1-4-1】 求$\lim\limits_{x\to 0}x\left(1+\sin\frac{1}{x}\right)$.

解:因为$\lim\limits_{x\to 0}x=0$ ($x\to 0$时,x是无穷小量)

而

$$\left|1+\sin\frac{1}{x}\right|\leqslant|1|+\left|\sin\frac{1}{x}\right|\leqslant 1+1=2$$

所以,当$x\to 0$时,$x\left(1+\sin\frac{1}{x}\right)$是无穷小量,即$\lim\limits_{x\to 0}x\left(1+\sin\frac{1}{x}\right)=0$.

四、无穷小的比较

由无穷小的性质知,两个无穷小的和、差、积仍是无穷小量,那么两个无穷小量的商结果如何?换句话说,在x的某个变化过程中,$\alpha(x)$,$\beta(x)$都趋近于零,但两个变量$\alpha(x)$,$\beta(x)$趋于零的快慢能够比较吗?

先看实例,当$x\to 0$时,$\alpha(x)=x^2$,$\beta(x)=x^3$都是无穷小量,表1-4-1给出了它们趋近的快慢情况.

表1-4-1 x^2,x^3趋于零的情况

x	1	0.1	0.01	0.0001	…	$\to 0$
x^2	1	0.01	0.0001	0.00000001	…	$\to 0$
x^3	1	0.001	0.000001	0.000000000001	…	$\to 0$

从表1-4-1中我们可以看出x^3趋近零的速度要快过x^2,而$\lim\limits_{x\to 0}\frac{x^3}{x^2}=\lim\limits_{x\to 0}x=0$.

定义1-4-3 设$\alpha(x)$,$\beta(x)$是同一变化过程中的无穷小量.

(1) 若$\lim\frac{\beta(x)}{\alpha(x)}=0$,则称$\beta(x)$较$\alpha(x)$是**高阶无穷小量**,$\alpha(x)$是比$\beta(x)$**低阶无穷小量**;

(2) 若$\lim\frac{\beta(x)}{\alpha(x)}=C(C\neq 0)$,则称$\alpha(x)$与$\beta(x)$是**同阶无穷小量**;

(3) 若$\lim\frac{\beta(x)}{\alpha(x)}=1$,则称$\alpha(x)$与$\beta(x)$是**等阶无穷小量**,记作$\alpha(x)\sim\beta(x)$.

定义1-4-4 设$\alpha(x)$,$\beta(x)$是同一变化过程中的无穷小量,$\lim\frac{\beta(x)}{[\alpha(x)]^n}=C(C\neq 0)$,则称在该变化趋向下$\beta(x)$是$\alpha(x)$的$n$阶无穷小.

【例1-4-2】 讨论:当$x\to 1$时x^3-x^2-x+1是$x-1$的多少阶无穷小?

解:因为 $x^3-x^2-x+1=(x-1)^2(x+1)$,而$\lim\limits_{x\to1}\dfrac{x^3-x^2-x+1}{(x-1)^2}=\lim\limits_{x\to1}\dfrac{(x-1)^2(x+1)}{(x-1)^2}$

$$=\lim_{x\to1}(x+1)=1+1=2\neq0$$

所以当 $x\to1$ 时 x^3-x^2-x+1 是 $x-1$ 的2阶无穷小.

习题 1.4

1. 当 $x\to0$ 时,下列变量中,哪些是无穷小量?哪些不是?

(1) $\sin x$;　　(2) $\cos x$;

(3) $\dfrac{x}{1+x^2}$;　　(4) $\cos x-1$;

(5) x^2;　　(6) x^2-1.

2. 当 $x\to1$ 时,下列变量中,哪些是无穷小量?哪些不是?

(1) $\sin\dfrac{\pi}{2}x$;　　(2) $\cos\dfrac{\pi}{2}x$;

(3) $\dfrac{x}{1+x^2}$;　　(4) $\dfrac{x}{1+x^2}-\dfrac{1}{2}$;

(5) x^2　　(6) x^2-1.

3. 当 $x\to0$ 时,下列无穷小量是 x 的多少阶无穷小?

(1) $\dfrac{x}{1+x^2}$;　　(2) $\sqrt{1+x^2}-1$;

(3) x^2+x;　　(4) x^2-x^3.

4. 当 $x\to1$ 时,下列无穷小量是 $x-1$ 的多少阶无穷小?

(1) x^2-2x+1;　　(2) x^2-x^3;

(3) x^3-x^2-x+1;　　(4) x^3-3x^2+x+1.

1.5　极限的性质与运算法则

一、极限的性质

性质1(唯一性)　若极限 $\lim f(x)$存在,则极限值唯一.

性质2(有界性)　若$\lim\limits_{x\to x_0}f(x)=A$,则存在 $M>0,\delta_0>0$,使得对任意 $x\in(x_0-\delta_0,x_0)\cup(x_0,x_0+\delta_0)$都有:$|f(x)|\leqslant M$,即 $f(x)$在$(x_0-\delta_0,x_0)\cup(x_0,x_0+\delta_0)$上有界.

性质3(保号性)　若$\lim\limits_{x\to x_0}f(x)=A>0$(或 $A<0$),则存在 $\delta_0>0$,使得对任意 $x\in(x_0-\delta_0,x_0)\cup(x_0,x_0+\delta_0)$都有:$f(x)>0$(或 $f(x)<0$).

由性质3知,若 $f(x)\geqslant0$(或 $f(x)\leqslant0$),且$\lim\limits_{x\to x_0}f(x)=A$,则必有 $A\geqslant0$(或 $A\leqslant0$).

二、极限的四则运算法则

我们在前面极限定义中,给出了一些常用的简单极限公式,利用这些公式和下面的四则运算法则,我们就可以计算大量复杂函数(或数列)的极限.

定理 1-5-1 若 $\lim u(x)=A,\lim v(x)=B$,则:

(1) $\lim[u(x)\pm v(x)]=\lim u(x)\pm\lim v(x)=A\pm B$;

(2) $\lim[u(x)v(x)]=\lim u(x)\lim v(x)=AB$;

(3) $\lim\frac{u(x)}{v(x)}=\frac{\lim u(x)}{\lim v(x)}=\frac{A}{B}(\lim v(x)=B\neq 0)$.

需要说明的是,定理中记号 $\lim u(x)=A,\lim v(x)=B$ 的自变量 x 可趋近于 $+\infty,-\infty,\infty,x_0,x_0^+,x_0^-$ 六种之一,但定理中的 $\lim u(x)=A,\lim v(x)=B$ 必须是 x 取相同趋势的极限.如果 $\lim\limits_{x\to\infty}u(x)=A,\lim\limits_{x\to x_0}v(x)=B$,则不能应用定理.

上述运算法则,可推广到一些特殊的情况.

推论 设 $\lim u(x)=A$,C 为常数,n 为正整数,则有:

(1) $\lim[Cu(x)]=C\lim u(x)=CA$;

(2) $\lim[u(x)]^n=[\lim u(x)]^n=A^n$($n$ 为自然数).

由常用极限公式(1)、(2)和推论的(2),对正整数 n 有 $\lim\limits_{x\to x_0}x^n=[\lim\limits_{x\to x_0}x]^n={x_0}^n$.

【例 1-5-1】 计算 $\lim\limits_{x\to x_0}(a_nx^n+a_{n-1}x^{n-1}+\cdots+a_1x+a_0)$.

解:
$$\begin{aligned}&\lim_{x\to x_0}(a_nx^n+a_{n-1}x^{n-1}+\cdots+a_1x+a_0)\\&=\lim_{x\to x_0}(a_nx^n)+\lim_{x\to x_0}(a_{n-1}x^{n-1})+\cdots+\lim_{x\to x_0}(a_1x)+\lim_{x\to x_0}a_0\\&=a_n\lim_{x\to x_0}x^n+a_{n-1}\lim_{x\to x_0}x^{n-1}+\cdots+a_1\lim_{x\to x_0}x+a_0\\&=a_nx_0^n+a_{n-1}x_0^{n-1}+\cdots+a_1x_0+a_0\end{aligned}$$

由此可见多项式 $P_n(x)=a_nx^n+a_{n-1}x^{n-1}+\cdots+a_1x+a_0$ 当 $x\to x_0$ 的极限就是多项式 $P_n(x)$ 在 x_0 处的函数值,即:$\lim\limits_{x\to x_0}P_n(x)=p_n(x_0)$.

【例 1-5-2】 求极限 $\lim\limits_{x\to 2}(x^2-2)$.

解: $\lim\limits_{x\to 2}(x^2-2)=2^2-2=2$

【例 1-5-3】 已知 $b_mx_0^m+b_{m-1}x_0^{m-1}+\cdots+b_1x_0+b_0\neq 0$,求极限 $\lim\limits_{x\to x_0}\frac{a_nx^n+a_{n-1}x^{n-1}+\cdots+a_1x+a_0}{b_mx^m+b_{m-1}x^{m-1}+\cdots+b_1x+b_0}$.

解: 由例 1-5-1 知 $\lim\limits_{x\to x_0}(a_nx^n+a_{n-1}x^{n-1}+\cdots+a_1x+a_0)=a_n{x_0}^n+a_{n-1}{x_0}^{n-1}+\cdots+a_1x_0+a_0$

及 $\lim\limits_{x\to x_0}(b_mx^m+b_{m-1}x^{m-1}+\cdots+b_1x+b_0)=b_mx_0^m+b_{m-1}x_0^{m-1}+\cdots+b_1x_0+b_0\neq 0$

再由定理 1-5-1 的(3)有:$\lim\limits_{x\to x_0}\frac{a_nx^n+a_{n-1}x^{n-1}+\cdots+a_1x+a_0}{b_mx^m+b_{m-1}x^{m-1}+\cdots+b_1x+b_0}$

$$=\frac{\lim\limits_{x\to x_0}(a_nx^n+a_{n-1}x^{n-1}+\cdots+a_1x+a_0)}{\lim\limits_{x\to x_0}(b_mx^m+b_{m-1}x^{m-1}+\cdots+b_1x+b_0)}=\frac{a_n{x_0}^n+a_{n-1}{x_0}^{n-1}+\cdots+a_1x_0+a_0}{b_m{x_0}^m+b_{m-1}{x_0}^{m-1}+\cdots+b_1x_0+b_0}$$

故有理函数 $\frac{P_n(x)}{q_m(x)}$ 如果 $q_m(x_0)\neq 0$,当 $x\to x_0$ 的极限值就是有理式函数在 x_0 处理的函数

值，即可用代入法

$$\lim_{x \to x_0} \frac{p_n(x)}{q_m(x)} = \frac{p_n(x_0)}{q_m(x_0)}$$

【例 1-5-4】 求极限$\lim\limits_{x \to 3} \dfrac{(3+2x)(x^2-1)}{x^2-5}$.

解：令 $q(x)=x^2-5$，则 $q(3)=3^2-5=4\neq 0$.

所以
$$\lim_{x \to 3} \frac{(3+2x)(x^2-1)}{x^2-5} = \frac{(3+2\times 3)(3^2-1)}{3^2-5} = \frac{72}{4} = 18$$

【例 1-5-5】 求下列极限：(1) $\lim\limits_{x \to 3} \dfrac{x^3-27}{x^2-9}$；

(2) $\lim\limits_{x \to 2} \left(\dfrac{1}{x-2} - \dfrac{12}{x^3-8} \right)$；

(3) $\lim\limits_{x \to 0} \dfrac{\sqrt{1+x}-1}{x}$.

解：(1) 令 $q(x)=x^2-9$，而 $q(3)=3^2-9=0$. 因而例 1-5-3 的结论不能用，但

$$q(x) = x^2 - 9 = (x-3)(x+3), p(x) = x^3 - 27 = (x-3)(x^2+3x+9)$$

有理式$\dfrac{p(x)}{q(x)}$在 $x \to 3$（但 $x \neq 3$）时可化简，先化简后求极限有

$$\lim_{x \to 3} \frac{x^3-27}{x^2-9} = \lim_{x \to 3} \frac{(x-3)(x^2+3x+9)}{(x-3)(x+3)} = \lim_{x \to 3} \frac{x^2+3x+9}{x+3} = \frac{3^2+3\times 3+9}{3+3} = \frac{9}{2}$$

(2) 因为$\lim\limits_{x \to 2}(x-2)=0$，$\lim\limits_{x \to 2}(x^3-8)=0$

所以$\lim\limits_{x \to 2} \dfrac{1}{x-2} = \infty$，$\lim\limits_{x \to 2} \dfrac{12}{x^3-8} = \infty$（极限不存在）

故不能直接应用定理 1-5-1 中的结论(1)，但对$\dfrac{1}{x-2} - \dfrac{12}{x^3-8}$通分并仿(1)还是可以求极限的.

$$\lim_{x \to 2} \left(\frac{1}{x-2} - \frac{12}{x^3-8} \right) = \lim_{x \to 2} \frac{x^2+2x-8}{x^3-8} = \lim_{x \to 2} \frac{(x-2)(x+4)}{(x-2)(x^2+2x+4)}$$
$$= \lim_{x \to 2} \frac{x+4}{x^2+2x+4} = \frac{2+4}{2^2+2\times 2+4} = \frac{1}{2}$$

(3) 对无理分式$\dfrac{\sqrt{1+x}-1}{x}$分子有理化得$\dfrac{1}{\sqrt{1+x}+1}$，但公式中并没有$\lim\limits_{x \to 0}\sqrt{1+x}$，因此，我们先计算$\lim\limits_{x \to 0}\sqrt{1+x}$.

因为 $\sqrt{1+x}-1 = x\dfrac{1}{\sqrt{1+x}+1}$

而$\lim\limits_{x \to 0} x = 0$（即当 $x \to 0$ 时，x 是无穷小量）$\left| \dfrac{1}{\sqrt{1+x}+1} \right| \leqslant 1$

利用无穷小性质有：

$\lim\limits_{x \to 0}(\sqrt{1+x}-1)=0$

所以$\lim\limits_{x \to 0}\sqrt{1+x} = \lim\limits_{x \to 0}[(\sqrt{1+x}-1)+1] = \lim\limits_{x \to 0}(\sqrt{1+x}-1) + \lim\limits_{x \to 0} 1 = 0+1=1$

所以$\lim\limits_{x\to0}\dfrac{\sqrt{1+x}-1}{x}=\lim\limits_{x\to0}\dfrac{x}{x(\sqrt{1+x}+1)}=\lim\limits_{x\to0}\dfrac{1}{\sqrt{1+x}+1}=\dfrac{1}{\lim\limits_{x\to0}\sqrt{1+x}+\lim\limits_{x\to0}1}=\dfrac{1}{2}$

注:我们利用后面内容中连续函数的极限定理有:当$\lim\limits_{x\to x_0}f(x)=A$,则

$\lim\limits_{x\to x_0}\sqrt[n]{f(x)}=\sqrt[n]{\lim\limits_{x\to x_0}f(x)}=\sqrt[n]{A}$,由此易得:$\lim\limits_{x\to0}\sqrt{1+x}=\sqrt{\lim\limits_{x\to0}(1+x)}=\sqrt{1+0}=1$

但我们这里为复习无穷小性质而不用上述这一结论.

【例 1-5-6】 求极限$\lim\limits_{x\to\infty}\dfrac{a_nx^n+a_{n-1}x^{n-1}+\cdots+a_1x+a_0}{b_mx^m+b_{m-1}x^{m-1}+\cdots+b_1x+b_0}$ $(a_nb_m\neq0)$.

解:在我们前面给出的常用极限公式中,$\lim\limits_{x\to\infty}x$ 没有极限,但有$\lim\limits_{x\to\infty}\dfrac{1}{x}=0$,因而我们要对有理式作恒等变换,使分子分母都化为$\dfrac{1}{x}$的多项式,分三种情况讨论:

(1) $m=n$.这时对有理式分子分母同除 x^n 有:$\lim\limits_{x\to\infty}\dfrac{a_nx^n+a_{n-1}x^{n-1}+\cdots+a_1x+a_0}{b_mx^m+b_{m-1}x^{m-1}+\cdots+b_1x+b_0}$

$$=\lim_{x\to\infty}\frac{a_n+a_{n-1}\dfrac{1}{x}+a_{n-2}\left(\dfrac{1}{x}\right)^2+\cdots+a_1\left(\dfrac{1}{x}\right)^{n-1}+a_0\left(\dfrac{1}{x}\right)^n}{b_n+b_{n-1}\dfrac{1}{x}+b_{n-2}\left(\dfrac{1}{x}\right)^2+\cdots+b_1\left(\dfrac{1}{x}\right)^{n-1}+b_0\left(\dfrac{1}{x}\right)^n}$$

$$=\frac{\lim\limits_{x\to\infty}a_n+a_{n-1}\lim\limits_{x\to\infty}\dfrac{1}{x}+a_{n-2}\left(\lim\limits_{x\to\infty}\dfrac{1}{x}\right)^2+\cdots+a_1\left(\lim\limits_{x\to\infty}\dfrac{1}{x}\right)^{n-1}+a_0\left(\lim\limits_{x\to\infty}\dfrac{1}{x}\right)^n}{\lim\limits_{x\to\infty}b_n+b_{n-1}\lim\limits_{x\to\infty}\dfrac{1}{x}+b_{n-2}\left(\lim\limits_{x\to\infty}\dfrac{1}{x}\right)^2+\cdots+b_1\left(\lim\limits_{x\to\infty}\dfrac{1}{x}\right)^{n-1}+b_0\left(\lim\limits_{x\to\infty}\dfrac{1}{x}\right)^n}$$

$$=\frac{a_n}{b_n}$$

(2) 当 $n<m$.有理式分子分式同除 x^m 后再用极限四则运算法则和公式$\lim\limits_{x\to\infty}\dfrac{1}{x}=0$ 可得:

$$\lim_{x\to\infty}\frac{a_nx^n+a_{n-1}x^{n-1}+\cdots+a_1x+a_0}{b_mx^m+b_{m-1}x^{m-1}+\cdots+b_1x+b_0}=\lim_{x\to\infty}\frac{1}{x^{m-n}}\cdot\frac{a_n+a_{n-1}\dfrac{1}{x}+\cdots+a_1\dfrac{1}{x^{n-1}}+a_0\dfrac{1}{x^n}}{b_m+b_{m-1}\dfrac{1}{x}+\cdots+b_1\dfrac{1}{x^{m-1}}+b_0\dfrac{1}{x^m}}$$

$$=\lim_{x\to\infty}\frac{1}{x^{m-n}}\cdot\lim_{x\to\infty}\frac{a_n+a_{n-1}\dfrac{1}{x}+\cdots+a_1\dfrac{1}{x^{n-1}}+a_0\dfrac{1}{x^n}}{b_m+b_{m-1}\dfrac{1}{x}+\cdots+b_1\dfrac{1}{x^{m-1}}+b_0\dfrac{1}{x^m}}=0$$

(3) 当 $n>m$.由(2)可知$\lim\limits_{x\to\infty}\dfrac{b_mx^m+b_{m-1}x^{m-1}+\cdots+b_1x+b_0}{a_nx^n+a_{n-1}x^{n-1}+\cdots+a_1x+a_0}=0$

所以$\lim\limits_{x\to\infty}\dfrac{a_nx^n+a_{n-1}x^{n-1}+\cdots+a_1x+a_0}{b_mx^m+b_{m-1}x^{m-1}+\cdots+b_1x+b_0}=\infty$

【例 1-5-7】 填空

(1) $\lim\limits_{x\to\infty}\dfrac{5x^3+4x^2+3x-6}{3x^4+2x^2+7}=$______;

(2) $\lim\limits_{x\to\infty}\dfrac{x^3-8x^2-9x-7}{x^2+3x+4}=$______;

(3) $\lim\limits_{x\to\infty}\dfrac{(8x-3)^8(x+5)^2}{(4x+1)^{10}}=$______.

解:(1) 因 $n=3,m=4$ 所以$\lim\limits_{x\to\infty}\dfrac{5x^3+4x^2+3x-6}{3x^4+2x^2+7}=0$,故正确答案为 0.

(2) 因 $n=3,m=2$ 所以$\lim\limits_{x\to\infty}\dfrac{x^3-8x^2-9x-7}{x^2+3x+4}=\infty$,故正确答案应为$\infty$.

(3) 因 $n=m=10$,且 $a_{10}=8^8\times1,b_{10}=4^{10}$.

所以$\lim\limits_{x\to\infty}\dfrac{(8x-3)^8(x+5)^2}{(4x+1)^{10}}=\dfrac{8^8\times1}{4^{10}}=16$,故应填 16.

【例 1-5-8】 求极限 $\lim\limits_{x\to+\infty}\dfrac{4^{x+1}-3^{x+2}}{4^x+3^x}$.

解:常用极限公式中 $\lim\limits_{x\to+\infty}4^x$,$\lim\limits_{x\to+\infty}3^x$ 没有极限,但有 $\lim\limits_{x\to+\infty}\left(\dfrac{3}{4}\right)^x=0$. 故对原式分子分母同除 4^x得:

$$\lim_{x\to+\infty}\frac{4^{x+1}-3^{x+2}}{4^x+3^x}=\lim_{x\to+\infty}\frac{4-9\left(\frac{3}{4}\right)^x}{1+\left(\frac{3}{4}\right)^x}=\frac{\lim\limits_{x\to+\infty}4-9\lim\limits_{x\to+\infty}\left(\frac{3}{4}\right)^x}{\lim\limits_{x\to+\infty}1+\lim\limits_{x\to+\infty}\left(\frac{3}{4}\right)^x}$$

$$=\frac{4-9\times0}{1+0}=4$$

【例 1-5-9】 求极限 $\lim\limits_{x\to-\infty}\dfrac{4^{x+1}-3^{x+2}}{4^x+3^x}$.

解:虽然常用极限公式中有 $\lim\limits_{x\to-\infty}4^x=0$,$\lim\limits_{x\to-\infty}3^x=0$ 但分母极限 $\lim\limits_{x\to-\infty}(4^x+3^x)=0$,而同时分子极限也为零,因而不能直接用极限运算法则,故必须变形使分母的极限为不为零的有限数,根据公式 $\lim\limits_{x\to-\infty}\left(\dfrac{4}{3}\right)^x=0$,对原式分子分母同除 3^x得:

$$\lim_{x\to-\infty}\frac{4^{x+1}-3^{x+2}}{4^x+3^x}=\lim_{x\to-\infty}\frac{4\left(\frac{4}{3}\right)^x-9}{\left(\frac{4}{3}\right)^x+1}$$

$$=\frac{4\lim\limits_{x\to-\infty}\left(\frac{4}{3}\right)^x-\lim\limits_{x\to-\infty}9}{\lim\limits_{x\to-\infty}\left(\frac{4}{3}\right)^x+\lim\limits_{x\to-\infty}1}$$

$$=\frac{4\times0-9}{0+1}=-9$$

问题:极限$\lim\limits_{x\to\infty}\dfrac{4^{x+1}-3^{x+2}}{4^x+3^x}$是否存在?

【例 1-5-10】 求下列数列的极限:

(1) $\lim\limits_{n\to\infty}(\sqrt{n^2+1}-n)$;　　(2) $\lim\limits_{n\to\infty}n(\sqrt{n^2+1}-n)$;

(3) $\lim\limits_{n\to\infty}\dfrac{4^{n+1}-2^n}{4^n+3^{n+1}}$.

解:(1) 由 $\sqrt{1+x^2}-1=\dfrac{x^2}{\sqrt{1+x^2}+1}$ 及 $\lim\limits_{x\to 0}x^2=0$，$\left|\dfrac{1}{\sqrt{1+x^2}+1}\right|\leqslant 1$

得 $\lim\limits_{x\to 0}(\sqrt{1+x^2}-1)=0$ 进而 $\lim\limits_{x\to 0}\sqrt{1+x^2}=1$.

由定理 1-3-2 有：$\lim\limits_{n\to\infty}\sqrt{1+\left(\dfrac{1}{n}\right)^2}=1$

所以

$$\lim_{n\to\infty}(\sqrt{n^2+1}-n)=\lim_{n\to\infty}\frac{(\sqrt{n^2+1}-n)(\sqrt{n^2+1}+n)}{\sqrt{n^2+1}+n}$$

$$=\lim_{n\to\infty}\frac{1}{\sqrt{n^2+1}+n}=\lim_{n\to\infty}\frac{\frac{1}{n}}{\sqrt{1+\left(\frac{1}{n}\right)^2}+1}=\frac{\lim\limits_{n\to\infty}\frac{1}{n}}{\lim\limits_{n\to\infty}\sqrt{1+\left(\frac{1}{n}\right)^2}+1}=0$$

(2) 仿(1)有，原式 $=\lim\limits_{n\to\infty}\dfrac{n}{\sqrt{n^2+1}+n}=\lim\limits_{n\to\infty}\dfrac{1}{\sqrt{1+\frac{1}{n^2}}+1}=\dfrac{1}{\lim\limits_{n\to\infty}\sqrt{1+\frac{1}{n^2}}+1}=\dfrac{1}{2}$.

(3) 原式 $=\lim\limits_{n\to\infty}\dfrac{4-\left(\frac{1}{2}\right)^n}{1+3\cdot\left(\frac{3}{4}\right)^n}=\dfrac{\lim\limits_{n\to\infty}4-\lim\limits_{n\to\infty}\left(\frac{1}{2}\right)^n}{\lim\limits_{n\to\infty}1+3\cdot\lim\limits_{n\to\infty}\left(\frac{3}{4}\right)^n}=\dfrac{4-0}{1+3\times 0}=4$.

三、等价无穷小在求极限的应用

定理 1-5-2 当 $x\to x_0$ 时，$\alpha_1(x)$，$\alpha_2(x)$，$\beta_1(x)$，$\beta_2(x)$ 都是无穷小量，且 $\alpha_1(x)\sim\beta_1(x)$，$\alpha_2(x)\sim\beta_2(x)$，则 $\alpha_1(x)\alpha_2(x)\sim\beta_1(x)\beta_2(x)$.

定理 1-5-3 当 $x\to x_0$ 时，$\alpha_1(x)$，$\alpha_2(x)$，$\beta_1(x)$，$\beta_2(x)$ 都是无穷小量，且 $\alpha_1(x)\sim\beta_1(x)$，$\alpha_2(x)\sim\beta_2(x)$ 且 $\lim\limits_{x\to x_0}\dfrac{\beta_1(x)}{\beta_2(x)}$ 存在，则 $\lim\limits_{x\to x_0}\dfrac{\alpha_1(x)}{\alpha_2(x)}=\lim\limits_{x\to x_0}\dfrac{\beta_1(x)}{\beta_2(x)}$.

证明:因为 $\dfrac{\alpha_1(x)}{\alpha_2(x)}=\dfrac{\alpha_1(x)}{\beta_1(x)}\cdot\dfrac{\beta_2(x)}{\alpha_2(x)}\cdot\dfrac{\beta_1(x)}{\beta_2(x)}$

所以 $\lim\limits_{x\to x_0}\dfrac{\alpha_1(x)}{\alpha_2(x)}=\lim\limits_{x\to x_0}\dfrac{\alpha_1(x)}{\beta_1(x)}\cdot\lim\limits_{x\to x_0}\dfrac{\beta_2(x)}{\alpha_2(x)}\cdot\lim\limits_{x\to x_0}\dfrac{\beta_1(x)}{\beta_2(x)}=\lim\limits_{x\to x_0}\dfrac{\beta_1(x)}{\beta_2(x)}$

【例 1-5-11】 求极限 $\lim\limits_{x\to 0}\dfrac{(\sqrt{1+4x^2}-1)^2}{\sqrt{1+8x^4}-1}$.

解:由例 1-5-5 中(3)的结果我们有：当 $u\to 0$，$\sqrt{1+u}-1\sim\dfrac{1}{2}u$.

所以当 $x\to 0$ 时

$$\sqrt{1+4x^2}-1\sim\frac{1}{2}(4x^2)=2x^2$$

$$(\sqrt{1+4x^2}-1)^2\sim(2x^2)^2$$

$$\sqrt{1+8x^4}-1\sim\frac{1}{2}(8x^4)=4x^4$$

所以

$$\lim_{x\to 0}\frac{(\sqrt{1+4x^2}-1)^2}{\sqrt{1+8x^4}-1}=\lim_{x\to 0}\frac{(2x^2)^2}{4x^4}=1$$

习题 1.5

1. 求下列数列的极限

(1) $\lim\limits_{n\to\infty}\left(\frac{1}{n^2}+\frac{2}{n^2}+\frac{3}{n^2}+\cdots+\frac{n}{n^2}\right)$；　　(2) $\lim\limits_{n\to\infty}\frac{n^2-5}{2n^2+4n+6}$；

(3) $\lim\limits_{n\to\infty}\frac{a^{n+1}+b^{n+2}}{a^{n+1}-b^{n+2}}(a>b>0)$；　　(4) $\lim\limits_{n\to\infty}n(\sqrt{4n^2-1}-2n)$；

(5) $\lim\limits_{n\to\infty}\left[\frac{(n+1)^3}{n^2}-\frac{(n-1)^3}{n^2}\right]$；　　(6) $\lim\limits_{n\to\infty}\frac{10^n-5^{n+2}}{10^n+5^{n+2}}$.

2. 求下列函数的极限

(1) $\lim\limits_{x\to 2}(x^2-4x+5)$；　　(2) $\lim\limits_{x\to\sqrt{5}}\frac{x^2-5}{x^4+2x^2-4}$；

(3) $\lim\limits_{x\to 1}\left(1-\frac{2}{x-3}\right)$；　　(4) $\lim\limits_{x\to 1}\frac{x^2+1}{x^2-1}$；

(5) $\lim\limits_{x\to 1}\left(\frac{1}{1-x}-\frac{3}{1-x^3}\right)$；　　(6) $\lim\limits_{x\to 2}\left(\frac{1}{2-x}-\frac{4}{4-x^2}\right)$；

(7) $\lim\limits_{x\to\infty}\frac{2x+3}{4x-5}$；　　(8) $\lim\limits_{x\to\infty}\frac{(10x-1)^{10}(3x+2)^{10}}{(5x+1)^{20}}$；

(9) $\lim\limits_{x\to\infty}\frac{x-\sin x}{x+\sin x}$；　　(10) $\lim\limits_{x\to\frac{\pi}{2}}\frac{x-\sin x}{x+\sin x}$；

(11) $\lim\limits_{x\to 0}\frac{\sqrt{1+x^2}-1}{x^2}$；　　(12) $\lim\limits_{x\to\infty}\frac{x^2+2x+2}{x^3+4}(4+\sin x)$；

(13) $\lim\limits_{x\to 2}\frac{x^3-7x^2+24}{x^2+2}$；　　(14) $\lim\limits_{x\to 3}\frac{x^2-5x+6}{x^2-7}$.

3. 用等价无穷小替换求下列极限

(1) $\lim\limits_{x\to 0}\frac{(\sqrt{1+4x^2}-1)^3}{(\sqrt{1+8x^3}-1)^2}$；　　(2) $\lim\limits_{x\to 2}\frac{\sqrt{5-x^2}-1}{x-2}$；

(3) $\lim\limits_{x\to 2}\frac{\sqrt{5-x^2}+x-3}{\sqrt{x-1}-1}$；　　(4) $\lim\limits_{x\to+\infty}(\sqrt{ax^2+bx+c}-\sqrt{a}x)(a>0)$.

1.6　极限存在准则与两个重要极限

一、极限存在准则

我们利用极限存在的两个准则来讨论原极限公式中没有的两个重要极限，利用这两个新极限公式，我们又可以计算大量新的函数极限.

准则Ⅰ(夹逼准则)　设 $f(x),g(x),h(x)$ 在 $(x_0-\delta,x_0)\cup(x_0,x_0+\delta)$ 上有定义，且

满足

(1) $g(x)\leqslant f(x)\leqslant h(x)$;

(2) $\lim\limits_{x\to x_0}g(x)=\lim\limits_{x\to x_0}h(x)=A$.

则必有$\lim\limits_{x\to x_0}f(x)=A$.

注:将$(x_0-\delta,x_0)\cup(x_0,x_0+\delta)$换成$(-\infty,-M)\cup(M,+\infty)$,条件(2)换成$\lim\limits_{x\to\infty}g(x)=\lim\limits_{x\to\infty}h(x)=A$,则结论可换成$\lim\limits_{x\to\infty}f(x)=A$,即结论仍然成立.

准则Ⅱ 单调有界数列必有极限.

二、两个重要极限

1. 重要极限Ⅰ

$$\lim_{x\to 0}\frac{\sin x}{x}=1.$$

证明:因为$f(x)=\dfrac{\sin x}{x}$是偶函数,故只要证明$\lim\limits_{x\to 0^+}\dfrac{\sin x}{x}=1$就行.

当$0<x<\dfrac{\pi}{2}$时,如图1-6-1所示,对半径为1的圆,$\triangle OBC$的面积小于扇形OBC的面积,而扇形OBC的面积又小于直角$\triangle OAC$的面积,即:$\dfrac{1}{2}\sin x<\dfrac{1}{2}x<\dfrac{1}{2}\tan x$

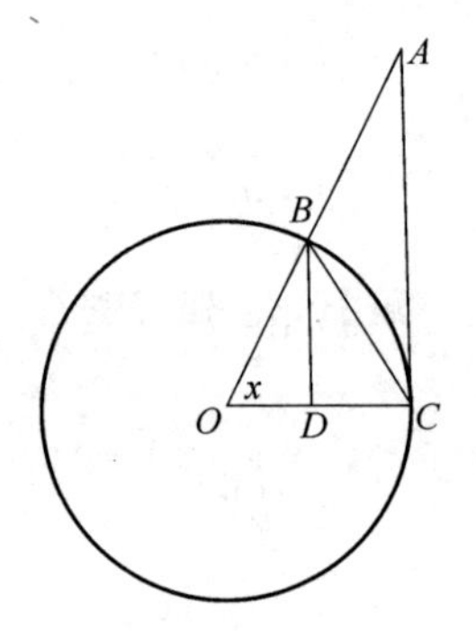

图1-6-1

不等式同除$\dfrac{1}{2}\sin x$,得:$1<\dfrac{x}{\sin x}<\dfrac{1}{\cos x}$

故有:$\cos x<\dfrac{\sin x}{x}<1$

而$\cos x=1-(1-\cos x)=1-2\sin^2\dfrac{x}{2}\geqslant 1-\dfrac{x^2}{2}$

所以:$1-\dfrac{x^2}{2}\leqslant\cos x\leqslant\dfrac{\sin x}{x}<1$

而$\lim\limits_{x\to 0^+}(1-\dfrac{x^2}{2})=1$,$\lim\limits_{x\to 0^+}1=1$

由准则Ⅰ有:$\lim\limits_{x\to 0^+}\dfrac{\sin x}{x}=1$

所以:$\lim\limits_{x\to 0}\dfrac{\sin x}{x}=1$

注:(1) 应用该公式时,必须是$x\to 0$,当$x_0\neq 0$时,$\lim\limits_{x\to x_0}\dfrac{\sin x}{x}=\dfrac{\sin x_0}{x_0}\neq 1$;

(2) 应用该公式时,可将公式表示为更一般的形式:

$$\lim_{u\to 0}\frac{\sin u}{u}=1$$

其中,$u=\varphi(x)$,满足$\varphi(x)\neq 0$,$\lim\limits_{x\to x_0}\varphi(x)=0$;

(3) 由$\cos x$是偶函数,且$1-\dfrac{x^2}{2}\leqslant\cos x\leqslant 1$,根据准则Ⅰ得极限公式:

$$\lim_{x\to 0}\cos x = 1$$

【例 1-6-1】 求下列极限

(1) $\lim\limits_{x\to 0}\dfrac{\tan x}{x}$；　　(2) $\lim\limits_{x\to 0}\dfrac{x}{\sin x}$；

(3) $\lim\limits_{x\to 0}\dfrac{\sin^2 x}{x^2}$.

解：(1) $\lim\limits_{x\to 0}\dfrac{\tan x}{x}=\lim\limits_{x\to 0}\dfrac{\sin x}{x}\cdot\dfrac{1}{\cos x}=\lim\limits_{x\to 0}\dfrac{\sin x}{x}\cdot\lim\limits_{x\to 0}\dfrac{1}{\cos x}=1\times\dfrac{1}{\lim\limits_{x\to 0}\cos x}=1\times\dfrac{1}{1}=1$；

(2) 原式 $=\lim\limits_{x\to 0}\dfrac{1}{\dfrac{\sin x}{x}}=\dfrac{\lim\limits_{x\to 0}1}{\lim\limits_{x\to 0}\dfrac{\sin x}{x}}=\dfrac{1}{1}=1$；

(3) 原式 $=\lim\limits_{x\to 0}\left(\dfrac{\sin x}{x}\right)^2=\left(\lim\limits_{x\to 0}\dfrac{\sin x}{x}\right)^2=1^2=1$.

【例 1-6-2】 求下列极限

(1) $\lim\limits_{x\to 0}\dfrac{\sin(kx)}{x}\quad(k\neq 0)$；　　(2) $\lim\limits_{x\to 0}\dfrac{\sin(ax)}{\sin(bx)}\quad(ab\neq 0)$；

(3) $\lim\limits_{x\to 0}\dfrac{\tan 6x}{\sin 4x}$；　　(4) $\lim\limits_{x\to 0}\dfrac{1-\cos 2ax}{x^2}$；

(5) $\lim\limits_{x\to 0}\dfrac{\tan 2ax-\sin 2ax}{x^3}$；　　(6) $\lim\limits_{x\to 0}\dfrac{\arcsin kx}{x}\quad(k\neq 0)$.

解：(1) $\lim\limits_{x\to 0}\dfrac{\sin(kx)}{x}=\lim\limits_{x\to 0}\dfrac{k\sin kx}{kx}=k\lim\limits_{u\to 0}\dfrac{\sin u}{u}=k\quad(u=kx)$；

(2) $\lim\limits_{x\to 0}\dfrac{\sin ax}{\sin bx}=\lim\limits_{x\to 0}\dfrac{\dfrac{\sin ax}{x}}{\dfrac{\sin bx}{x}}=\dfrac{\lim\limits_{x\to 0}\dfrac{\sin ax}{x}}{\lim\limits_{x\to 0}\dfrac{\sin bx}{x}}=\dfrac{a}{b}$；

(3) $\lim\limits_{x\to 0}\dfrac{\tan 6x}{\sin 4x}=\lim\limits_{x\to 0}\dfrac{\sin 6x}{\sin 4x}\cdot\dfrac{1}{\cos 6x}=\lim\limits_{x\to 0}\dfrac{\sin 6x}{\sin 4x}\cdot\lim\limits_{x\to 0}\dfrac{1}{\cos 6x}=\dfrac{6}{4}\times 1=\dfrac{3}{2}$；

(4) $\lim\limits_{x\to 0}\dfrac{1-\cos 2ax}{x^2}=\lim\limits_{x\to 0}\dfrac{2\sin^2(ax)}{x^2}=2\left(\lim\limits_{x\to 0}\dfrac{\sin ax}{x}\right)^2=2a^2$；

(5) $\lim\limits_{x\to 0}\dfrac{\tan 2ax-\sin 2ax}{x^3}=\lim\limits_{x\to 0}\dfrac{\sin 2ax(1-\cos 2ax)}{x^3\cos 2ax}$；

$$=\lim_{x\to 0}\frac{1}{\cos 2ax}\lim_{x\to 0}\frac{\sin 2ax}{x}\lim_{x\to 0}\frac{1-\cos 2ax}{x^2}=1\times 2a\times 2a^2=4a^3;$$

(6) $\lim\limits_{x\to 0}\dfrac{\arcsin kx}{x}\overset{u=\arcsin kx}{\underset{x=\frac{1}{k}\sin u}{=\!=\!=\!=}}\lim\limits_{u\to 0}\dfrac{u}{\dfrac{1}{k}\sin u}=k\lim\limits_{u\to 0}\dfrac{u}{\sin u}=k$.

2. 重要极限Ⅱ

(1) $\lim\limits_{n\to\infty}\left(1+\dfrac{1}{n}\right)^n=\mathrm{e}$(数列型)；

(2) $\lim\limits_{x\to\infty}\left(1+\dfrac{1}{x}\right)^x=\mathrm{e}$(函数型Ⅰ)；

(3) $\lim\limits_{u\to 0}(1+u)^{\frac{1}{u}}=\mathrm{e}$(函数型Ⅱ).

注: 在(2)中令 $u=\frac{1}{x}$ 则可得到(3),因而证明(1),(2)二个公式就行.

证明:(1) 令 $x_n=\left(1+\frac{1}{n}\right)^n$,只要证明$\{x_n\}$单调有界,再用准则Ⅱ就可以.

我们利用一个常用不等式:

设 $x_1>0,x_2>0,\cdots,x_n>0$,则 $\sqrt[n]{x_1x_2\cdots x_n}\leqslant\frac{x_1+x_2+\cdots+x_n}{n}$

即几何平均值不大于算术平均值来证明所要的结论.

因为 $\left(1+\frac{1}{n}\right)^{\frac{n}{n+1}}=\sqrt[n+1]{\left(1+\frac{1}{n}\right)^n}=\sqrt[n+1]{\underbrace{\left(1+\frac{1}{n}\right)\cdot\left(1+\frac{1}{n}\right)\cdots\left(1+\frac{1}{n}\right)}_{n\text{个}\left(1+\frac{1}{n}\right)}\cdot 1}$

$$\leqslant\frac{\left(1+\frac{1}{n}\right)+\left(1+\frac{1}{n}\right)+\cdots+\left(1+\frac{1}{n}\right)+1}{n+1}=\frac{n+1+1}{n+1}=1+\frac{1}{n+1}$$

所以 $x_n=\left(1+\frac{1}{n}\right)^n=\left[\left(1+\frac{1}{n}\right)^{\frac{n}{n+1}}\right]^{n+1}\leqslant\left(1+\frac{1}{n+1}\right)^{n+1}=x_{n+1}$

所以数列$\{x_n\}$单调递增.

同样因为 $\left(1-\frac{1}{n+1}\right)^{\frac{n+1}{n+2}}=\sqrt[n+2]{\left(1-\frac{1}{n+1}\right)^{n+1}}=\sqrt[n+1]{\underbrace{\left(1-\frac{1}{n+1}\right)\cdot\left(1-\frac{1}{n+1}\right)\cdots\left(1-\frac{1}{n+1}\right)}_{n+1\text{个}\left(1-\frac{1}{n+1}\right)}\cdot 1}$

$$\leqslant\frac{\left(1-\frac{1}{n+1}\right)+\left(1-\frac{1}{n+1}\right)+\cdots+\left(1-\frac{1}{n+1}\right)+1}{n+2}=\frac{(n+1)-1+1}{n+2}=1-\frac{1}{n+2}$$

所以 $\left(1-\frac{1}{n+1}\right)^{n+1}=\left[\left(1-\frac{1}{n+1}\right)^{\frac{n+1}{n+2}}\right]^{n+2}\leqslant\left(1-\frac{1}{n+2}\right)^{n+2}$

所以 $y_n=\left(1+\frac{1}{n}\right)^{n+1}=\left(1-\frac{1}{n+1}\right)^{-(n+1)}\geqslant\left(1-\frac{1}{n+2}\right)^{-(n+2)}=\left(1+\frac{1}{n+1}\right)^{n+2}=y_{n+1}$

所以$\left\{y_n=\left(1+\frac{1}{n}\right)^{n+1}\right\}$单调递减.

所以 $2=x_1\leqslant x_2\leqslant\cdots\leqslant x_n=\left(1+\frac{1}{n}\right)^n<\left(1+\frac{1}{n}\right)^{n+1}=y_n\leqslant y_{n-1}\leqslant\cdots\leqslant y_1=4$

所以数列$\{x_n\}$单调递增有界,故有极限,将极限记作 e.

即 $\lim\limits_{n\to\infty}x_n=\lim\limits_{n\to\infty}\left(1+\frac{1}{n}\right)^n=\mathrm{e}$,这就是(1)的结论.

(2) 先证 $\lim\limits_{x\to+\infty}\left(1+\frac{1}{x}\right)^x=\mathrm{e}$ ①

对 $x>0$,令 $n=[x]$(不大于 x 的最大整数)

则 $n=[x]$满足:$0\leqslant n=[x]\leqslant x<[x]+1=n+1$,$\Rightarrow x\to+\infty$时,$n\to\infty$

因为 $\left(1+\frac{1}{n+1}\right)^n\leqslant\left(1+\frac{1}{x}\right)^x\leqslant\left(1+\frac{1}{n}\right)^{n+1}$

而 $\lim\limits_{x\to+\infty}\left(1+\frac{1}{n+1}\right)^n=\lim\limits_{n\to\infty}\left(1+\frac{1}{n+1}\right)^n=\lim\limits_{n\to\infty}\frac{\left(1+\frac{1}{n+1}\right)^{n+1}}{1+\frac{1}{n+1}}$

$$=\frac{\lim\limits_{n\to\infty}\left(1+\frac{1}{n+1}\right)^{n+1}}{\lim\limits_{n\to\infty}\left(1+\frac{1}{n+1}\right)}=\frac{\lim\limits_{m\to\infty}\left(1+\frac{1}{m}\right)^{m}}{1+\lim\limits_{n\to\infty}\frac{1}{n+1}}=\frac{e}{1+0}=e$$

$$\lim_{x\to+\infty}\left(1+\frac{1}{n}\right)^{n+1}=\lim_{n\to\infty}\left(1+\frac{1}{n}\right)^{n}\lim_{n\to\infty}\left(1+\frac{1}{n}\right)=e$$

由准则Ⅰ得：$\lim\limits_{x\to+\infty}\left(1+\frac{1}{x}\right)^{x}=e$，这就是我们所要的.

再证：$\lim\limits_{x\to-\infty}\left(1+\frac{1}{x}\right)^{x}=e$　②

由 $\lim\limits_{x\to-\infty}\left(1+\frac{1}{x}\right)^{x}=\lim\limits_{x\to-\infty}\left(\frac{x}{x+1}\right)^{-x}=\lim\limits_{x\to-\infty}\left[1+\frac{1}{-(x+1)}\right]^{-x}=\lim\limits_{x\to-\infty}\left[1+\frac{1}{-(x+1)}\right]^{-(x+1)+1}$

$$\overset{t=-(x+1)}{=}\lim_{t\to+\infty}\left(1+\frac{1}{t}\right)^{t+1}=\lim_{t\to+\infty}\left(1+\frac{1}{t}\right)^{t}\lim_{t\to+\infty}\left(1+\frac{1}{t}\right)=e\times1=e$$

结合①、②二式得：$\lim\limits_{x\to\infty}\left(1+\frac{1}{x}\right)^{x}=e$，故结论得证.

利用等价无限小在极限中的应用及后面的结论，我们可得公式(2)、(3)的常用应用变形公式.

常用公式Ⅰ　当 $a_nb_m\neq0$ 时，

$$\lim_{x\to\infty}\left(1+\frac{1}{a_nx^n+a_{n-1}x^{n-1}+\cdots+a_1x+a_0}\right)^{b_mx^m+b_{m-1}x^{m-1}+\cdots+b_1x+b_0}=\begin{cases}e^{\frac{b_n}{a_n}} & n=m\\ 1 & n>m\\ \text{不存在} & n<m\end{cases}$$

常用公式Ⅱ　$\lim\limits_{u\to0}(1+Au)^{\frac{B}{u}+C}=e^{AB}$

【例 1-6-3】　求下列极限：

(1) $\lim\limits_{x\to\infty}\left(\frac{x+a}{x+b}\right)^{cx+d}$（其中 a,b,c,d 为常数，$a\neq b$）；

(2) $\lim\limits_{x\to0}(1+3x^2)^{\frac{2-x^2}{x^2}}$；

(3) $\lim\limits_{x\to\infty}\left(1+\frac{1}{3x^2+x+3}\right)^{6x^2+3x-5}$.

解：(1) 原式$=\lim\limits_{x\to\infty}\left(\frac{x+a}{x+b}\right)^{cx+d}=\lim\limits_{x\to\infty}\left(1+\frac{a-b}{x+b}\right)^{cx+d}=\lim\limits_{x\to\infty}\left(1+\frac{1}{\frac{1}{a-b}x+\frac{b}{a-b}}\right)^{cx+d}=e^{\frac{c}{\frac{1}{a-b}}}=$ $e^{c(a-b)}$（相当于公式Ⅰ中 $a_1=\frac{1}{a-b}$，$b_1=c$）

(2) $\lim\limits_{x\to0}(1+3x^2)^{\frac{2-x^2}{x^2}}=\lim\limits_{x\to0}(1+3x^2)^{\frac{2}{x^2}-1}\overset{u=x^2}{=}\lim\limits_{u\to0}(1+3u)^{\frac{2}{u}-1}=e^{3\times2}=e^6$（相当于公式Ⅱ中 $A=-2,B=3$）

(3) $\lim\limits_{x\to\infty}\left(1+\frac{1}{3x^2+x+3}\right)^{6x^2+3x-5}=e^{\frac{6}{3}}=e^2$（相当于公式Ⅰ中，$a_2=1,b_2=2$）

【例 1-6-4】　填空题

(1) 已知 $\lim\limits_{x\to\infty}\left(\frac{x+k}{x-k}\right)^{3x+5}=27$，则 $k=$______；

(2) 已知$\lim\limits_{x\to 0}(1+Ax)^{\frac{2+3x}{x}}=e^2$,则 $A=$______.

解:(1) 根据例 1-6-3(1)的结果有:$\lim\limits_{x\to\infty}\left(\dfrac{x+k}{x-k}\right)^{3x+5}=e^{3[k-(-k)]}=e^{6k}$

由条件知:$e^{6k}=27$,解得:$k=\dfrac{1}{2}\ln 3$,故填$\dfrac{1}{2}\ln 3$.

(2) $\lim\limits_{x\to 0}(1+Ax)^{\frac{2}{x}+3}=e^{2A}$

由已知有:$e^{2A}=e^2$,解得:$A=1$,故填 1.

3. 圆的周长公式

我们的祖先在几千年前就知道,圆的周长与圆的直径成正比,进而得到圆的周长公式:

$$L=2\pi R$$

但这个公式基于结论"圆的周长与圆的直径成正比,且比例常数为圆周率".利用极限我们可以直接得到上述公式.

直接计算我们知,半径为 R 圆的内接正 n 边形的周长为:

$$L_n=n\left(2R\sin\frac{2\pi}{2n}\right)=2nR\sin\frac{\pi}{n}$$

而圆的周长就是内接正 n 边形的周长当 $n\to\infty$时的极限,故有:

$$L=\lim_{n\to\infty}L_n=\lim_{n\to\infty}2nR\sin\frac{\pi}{n}=2\pi R\lim_{n\to\infty}\frac{\sin\frac{\pi}{n}}{\frac{\pi}{n}}=2\pi R\lim_{x\to 0}\frac{\sin x}{x}=2\pi R$$

4. 连续复利公式

连续复利公式是金融数学中的一个重要公式,它为利息及现金流现值计算连续化处理(可应用微积分公式)提供了一个桥梁.

对一笔本金为 A_0,年利率为 r,每年计息一次,期限为 n 年,按复利计算的存款(贷款),则一年后的本利和为:$A_0+A_0r=A_0(1+r)$

二年后的本利和为:$A_0(1+r)+A_0(1+r)r=A_0\ (1+r)^2$

n 年后的本利和为:$A_0\ (1+r)^n$

这就是 1 年计息一次的复利计算公式,如果现在每年计息 m 次,等价于每$\dfrac{1}{m}$年计算一次(隔夜拆借就是每日计算,相当于每年计息 365 次),名义计息利率为$\dfrac{r}{m}$,则 n 年后的本利和为:

$$A_0\left(1+\frac{r}{m}\right)^{mn}$$

特别当 $m\to\infty$时,说明每时每刻都计息(称作**连续复利**),这时,n 年后的本利和为:

$$\begin{aligned}A_n&=\lim_{m\to\infty}A_0\left(1+\frac{r}{m}\right)^{mn}\\&=A_0\left[\lim_{m\to\infty}\left(1+\frac{r}{m}\right)^m\right]^n=A_0e^{rn}\end{aligned}$$

称这个公式为**连续复利公式**.

由这个公式知,现在的本金 A_0,n 年后本利和为 $A_n=A_0e^{rn}$;n 年后本利和为 A_n,则现在

的本金为 $A_n e^{-rn}$，这个公式称作现值公式，e^{-rn} 称作连续贴现因子.

习题 1.6

1. 求下列极限

(1) $\lim\limits_{x\to 0}\dfrac{\sin 4x}{\sin 3x}$；　(2) $\lim\limits_{x\to \frac{\pi}{2}}\dfrac{\cos 3x}{\cos x}$；

(3) $\lim\limits_{x\to 0}\dfrac{\tan 3x-\sin x}{x}$；　(4) $\lim\limits_{x\to 0}\dfrac{\cos x-\cos 3x}{x^2}$；

(5) $\lim\limits_{x\to 0}\dfrac{\sin(3x+x^2)}{\sin(3x-x^2)}$；　(6) $\lim\limits_{x\to 0}\dfrac{\tan(3x+x^2)}{\sin(x-x^2)}$；

(7) $\lim\limits_{x\to 0}\dfrac{\arcsin 4x}{x}$　(8) $\lim\limits_{x\to 0}\dfrac{2x-\sin x}{2x+\sin x}$.

2. 用夹逼准则求下列极限

(1) $\lim\limits_{n\to \infty}\left(\dfrac{n}{n^2+\pi}+\dfrac{n}{n^2+2\pi}+\cdots+\dfrac{n}{n^2+n\pi}\right)$

(2) $\lim\limits_{n\to \infty}\left(\dfrac{1}{n^2+\pi}+\dfrac{2}{n^2+2\pi}+\cdots+\dfrac{n}{n^2+n\pi}\right)$

3. 填空

(1) $\lim\limits_{x\to \infty}\left(1+\dfrac{4}{x+1}\right)^{2x+3}=$______；

(2) $\lim\limits_{x\to 0}(1+2x^2)^{\frac{1}{x^2}}=$______；

(3) 若 $\lim\limits_{x\to 1}(1+A\ln x)^{\frac{2}{\ln x}}=16$，则 $A=$______；

(4) 若 $\lim\limits_{x\to 0}\left(\dfrac{3-kx}{3}\right)^{\frac{2}{x}}=e^2$，则 $k=$______.

1.7　函数的连续性

一、函数的连续性

在现实生活中有许多的量都是连续变化的，例如，气温的变化，植物的生长，物体运动的路程等. 这些现象反映在数学上就是函数的连续性，它是一个用函数极限定义的数学概念.

"连续"就是指连绵不断，函数 $y=f(x)$ 在 $x=x_0$ 点连续，就是指曲线 $y=f(x)$ 在 $x=x_0$ 点光滑，没有间断点. 图 1-7-1 的函数 $y=f(x)$ 在 x_0 点连续，而图 1-7-2 中的函数 $y=f(x)$ 在 x_0 点间断.

直观地，如果 $y=f(x)$ 在 x_0 点连续，则当自变量 x 的改变量 $\Delta x=x-x_0$ 趋近于零时，函数的改变量 $\Delta y=f(x_0+\Delta x)-f(x_0)$ 也趋近于零.

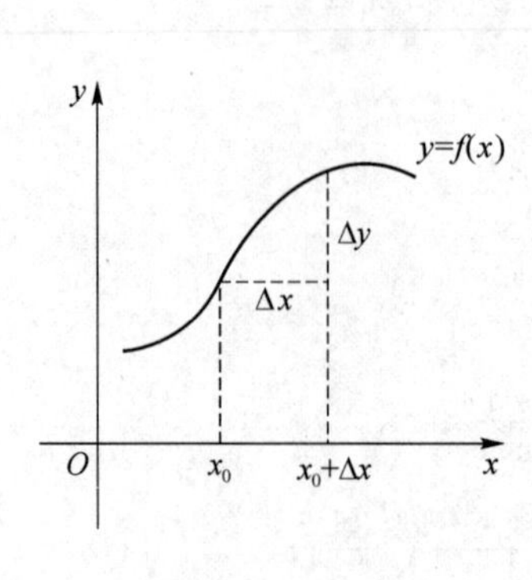

图 1-7-1

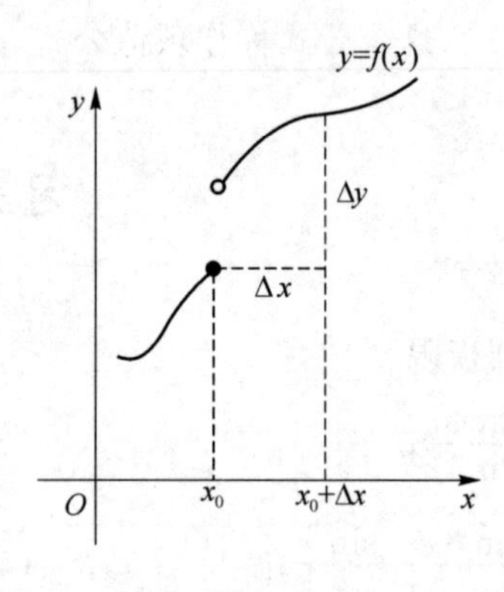

图 1-7-2

定义 1-7-1 设函数 $y=f(x)$在$(x_0-\delta, x_0+\delta)$内有定义,如果$\lim\limits_{\Delta x\to 0}[f(x_0+\Delta x)-f(x_0)]=0$则称 $y=f(x)$在 x_0点连续.

【例 1-7-1】 用定义证明 $y=x^2$ 在 x_0点连续.

证明: $\Delta y=f(x_0+\Delta x)-f(x_0)=(x_0+\Delta x)^2-{x_0}^2=2x_0\Delta x+\Delta x^2$

$$\lim_{\Delta x\to 0}\Delta y=\lim_{\Delta x\to 0}(2x_0\Delta x+\Delta x^2)=2x_0\lim_{\Delta x\to 0}\Delta x+(\lim_{\Delta x\to 0}\Delta x)^2=2x_0\times 0+0^2=0$$

所以,$y=x^2$ 在 x_0点连续.

【例 1-7-2】 用定义证明:$y=\cos x$ 在 x_0点连续.

证明:$\Delta y=f(x_0+\Delta x)-f(x_0)=\cos(x_0+\Delta x)-\cos x_0=-2\sin\dfrac{\Delta x}{2}\sin\left(x_0+\dfrac{\Delta x}{2}\right)$

当 $\Delta x\to 0$ 时,$\sin\dfrac{\Delta x}{2}\sim\dfrac{\Delta x}{2}$(是无穷小量)

而$\left|-2\sin\left(x_0+\dfrac{\Delta x}{2}\right)\right|\leqslant 2$

所以$\lim\limits_{\Delta x\to 0}\left[-2\sin\dfrac{\Delta x}{2}\sin\left(x_0+\dfrac{\Delta x}{2}\right)\right]=0$ (无穷小性质 2)

所以 $y=\cos x$ 在 x_0点连续.

由极限的性质:$\lim\limits_{\Delta x\to 0}[f(x_0+\Delta x)-f(x_0)]=\lim\limits_{\Delta x\to 0}f(x_0+\Delta x)-\lim\limits_{\Delta x\to 0}f(x_0)$

$=\lim\limits_{x\to x_0}f(x)-f(x_0)$ $(x=x_0+\Delta x)$

因此,函数 $y=f(x)$在 x_0点连续也可以定义如下:

定义 1-7-2 设 $y=f(x)$在点 x_0的邻域有定义,如果$\lim\limits_{x\to x_0}f(x)=f(x_0)$则称 $y=f(x)$在 x_0点连续.

类似地,我们引入函数 $y=f(x)$在 x_0点左,右连续的概念.

定义 1-7-3 设 $y=f(x)$在$(x_0-\delta, x_0]$上有定义,如果 $\lim\limits_{x\to x_0^-}f(x)=f(x_0)$则称 $y=f(x)$在 x_0点左连续.

定义 1-7-4 设 $y=f(x)$在$[x_0, x_0+\delta)$上有定义,如果 $\lim\limits_{x\to x_0^+}f(x)=f(x_0)$则称 $y=f(x)$在 x_0点右连续.

结论:函数 $y=f(x)$在 x_0点连续的充要条件是函数 $y=f(x)$在 x_0点左右都连续.

【例 1-7-3】 讨论函数

$$f(x)=\begin{cases}2-2x, & x<1\\ 0, & x=1\\ x+2, & x>1\end{cases}$$

在 $x=1$ 处的连续性.

解:在点 $x=1$,$f(1)=0$ 且

$$\lim_{x\to 1^-}f(x)=\lim_{\substack{x\to 1\\ x<1}}f(x)=\lim_{\substack{x\to 1\\ x<1}}(2-2x)=2-2\times 1=0=f(1)$$

$$\lim_{x\to 1^+}f(x)=\lim_{\substack{x\to 1\\ x>1}}f(x)=\lim_{\substack{x\to 1\\ x>1}}(x+2)=1+2=3\neq f(1)$$

所以函数 $f(x)$ 在点 $x=1$ 处只是左连续但不是右连续.

定义 1-7-5 设 $y=f(x)$ 在 (a,b) 上有定义,如果对任意 $x_0\in(a,b)$ 都有 $f(x)$ 在 x_0 点连续,则称 $y=f(x)$ 在区间 (a,b) 上连续.

定义 1-7-6 设 $y=f(x)$ 在 $[a,b]$ 上有定义,如果 $y=f(x)$ 在 (a,b) 上连续,且在 $x=a$ 点右连续,$x=b$ 点左连续,则称 $y=f(x)$ 在闭区间 $[a,b]$ 上连续.

二、连续函数的四则运算及初等函数的连续性

定理 1-7-1 设函数 $f(x)$,$g(x)$ 在 x_0 点连续,则 $f(x)\pm g(x)$,$f(x)g(x)$,$\dfrac{f(x)}{g(x)}(g(x_0)\neq 0)$ 也在 x_0 点连续. 同样,若 $f(x)$,$g(x)$ 在区间 (a,b)(或 $[a,b]$)上连续,则 $f(x)\pm g(x)$,$f(x)g(x)$,$\dfrac{f(x)}{g(x)}(g(x)\neq 0)$ 在区间 (a,b)(或 $[a,b]$)上也连续.

定理 1-7-2 设函数 $u=\varphi(x)$ 在 x_0 点连续,$y=f(u)$ 在点 u_0 $(u_0=\varphi(x_0))$ 处连续,则复合函数 $y=f(\varphi(x))$ 在 x_0 点处连续.

可以证明:基本初等函数在其定义域内都是连续的,再由定理 1-7-1,1-7-2 得:初等函数在其定义域内都是连续的.

【例 1-7-4】 讨论函数

$$f(x)=\begin{cases}2x+1, & x<1\\ 3+(x-1)^2, & x\geqslant 1\end{cases}\quad 的连续性$$

解:在 $(-\infty,1)$ 上,$f(x)=2x+1$ 是初等函数,所以 $f(x)$ 在 $(-\infty,1)$ 上连续,同理 $f(x)$ 在 $(1,+\infty)$ 上也连续,因而,剩下只要讨论,$f(x)$ 在 $x=1$ 处的连续性.

因为:
$$\begin{aligned}\lim_{x\to 1^-}f(x)&=\lim_{\substack{x\to 1\\ x<1}}f(x)=\lim_{\substack{x\to 1\\ x<1}}(2x+1)=3=3+(1-1)^2=f(1)=\lim_{x\to 1^+}f(x)\\ &=\lim_{\substack{x\to 1\\ x>1}}f(x)=3+\lim_{\substack{x\to 1\\ x>1}}(x-1)^2\end{aligned}$$

所以:$f(x)$ 在 $x=1$ 处的连续,故 $f(x)$ 在 $(-\infty,+\infty)$ 上连续.

三、连续性在求极限中的应用

利用函数 $y=f(u)$ 在 $u=A$ 点连续的定义,可以证明,如果

$$\lim_{x\to x_0}\varphi(x)=A,\ \lim_{x\to x_0}f(\varphi(x))=f(A)=f(\lim_{x\to x_0}\varphi(x))$$

特别:(1) 当 $f(u)=a^u$,则 $\lim\limits_{x\to x_0}a^{\varphi(x)}=a^{\lim\limits_{x\to x_0}\varphi(x)}$

(2) 当 $f(u)=\log_a u$,则 $\lim\limits_{x\to x_0}\log_a\varphi(x)=\log_a\lim\limits_{x\to x_0}\varphi(x)\left(\lim\limits_{x\to x_0}\varphi(x)>0\right)$

(3) 当 $f(u)=u^\mu$(μ 为实数),则 $\lim\limits_{x\to x_0}[\varphi(x)]^\mu=[\lim\limits_{x\to x_0}\varphi(x)]^\mu$

特别:$\lim\limits_{x\to x_0}\sqrt{\varphi(x)}=\sqrt{\lim\limits_{x\to x_0}\varphi(x)}\left(\lim\limits_{x\to x_0}\varphi(x)\geqslant 0\right)$

第 2 章中的对数函数、幂函数、指数函数求导公式的推导过程要用到下面几个极限.

【例 1-7-5】 求下列极限

(1) $\lim\limits_{x\to 0}\dfrac{\ln(1+x)}{x}$;　　(2) $\lim\limits_{x\to 0}\dfrac{(1+x)^\mu-1}{x}$($\mu$ 为实数);

(3) $\lim\limits_{x\to 0}\dfrac{a^x-1}{x}(a>0\quad a\neq 1)$.

解:(1) 因为 $\lim\limits_{x\to 0}(1+x)^{\frac{1}{x}}=\mathrm{e}$(重要极限Ⅱ)

所以 $\lim\limits_{x\to 0}\dfrac{\ln(1+x)}{x}=\lim\limits_{x\to 0}\ln(1+x)^{\frac{1}{x}}=\ln\lim\limits_{x\to 0}(1+x)^{\frac{1}{x}}$

$=\ln e=1$

(2) 令 $u=(1+x)^\mu-1$,则 $\lim\limits_{x\to 0}u=\lim\limits_{x\to 0}(1+x)^\mu-1$

$=[\lim\limits_{x\to 0}(1+x)]^\mu-1=0$

$$1+u=(1+x)^\mu\qquad \ln(1+u)=\mu\ln(1+x)$$

所以 $\lim\limits_{x\to 0}\dfrac{(1+x)^\mu-1}{x}=\lim\limits_{x\to 0}\dfrac{u}{x}=\lim\limits_{x\to 0}\dfrac{u[\mu\ln(1+x)]}{x\ln(1+u)}$

$=\mu\lim\limits_{x\to 0}\dfrac{\ln(1+x)}{x}\cdot\lim\limits_{x\to 0}\dfrac{u}{\ln(1+u)}=\mu\times 1\times\lim\limits_{u\to 0}\dfrac{u}{\ln(1+u)}$

$=\mu\times\dfrac{1}{\lim\limits_{u\to 0}\dfrac{\ln(1+u)}{u}}=\mu\times\dfrac{1}{1}=\mu$

(3) 令 $u=a^x-1$,则 $\lim\limits_{x\to 0}(a^x-1)=a^{\lim\limits_{x\to 0}x}-1=a^0-1=0$

$$a^x=1+u\qquad x=\frac{\ln(1+u)}{\ln a}$$

$$\lim_{x\to 0}\frac{a^x-1}{x}=\lim_{u\to 0}\frac{u}{\dfrac{\ln(1+u)}{\ln a}}=(\ln a)\lim_{u\to 0}\frac{u}{\ln(1+u)}$$

$$=(\ln a)\times\frac{1}{\lim\limits_{u\to 0}\dfrac{\ln(1+u)}{u}}=(\ln a)\times\frac{1}{1}=\ln a$$

四、函数的间断点

定义 1-7-7 如果函数 $y=f(x)$ 在 x_0 处不连续,则称 x_0 为 $f(x)$ 的一个间断点.

x_0 是 $f(x)$ 的间断点 $\Leftrightarrow\lim\limits_{x\to x_0}f(x)\neq f(x_0)$,有三种情况:

(1) $\lim\limits_{x\to x_0^+}f(x)$,$\lim\limits_{x\to x_0^-}f(x)$ 至少有一个不存在有限极限;

(2) $\lim\limits_{x\to x_0^+} f(x)=A$，$\lim\limits_{x\to x_0^-} f(x)=B$，但 $A\neq B$；

(3) $\lim\limits_{x\to x_0^+} f(x)=A=\lim\limits_{x\to x_0^-} f(x)$，但 $A\neq f(x_0)$.

第一种情况的 x_0 称作 $f(x)$ 的**第二类间断点**，第二种，第三种情况的 x_0 称作 $f(x)$ 的第一类间断点，特别，第三种情况称作**可去第一类间断点**，第二种情况称作**不可去第一类间断点**.

【例 1-7-6】 讨论函数 $y=\dfrac{x^2}{x-2}$ 在点 $x=2$ 处的连续性.

解：因为 $f(x)=\dfrac{x^2}{x-2}$ 在 $x=2$ 处没有定义，所以 $x=2$ 是 $f(x)$ 的间断点. 由 $\lim\limits_{x\to 2} f(x)=\lim\limits_{x\to 2}\dfrac{x^2}{x-2}=\infty$

所以 $x=2$ 是 $f(x)$ 的第二类间断点.

【例 1-7-7】 考查函数

$$f(x)=\begin{cases}2x+1, & x<1\\ 2, & x=1\\ 2x-1, & x>1\end{cases}$$

在 $x=1$ 处的连续性.

解：$f(1)=2$，而 $\lim\limits_{x\to 1^-} f(x)=\lim\limits_{\substack{x\to 1\\ x<1}} f(x)=\lim\limits_{\substack{x\to 1\\ x<0}}(2x+1)=3$

$$\lim_{x\to 1^+} f(x)=\lim_{\substack{x\to 1\\ x>1}} f(x)=\lim_{\substack{x\to 1\\ x>1}}(2x-1)=1$$

故 $x=0$ 是 $f(x)$ 的第一类（不可去）间断点.

【例 1-7-8】 考查函数

$$f(x)=\begin{cases}\dfrac{2x^2+3x}{x}, & x\neq 0\\ 0, & x=0\end{cases}$$

在 $x=0$ 处是否连续，若间断，判断间断点的类型.

解：$f(0)=0$

而 $\lim\limits_{x\to 0^-} f(x)=\lim\limits_{\substack{x\to 0\\ x<0}} f(x)=\lim\limits_{\substack{x\to 0\\ x<0}}\dfrac{2x^2+3x}{x}=\lim\limits_{\substack{x\to 0\\ x<0}}(2x+3)=3$

$$\lim_{x\to 0^+} f(x)=\lim_{\substack{x\to 0\\ x>0}} f(x)=\lim_{\substack{x\to 0\\ x>0}}\frac{2x^2+3x}{x}=\lim_{\substack{x\to 0\\ x>0}}(2x+3)=3$$

因而 $\lim\limits_{x\to 0^-} f(x)=\lim\limits_{x\to 0^+} f(x)=3\neq f(0)$

故 $x=0$ 是 $f(x)$ 的第一类（可去）间断点.

不难看出，只要将函数在 $x=0$ 点的值改为 3，则新函数 $g(x)$ 在 $x=0$ 点就连续，这就是可去（间断点）的意义所在.

【例 1-7-9】 已知函数

$$f(x)=\begin{cases}x^2+b, & x<1\\ 2x+3, & x\geqslant 1\end{cases}$$

在点 $x=1$ 处连续,求 b 的值.

解:

$$\lim_{x\to1^-}f(x)=\lim_{x\to1^-}(x^2+b)=1+b$$

$$\lim_{x\to1^+}f(x)=\lim_{x\to1^+}(2x+3)=5$$

因为 $f(x)$ 在 $x=1$ 处连续,则 $\lim\limits_{x\to1^-}f(x)=\lim\limits_{x\to1^+}f(x)$

$\Rightarrow 1+b=5$ 即 $b=4$.

五、闭区间上连续函数的性质

下面介绍闭区间上连续函数的两个重要性质.

定义 1-7-8 设函数 $y=f(x)$ 在区间 I 上有定义,如果存在 $x_0\in I$,使得对任意 $x\in I$,都有:

$$f(x)\leqslant f(x_0)(\text{或 } f(x)\geqslant f(x_0))$$

则称 $f(x_0)$ 为 $f(x)$ 在区间 I 上的**最大值**(或**最小值**).

定理 1-7-3 若函数 $f(x)$ 在闭区间 $[a,b]$ 上连续,则它在这个区间上一定有**最大值**和**最小值**.

例如,在图 1-7-3 中,$f(x)$ 在 $[a,b]$ 上连续,在点 x_1 处取得最小值 m,在点 x_2 与点 b 处取得最大值 M.

定理 1-7-4 若函数 $f(x)$ 在闭区间 $[a,b]$ 上连续,m 和 M 分别为 $f(x)$ 在 $[a,b]$ 上的最小值与最大值,则对介于 m 和 M 之间的任一实数 c,至少存在一点 $\xi\in[a,b]$,使得 $f(\xi)=c$.

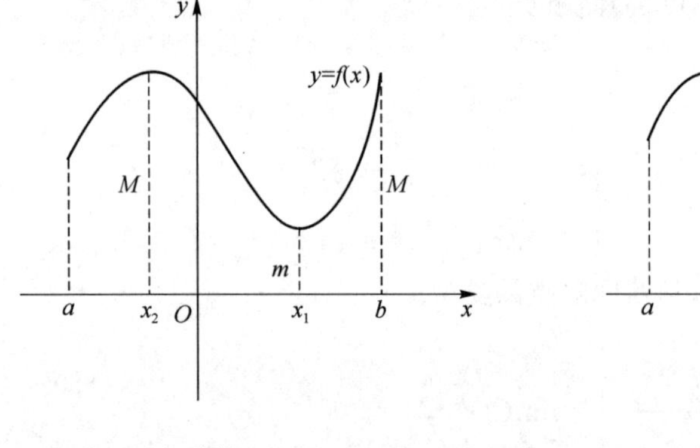

图 1-7-3

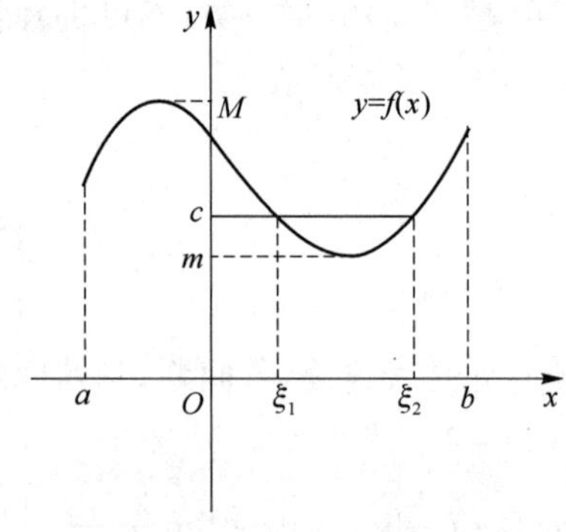

图 1-7-4

定理 1-7-4 一般称为**介值定理**,它还有下面的推论.

推论 若函数 $f(x)$ 在 $[a,b]$ 上连续,且 $f(a)$ 与 $f(b)$ 异号,则至少存在一点 $\xi\in(a,b)$,使得 $f(\xi)=0$.

例如,在图 1-7-4 中,连续曲线 $y=f(x)$ 与直线 $y=c$ 相交于两点,其横坐标分别为 ξ_1,ξ_2,$f(\xi_1)=f(\xi_2)=c$.

在图 1-7-5 中,连续曲线 $y=f(x)(f(a)<0,f(b)>0)$ 与 x 轴相交于点 ξ 处,$f(\xi)=0$.

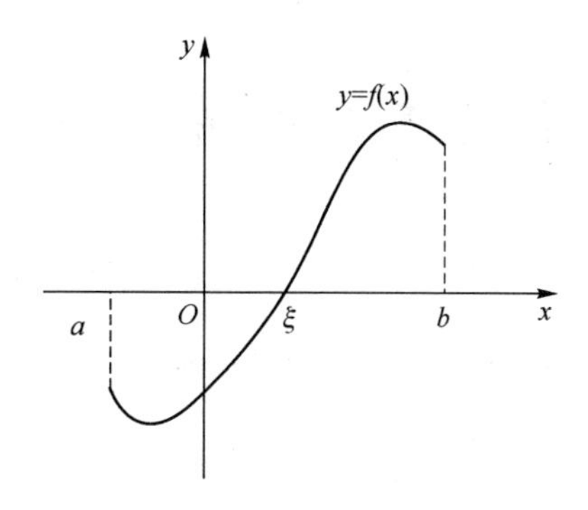

图 1-7-5

习题 1.7

1. 求下列函数的间断点,并说明间断点的类型

(1) $y=\dfrac{1}{\ln x^2-1}$;　　(2) $y=\arctan\dfrac{x^2+1}{x^2-1}$;

(3) $y=(1+2x)^{\frac{2}{x}}$;　　(4) $y=\dfrac{x}{\sin x}$.

2. 利用连续函数的性质求下列极限

(1) $\lim\limits_{x\to 0}\sqrt{1+4x-3x^2}$;　　(2) $\lim\limits_{x\to 0}\dfrac{(1+x)\tan x}{\tan(1+x^2)}$;

(3) $\lim\limits_{x\to 0}\left[\dfrac{\lg(100+x)}{2^x+\arctan x}\right]^{\frac{1}{4}}$;　　(4) $\lim\limits_{x\to 1}\dfrac{\tan\dfrac{\pi}{4}x}{\arctan\sqrt{\dfrac{x^2+1}{x+1}}}$;

(5) $\lim\limits_{x\to\frac{\pi}{2}}\dfrac{\sin x+1}{x+\dfrac{\pi}{2}}$;　　(6) $\lim\limits_{x\to e}(x+1)\ln x$.

3. 作出函数

$$f(x)=\begin{cases}\sin x, & x\leqslant 0\\ x+1, & x>0\end{cases}$$

的图像,并观察函数在 $x=0$,$x=1$ 处是否连续?

4. 下列分段函数在分界点是否连续?为什么?

(1) $f(x)=\begin{cases}x+\sin x, & x<0\\ x+2, & x\geqslant 0\end{cases}$;

(2) $f(x)=\begin{cases}2e^x, & x\leqslant 0\\ \dfrac{\ln(1+2x)}{x}, & x>0\end{cases}$;

(3) $f(x)=\begin{cases}\dfrac{\sin\pi x^2}{x-1}, & x<1\\ -8\arctan x, & x\geqslant 1\end{cases}$.

第1章综合练习题

1. 填空

(1) 函数 $y=\dfrac{4x}{\sqrt{x^2-1}}+5\arcsin\dfrac{2x-3}{3}$的定义域是 $D=$______.

(2) 函数 $y=2x\ln(x^2+x-2)-3\arccos\dfrac{2x-3}{3}$的定义域是 $D=$______.

(3) 函数 $y=\dfrac{3x}{\sqrt{9-x^2}}+2x\ln(x^2+3x-4)$的定义域是 $D=$______.

2. 下列函数对中,表示不相同函数的是(　　).

(A) $f(x)=x$ 与 $g(x)=\sqrt{x^2}$　　(B) $f(x)=x\sqrt{x}$ 与 $g(x)=\sqrt{x^3}$

(C) $f(x)=x^2$ 与 $g(x)=\sqrt{x^4}$　　(D) $f(x)=x^2\sqrt{x}$ 与 $g(x)=\sqrt{x^5}$

3. 下列函数对中,表示相同函数的是(　　).

(A) $f(x)=x$ 与 $g(x)=\sqrt{x^2}$

(B) $f(x)=x$ 与 $g(x)=(\sqrt{x})^2$

(C) $f(x)=\dfrac{\pi}{2}$ 与 $g(x)=\arcsin x+\arccos x$

(D) $f(x)=\dfrac{\pi}{2}-\arccos x$ 与 $g(x)=\arcsin x$

4. 下列函数中,不是奇函数的是(　　).

(A) $f(x)=\dfrac{1}{1+e^x}-\dfrac{1}{2}$　　(B) $f(x)=\left(\dfrac{1}{1+e^x}-\dfrac{1}{2}\right)\cos x$

(C) $f(x)=\left(\dfrac{1}{1+e^x}-\dfrac{1}{2}\right)\sin x$　　(D) $f(x)=\ln(\sqrt{1+x^2}+x)$

5. 下列函数中,是奇函数的是(　　).

(A) $f(x)=\left(\dfrac{1}{1+e^x}+\dfrac{1}{2}\right)\sin x$　　(B) $f(x)=\left(\dfrac{1}{1+e^x}+\dfrac{1}{2}\right)\cos x$

(C) $f(x)=\left(\dfrac{1}{1+e^x}-\dfrac{1}{2}\right)\sin x$　　(D) $f(x)=\left(\dfrac{1}{1+e^x}-\dfrac{1}{2}\right)\cos x$

6. 下列函数中,是偶函数的是(　　).

(A) $f(x)=\left(\dfrac{1}{1+e^x}+\dfrac{1}{2}\right)\sin x$　　(B) $f(x)=\left(\dfrac{1}{1+e^x}+\dfrac{1}{2}\right)\cos x$

(C) $f(x)=\left(\dfrac{1}{1+e^x}-\dfrac{1}{2}\right)\sin x$　　(D) $f(x)=\left(\dfrac{1}{1+e^x}-\dfrac{1}{2}\right)\cos x$

7. 填空

(1) 函数 $y=a+\ln(bx+c)$的反函数是 $y=$______;

(2) 函数 $y=\dfrac{e^{x-a}-c}{b}$的反函数是 $y=$______;

(3) 函数 $y=\frac{1}{2}(e^{x}-e^{-x})$的反函数是 $y=$______.

8. 填空

(1) 设 $f(x)=x^2,g(x)=2^x$,则 $f(g(x))=$______;

(2) 设 $f(x)=x^2,g(x)=2^x$,则 $g(f(x))=$______;

(3) 设 $f(2x-1)=4x^2+2bx+2a$,则 $f(x)=$______;

(4) 设 $f\left(ax+\frac{1}{ax}\right)=a^4x^2+\frac{1}{x^2}$,则 $f(x)=$______;

(5) 设 $f\left(ax-\frac{1}{ax}\right)=x^2+\frac{1}{a^4x^2}$,则 $f(x)=$______.

9. 求下列数列的极限

(1) $\lim\limits_{n\to\infty}\left(\frac{1}{\sqrt{n^4+1}}+\frac{2}{\sqrt{n^4+1}}+\frac{3}{\sqrt{n^4+1}}+\cdots+\frac{n}{\sqrt{n^4+1}}\right)$;

(2) $\lim\limits_{n\to\infty}n(\sqrt{1+n^2}-n)$;

(3) $\lim\limits_{n\to\infty}\sin(\sqrt{1+n^2}\pi)$.

10. 求下列函数的极限

(1) $\lim\limits_{x\to\infty}\frac{3x^6+5x+4}{(x^2+5)^3}$;

(2) $\lim\limits_{x\to\infty}\frac{(3x-1)^{10}(3x+1)^{30}}{(9x^2+5)^{20}}$;

(3) $\lim\limits_{x\to+\infty}\frac{5^{x+1}-4^{x+1}}{5^x+3^x}$;

(4) $\lim\limits_{x\to-\infty}\frac{5^{x+1}-4^{x+1}}{6^x+4^x}$;

(5) $\lim\limits_{x\to1}\frac{3x^6+5x+4}{(x^2+5)^3}$;

(6) $\lim\limits_{x\to0}\frac{(3x-1)^{10}(3x+1)^{30}}{(9x^2+5)^{20}}$;

(7) $\lim\limits_{x\to1}\frac{\sqrt{3-x}-\sqrt{1+x}}{x-1}$;

(8) $\lim\limits_{x\to4}\left(\frac{1}{x-4}-\frac{48}{x^3-64}\right)$.

11. 求下列极限

(1) $\lim\limits_{n\to\infty}2^n\sin\frac{x}{2^n}(x\neq0)$;

(2) $\lim\limits_{x\to\infty}x\sin\frac{3}{x}$;

(3) $\lim\limits_{x\to0}\frac{\tan x-\sin x}{\sin^3x}$;

(4) $\lim\limits_{x\to0^+}\frac{\sqrt{1-\cos x}}{x}$;

(5) $\lim\limits_{x\to0}\frac{1-\cos 4x}{x\sin x}$;

(6) $\lim\limits_{x\to0}\frac{1-\cos2x}{x\arcsin x}$;

(7) $\lim\limits_{x\to\infty}\left(1+\frac{4}{x+1}\right)^{2x+3}$;

(8) $\lim\limits_{x\to\infty}\left(\frac{x+2}{x+1}\right)^{3x-1}$;

(9) $\lim\limits_{x\to0}(\cos x)^{\frac{4}{\sin^2x}+5}$;

(10) $\lim\limits_{x\to1}x^{\frac{2}{x-1}}$.

12. 利用连续函数的性质求下列极限

(1) $\lim\limits_{x\to1}e^{2x^2+1}$;

(2) $\lim\limits_{x\to0}\sqrt{1+2\sin x}$;

(3) $\lim\limits_{x\to2}\sin[(2x^2-3x+3)\pi]$;

(4) $\lim\limits_{x\to2}\ln(2x^2-3x+3)$;

(5) $\lim\limits_{x\to1}(1+2x)^{2x^2+1}$;

(6) $\lim\limits_{x\to0}e^{\frac{1}{x^2}\ln\cos x}$;

(7) $\lim\limits_{x\to0}(1+2\sin x)^{\frac{1}{x}}$;

(8) $\lim\limits_{x\to0}(\cos x)^{\frac{1}{x^2}}$;

(9) $\lim\limits_{x\to\frac{\pi}{2}}(1+\cos 3x)^{\sec x}$　　　　(10) $\lim\limits_{x\to 0}\left(\dfrac{\tan x}{\sin x}\right)^{\frac{1}{x^2}}$.

13. 设

$$f(x)=\begin{cases}\dfrac{1}{x}\sin 2x, & x<0\\ k, & x=0\\ \dfrac{\ln(1+2x)}{x}, & x>0\end{cases}$$

试确定 k 的值,使 $f(x)$在$(-\infty,+\infty)$内连续.

14. 若函数

$$f(x)=\begin{cases}\dfrac{x^2+ax+b}{x-1}, & x<1\\ x+2, & x\geqslant 1\end{cases}$$

在 $x=1$ 处连续,求 a,b 的值.

15. 在一块长为 a(m)宽为 b(m)的矩形铁皮上的四角截去四个边长为 x 的小正方形后,折起做成一个长方体的无盖铁箱,写出铁箱体积 V 与 x 的函数关系式.

16. 要造一个底面半径为 x(m),体积为 V(m^3)的圆柱形无盖水池,如果底面造价为 a 元/m^2,侧面造价为 $2a$ 元/m^2,写出造价 C 与底面半径 x 之间的函数关系式.

17. 用半径为 R,圆心角为 $x(0<x<2\pi)$的扇形铁皮卷成一个圆锥体容器,写出容器体积 V 与 x 之间的函数关系式.

第2章　导数与微分

学 习 目 标

了解变速直线运动的瞬时速度、平面曲线的切线的概念；

理解函数的导数、左右导数、高阶导数、函数的微分等概念；

会用导数定义求函数在某一点的导数和函数的导函数；

熟练掌握基本初等函数的求导公式、求导的四则运算法则；

会求函数的导数，会求平面曲线的切线，会求函数的高阶导数；

掌握可微与可导的关系，熟练掌握基本初等函数的微分公式，会求函数的微分；

掌握隐函数和由参数方程所确定的函数的求导法则，并会用求导法则求隐函数或由参数方程所确定的函数的导数.

第1章我们主要介绍了函数极限和连续的概念，这一章我们将利用函数极限引入微积分学的一个重要概念——**导数**，并用极限求出一些基本初等函数的导数、证明常用的求导法则，进而可以求出所有初等函数的一阶和高阶导数；最后我们介绍了与导数相对应的概念——**微分**，并给出了对应的微分公式和微分法则.

2.1　导 数 概 念

一、引例

1. 自由落体运动的瞬时速度问题

如图2-1-1所示，设一物体在做自由落体运动，运动的位置函数为 $s=s(t)$，求物体在 t_0 时刻的瞬时速度.

取一邻近于 t_0 的时刻 t，则物体运动时间为 Δt，$\Delta t=t-t_0$，平均速度 $\bar{v}=\dfrac{\Delta s}{\Delta t}=\dfrac{s(t)-s(t_0)}{t-t_0}=\dfrac{g}{2}(t+t_0)$，当 $t\to t_0$ 时，对上式取极限，得瞬时速度：

$$v(t_0)=\lim_{t\to t_0}\frac{s(t)-s(t_0)}{t-t_0}=\lim_{t\to t_0}\frac{g}{2}(t+t_0)=gt_0$$

2. 平面曲线的切线斜率

如图 2-1-2 所示,求曲线 $y=f(x)$ 在 $M(x_0,f(x_0))$ 点处的切线,取曲线上任意一点 $N(x,f(x))$,得割线 MN,当 N 沿曲线向点 M 移动时,割线 MN 绕点 M 旋转并趋近于直线 MT,则称直线 MT 为曲线在 M 点的**切线**.

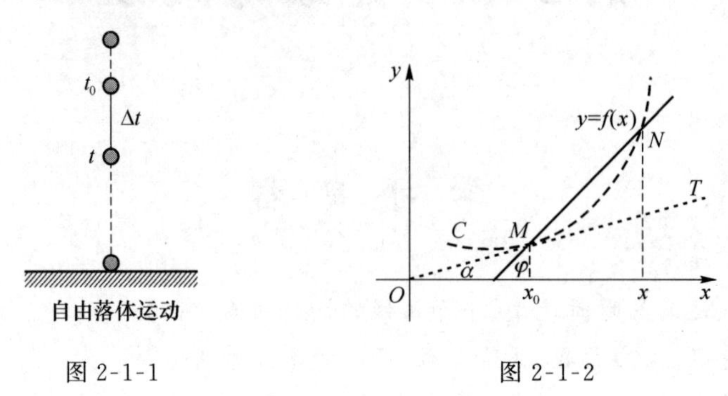

图 2-1-1　　图 2-1-2

显然,当 $N\to M$ 时,$x\to x_0$,$\varphi\to\alpha$,而 $\tan\varphi=\dfrac{y-y_0}{x-x_0}=\dfrac{f(x)-f(x_0)}{x-x_0}$ 故曲线在 $M(x_0,f(x_0))$ 点处的曲线斜率为:

$$k=\tan\alpha=\lim_{\varphi\to\alpha}\tan\varphi=\lim_{x\to x_0}\frac{f(x)-f(x_0)}{x-x_0}$$

上面两例的实际意义完全不同,但从抽象的数量关系来看,其实质都是求函数的改变量与自变量的改变量之比在自变量改变量趋于零时的极限.

类似问题还有:

加速度是速度增量与时间增量之比的极限;

角速度是转角增量与时间增量之比的极限;

电流强度是电量增量与时间增量之比的极限;

……

我们撇开这些量的具体意义,抓住它们在数量关系上的共性,就得出函数的导数概念.

二、导数的定义

1. 函数在一点处的导数

定义 2-1-1　设函数 $y=f(x)$ 在点 x_0 的某个邻域内有定义,当自变量 x 在 x_0 处取得增量 Δx(点 $x_0+\Delta x$ 仍在该邻域内)时,相应的函数取得增量 $\Delta y=f(x_0+\Delta x)-f(x_0)$,如果当 $\Delta x\to 0$ 时,极限

$$\lim_{\Delta x\to 0}\frac{\Delta y}{\Delta x}=\lim_{\Delta x\to 0}\frac{f(x_0+\Delta x)-f(x_0)}{\Delta x}\tag{2-1}$$

存在,则称函数 $y=f(x)$ 在点 x_0 处可导,并称此极限值为函数 $y=f(x)$ **在点 x_0 处的导数,记为** $y=f'(x_0)$,**即**

$$f'(x_0)=\lim_{\Delta x\to 0}\frac{\Delta y}{\Delta x}=\lim_{\Delta x\to 0}\frac{f(x_0+\Delta x)-f(x_0)}{\Delta x}\tag{2-2}$$

也可记作：$y'\big|_{x=x_0}$，$\left.\dfrac{\mathrm{d}y}{\mathrm{d}x}\right|_{x=x_0}$，$\left.\dfrac{\mathrm{d}f(x)}{\mathrm{d}x}\right|_{x=x_0}$.

如果极限$\lim\limits_{\Delta x\to 0}\dfrac{f(x_0+\Delta x)-f(x_0)}{\Delta x}$不存在，则称函数 $y=f(x)$**在点 x_0 处不可导**，如果不可导的原因是由于 $\Delta x\to 0$ 时，$\dfrac{\Delta y}{\Delta x}\to\infty$，为了方便起见，也称函数在点 x_0 处的导数是无穷大.

注：导数的定义式(2-2)也可采取不同的表达形式：

若令 $h=\Delta x$，则有

$$f'(x_0)=\lim_{h\to 0}\frac{f(x_0+h)-f(x_0)}{h}$$

若令 $x=x_0+h$，则有

$$f'(x_0)=\lim_{x\to x_0}\frac{f(x)-f(x_0)}{x-x_0}$$

2. 导函数

如果函数 $y=f(x)$在区间 I 内的每一点处都可导，则称**函数 $f(x)$在区间 I 内可导.**

设函数 $f(x)$在区间 I 内可导，则对 I 内每一点 x，都有一个导数值 $f'(x)$与之对应，因此，$f'(x)$也是 x 的函数，**称其为 $f(x)$的导函数，记作** $f'(x)$，y'，$\dfrac{\mathrm{d}y}{\mathrm{d}x}$，$\dfrac{\mathrm{d}f(x)}{\mathrm{d}x}$.

导函数的定义式为

$$f'(x)=\lim_{\Delta x\to 0}\frac{f(x+\Delta x)-f(x)}{\Delta x}\tag{2-3}$$

或

$$f'(x)=\lim_{h\to 0}\frac{f(x+h)-f(x)}{h}\tag{2-4}$$

【例 2-1-1】　设 $f(x)=x^2$，求 $f'(2)$和 $f'(x)$.

解：由定义有：$f'(2)=\lim\limits_{\Delta x\to 0}\dfrac{f(2+\Delta x)-f(2)}{\Delta x}=\lim\limits_{\Delta x\to 0}\dfrac{(2+\Delta x)^2-2^2}{\Delta x}$

$$=\lim_{\Delta x\to 0}\frac{4\Delta x+(\Delta x)^2}{\Delta x}=\lim_{\Delta x\to 0}(4+\Delta x)=4$$

$$f'(x)=\lim_{\Delta x\to 0}\frac{f(x+\Delta x)-f(x)}{\Delta x}=\lim_{\Delta x\to 0}\frac{(x+\Delta x)^2-x^2}{\Delta x}=\lim_{\Delta x\to 0}\frac{2x\Delta x+(\Delta x)^2}{\Delta x}$$

$$=\lim_{\Delta x\to 0}(2x+\Delta x)=2x$$

显然有：$f'(2)=4=2\times 2=2x\big|_{x=2}=f'(x)\big|_{x=2}$

事实上，对任意的可导函数 $f(x)$，

$$f'(x)\big|_{x=x_0}=\lim_{\Delta x\to 0}\left.\frac{f(x+\Delta x)-f(x)}{\Delta x}\right|_{x=x_0}=\lim_{\Delta x\to 0}\frac{f(x_0+\Delta x)-f(x_0)}{\Delta x}=f'(x_0)$$

结论：$f(x)$在 x_0 点的导数 $f'(x_0)$等于 $f(x)$的导函数 $f'(x)$在点 x_0 处的函数值.因此，只要求出 $f(x)$的导函数 $f'(x)$就不难求出 $f(x)$在 x_0 点的导数 $f'(x_0)$，故我们后面重点将如何求一个函数的导函数.

3. 根据定义求导数举例

根据导数的定义求一些简单函数的导数，一般包含以下三个步骤：

(1) 求函数的增量：　$\Delta y=f(x+\Delta x)-f(x)$；

(2) 算函数增量与自变量增量的比值：$\dfrac{\Delta y}{\Delta x}=\dfrac{f(x+\Delta x)-f(x)}{\Delta x}$；

(3) 求极限：$f'(x)=\lim\limits_{\Delta x\to 0}\dfrac{\Delta y}{\Delta x}$.

【例 2-1-2】 求常值函数 $f(x)=C$（C 为常数）的导数.

解：(1) 求 Δy：$\Delta y=f(x+\Delta x)-f(x)=C-C=0$

(2) 算比值：$\dfrac{\Delta y}{\Delta x}=\dfrac{0}{\Delta x}=0$

(3) 求极限：$\lim\limits_{\Delta x\to 0}\dfrac{\Delta y}{\Delta x}=0$

因此 $(C)'=0$

三、单侧导数

极限 $\lim\limits_{\Delta x\to 0}\dfrac{f(x+\Delta x)-f(x)}{\Delta x}$ 存在的充分必要条件是

$$\lim_{\Delta x\to 0^-}\frac{f(x+\Delta x)-f(x)}{\Delta x} \text{ 及 } \lim_{\Delta x\to 0^+}\frac{f(x+\Delta x)-f(x)}{\Delta x}$$

都存在且相等，**这两个极限分别称为函数 $f(x)$ 在点 x_0 处的左导数和右导数**，记作

$$f'_-(x_0)=\lim_{\Delta x\to 0^-}\frac{f(x+\Delta x)-f(x)}{\Delta x}$$

$$f'_+(x_0)=\lim_{\Delta x\to 0^+}\frac{f(x+\Delta x)-f(x)}{\Delta x}$$

由极限的知识有：函数 $f(x)$ 在点 x_0 处可导的充分必要条件是左导数 $f'_-(x_0)$ 和右导数 $f'_+(x_0)$ 都存在，且相等.

左导数和右导数统称为单侧导数. 若函数 $f(x)$ 在开区间 (a,b) 内可导，且 $f'_+(a)$ 及 $f'_-(b)$ 都存在，则称函数 $f(x)$ **在闭区间 $[a,b]$ 上可导**.

【例 2-1-3】 讨论函数 $f(x)=|x|$ 在 $x=0$ 处的导数.

解：$\lim\limits_{\Delta x\to 0}\dfrac{f(0+\Delta x)-f(0)}{\Delta x}=\lim\limits_{\Delta x\to 0}\dfrac{|0+\Delta x|-0}{\Delta x}=\lim\limits_{\Delta x\to 0}\dfrac{|\Delta x|}{\Delta x}$

当 $\Delta x<0$ 时，$\dfrac{|\Delta x|}{\Delta x}=-1$，故 $f'_-(0)=\lim\limits_{\Delta x\to 0^-}\dfrac{|\Delta x|}{\Delta x}=-1$；

当 $\Delta x>0$ 时，$\dfrac{|\Delta x|}{\Delta x}=1$，故 $f'_+(0)=\lim\limits_{\Delta x\to 0^+}\dfrac{|\Delta x|}{\Delta x}=1$.

因为 $f'_-(0)\neq f'_+(0)$

所以，函数 $f(x)=|x|$ 在 $x=0$ 处不可导.

四、导数的几何意义

由引例中切线问题的讨论以及导数的定义可知：函数 $y=f(x)$ 在 x_0 处的导数 $f'(x_0)$ 就是曲线 $y=f(x)$ 在点 $M(x_0,f(x_0))$ 处的切线的斜率，如图 2-1-3 所示，即 $f'(x_0)=\tan\alpha$；其中，α 是切线的倾角.

因为 $k=\tan\alpha=f'(x_0)$，故曲线 $y=f(x)$ 在点 $M(x_0,f(x_0))$ 处的切线方程为：

$$y-y_0=f'(x_0)(x-x_0) \tag{2-5}$$

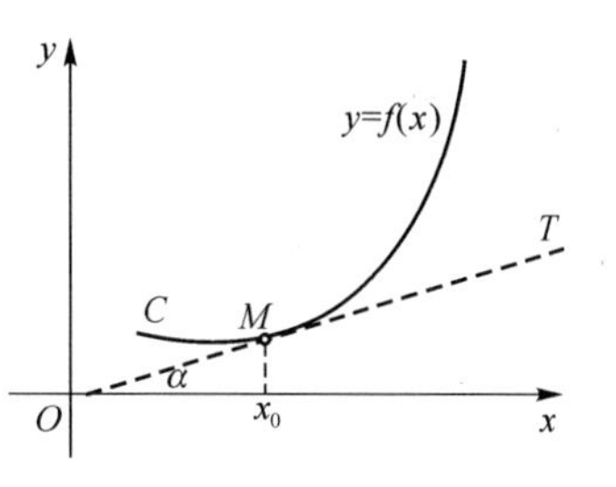

图 2-1-3

过点 $M(x_0,f(x_0))$，且与曲线在点 $M(x_0,f(x_0))$处的切线垂直的直线称作曲线在点 $M(x_0,f(x_0))$处的**法线方程**.

因此，当 $f'(x_0)\neq 0$ 时，则**法线方程**为

$$y-y_0=-\frac{1}{f'(x_0)}(x-x_0) \tag{2-6}$$

特别地，当 $f'(x_0)=0$ 时，意味着函数图像上对应点的切线是一条平行于 x 轴的水平线，对应点的法线为一条垂直于 x 轴的直线，其方程为 $x=x_0$.

【例 2-1-4】 求抛物线 $y=2x^2$ 在点 $M(1,2)$处的切线方程和法线方程.

解：因为切线的斜率 $k=f'(1)=\lim\limits_{x\to 1}\dfrac{f(x)-f(1)}{x-1}=\lim\limits_{x\to 1}\dfrac{2x^2-2}{x-1}$

$$=2\lim_{x\to 1}\frac{x^2-1}{x-1}=2\lim_{x\to 1}\frac{(x-1)(x+1)}{x-1}=2\lim_{x\to 1}(x+1)=4$$

将结果代入式(2-5)得切线方程为：$y-2=4(x-1)$

即 $$y=4x-2$$

利用式(2-6)，所要求的法线方程为：$y-2=-\dfrac{1}{4}(x-1)$

即 $$4y+x-9=0$$

五、可导与连续的关系

定理 2-1-1　如果函数 $y=f(x)$在点 x_0 处可导，则它在点 x_0 处一定连续.

证明：因为 $f(x)$在点 x_0 处可导，则有：

$$\lim_{x\to x_0}\frac{f(x)-f(x_0)}{x-x_0}=f'(x_0)$$

所以 $$\lim_{x\to x_0}[f(x)-f(x_0)]=\lim_{x\to x_0}\left[(x-x_0)\frac{f(x)-f(x_0)}{x-x_0}\right]$$

$$=\lim_{x\to x_0}(x-x_0)\lim_{x\to x_0}\frac{f(x)-f(x_0)}{x-x_0}=0\times f'(x_0)=0$$

所以，函数 $y=f(x)$在点 x_0 处连续.

注：该定理的逆定理不一定成立，即函数在某点连续，但在该点不一定可导. 例如，函数 $f(x)=|x|$在 $x=0$ 处连续，但不可导.

一般地，如果曲线 $y=f(x)$的图形在点 x_0 处出现"尖角点"，则函数 $y=f(x)$在该点处的导数不存在，因此，函数在一个区间内可导，其图形应该是一条连续的光滑曲线.

习题 2.1

1. 已知 $f'(3)=2$，则$\lim\limits_{h\to 0}\dfrac{f(3)-f(3-h)}{2h}=$______；

2. 已知 $f(x)=\begin{cases} x^2, & x\geqslant 0 \\ -x^2, & x<0 \end{cases}$,则 $f'(0)=$______;

3. 设 $y=f(x)$ 在 $x=a$ 处可导,则 $\lim\limits_{x\to 0}\dfrac{f(a+x)-f(a-x)}{x}=$______;

4. 欲使函数 $f(x)=\begin{cases} x^2, & x\leqslant 1 \\ ax+b, & x>1 \end{cases}$,在 $x=1$ 处可导,则 $a=$______;$b=$______.

5. 按导数定义求函数 $f(x)=\dfrac{1}{\sqrt{x}}$ 在 $x=3$ 处的导数.

6. 已知函数 $f(x)=\begin{cases} \sin x, & x<0 \\ x, & x\geqslant 0 \end{cases}$,求 $f'(x)$.

7. 求曲线 $y=x^4-3$ 在$(1,-2)$处的切线方程和法线方程.

8. 讨论函数 $f(x)=\begin{cases} \dfrac{\sqrt{1+x}-1}{\sqrt{x}}, & x>0 \\ 0, & x\leqslant 0 \end{cases}$,在 $x=0$ 处的连续性与可导性.

2.2 基本初等函数的导数和求导法则

2.1 节介绍了导数的概念,本节将介绍初等函数求导数的各种方法.首先介绍如何按定义求几个基本初等函数的导数,以加深对导数定义的理解;再介绍求导数的几个基本法则,借助于这些法则和已求出的基本初等函数的导数,就能比较方便地求出常见的初等函数的导数.

一、几个基本初等函数的导数

【例 2-2-1】 求函数 $f(x)=\sin x$ 的导数 $f'(x)$.

解:对于任意的 $x\in R$,

$$f'(x)=\lim_{h\to 0}\frac{\sin(x+h)-\sin x}{h}=\lim_{h\to 0}\frac{2\cos\left(x+\dfrac{h}{2}\right)\cdot\sin\dfrac{h}{2}}{h}$$

$$=\lim_{h\to 0}\cos\left(x+\frac{h}{2}\right)\lim_{h\to 0}\frac{\sin\dfrac{h}{2}}{\dfrac{h}{2}}=\cos x$$

即
$$(\sin x)'=\cos x$$

同理可得,$(\cos x)'=-\sin x$

【例 2-2-2】 求函数 $f(x)=x^n(n\in N^+)$的导数.

解: 对任意的 $x\in R$

$$f'(x)=\lim_{h\to 0}\frac{f(x+h)-f(x)}{h}=\lim_{h\to 0}\frac{(x+h)^n-x^n}{h}$$

$$=\lim_{h\to 0}(nx^{n-1}+C_n^2\cdot x^{n-2}\cdot h+\cdots+h^{n-1})$$

$$= nx^{n-1}$$

即
$$(x^n)' = nx^{n-1}$$

【例 2-2-3】 求幂函数 $y=x^a(a\in R, a\neq 0)$ 在 $x\neq 0$ 点的导数 y'.

解: 当 $x\neq 0$ 时,$y'=\lim\limits_{h\to 0}\dfrac{(x+h)^a-x^a}{h}=\lim\limits_{h\to 0}\dfrac{x^a\left[\left(1+\dfrac{h}{x}\right)^a-1\right]}{h}=\lim\limits_{h\to 0}\dfrac{x^a\cdot\left(a\cdot\dfrac{h}{x}\right)}{h}$

$$=ax^{a-1}(\text{等价无穷小替换},u\to 0\text{ 时},(1+u)^a-1\sim au)$$

特别地,当 n 为自然数时,$(x^n)'=nx^{n-1}$,$\left(\dfrac{1}{x^n}\right)'=(x^{-n})'=(-n)x^{-n-1}=-\dfrac{n}{x^{n+1}}$

$$(\sqrt{x})' = (x^{\frac{1}{2}})' = \frac{1}{2}x^{\frac{1}{2}-1} = \frac{1}{2\sqrt{x}}$$

$$(\sqrt[n]{x})' = (x^{\frac{1}{n}})' = \frac{1}{n}x^{\frac{1}{n}-1} = \frac{1}{n\sqrt[n]{x^{n-1}}}$$

$$\left(\frac{1}{\sqrt[n]{x}}\right)' = (x^{-\frac{1}{n}})' = \left(-\frac{1}{n}\right)x^{-\frac{1}{n}-1} = -\frac{1}{n\sqrt[n]{x^{n+1}}}$$

【例 2-2-4】 求指数函数 $f(x)=a^x(a>0, a\neq 1)$ 的导数 $f'(x)$.

解: 对任意的 $x\in R$,

$$f'(x)=\lim_{h\to 0}\frac{f(x+h)-f(x)}{h}=\lim_{h\to 0}\frac{a^{x+h}-a^x}{h}=a^x\lim_{h\to 0}\frac{a^h-1}{h}$$

$$=a^x\lim_{h\to 0}\frac{e^{h\ln a}-1}{h}(\text{等价无穷小替换},\text{当 } u\to 0, e^u-1\sim u)$$

$$=a^x\lim_{h\to 0}\frac{h\ln a}{h}=a^x\ln a$$

即
$$(a^x)'=a^x\ln a$$

特别地,当 $a=e$ 时,$(e^x)'=e^x$

【例 2-2-5】 求对数函数 $y=\log_a x(a>0, a\neq 1)$ 的导数 y'.

解: 对任意的 $x\in(0,+\infty)$,

$$y'=\lim_{h\to 0}\frac{\log_a(x+h)-\log_a x}{h}=\lim_{h\to 0}\frac{\log_a\left(1+\dfrac{h}{x}\right)}{h}=\lim_{h\to 0}\frac{\ln\left(1+\dfrac{h}{x}\right)}{h\ln a}(\text{换底公式})$$

$$=\lim_{h\to 0}\frac{\dfrac{h}{x}}{h\ln a}(\text{等价无穷小替换},u\to 0\text{ 时},\ln(1+u)\sim u)$$

$$=\frac{1}{x\ln a}$$

特别地,当 $a=e$ 时,$(\ln x)'=\dfrac{1}{x}$.

二、函数的和、差、积、商的求导法则

定理 2-2-1 设函数 $u=u(x)$ 和 $v=v(x)$ 在点 x 处都可导,则它们的和、差、积、商(分母不为零)都在点 x 处可导,且

(1) $(u\pm v)'=u'\pm v'$;

(2) $(u\cdot v)'=u'\cdot v+u\cdot v'$;

(3) $\left(\dfrac{u}{v}\right)'=\dfrac{u'\cdot v-u\cdot v'}{v^2}(v(x)\neq 0)$.

注:$(u\cdot v)'\neq u'\cdot v'$,$\left(\dfrac{u}{v}\right)'\neq\dfrac{u'}{v'}$.

证明:这里只证明(2),(1)、(3)请读者自行证明.

根据导数的定义,有:

$$\begin{aligned}[u(x)v(x)]'&=\lim_{\Delta x\to 0}\frac{u(x+\Delta x)v(x+\Delta x)-u(x)v(x)}{\Delta x}\\&=\lim_{\Delta x\to 0}\frac{u(x+\Delta x)v(x+\Delta x)-u(x)v(x+\Delta x)+u(x)v(x+\Delta x)-u(x)v(x)}{\Delta x}\\&=\lim_{\Delta x\to 0}\left\{\frac{[u(x+\Delta x)-u(x)]v(x+\Delta x)}{\Delta x}+\frac{u(x)[v(x+\Delta x)-v(x)]}{\Delta x}\right\}\\&=\lim_{\Delta x\to 0}\frac{[u(x+\Delta x)-u(x)]}{\Delta x}\cdot\lim_{\Delta x\to 0}v(x+\Delta x)+u(x)\cdot\lim_{\Delta x\to 0}\frac{[v(x+\Delta x)-v(x)]}{\Delta x}\\&=u'(x)\cdot v(x)+u(x)\cdot v'(x)\end{aligned}$$

其中,因为 $v=v(x)$ 在点 x 处可导,所以 $v=v(x)$ 在点 x 处连续,故 $\lim\limits_{\Delta x\to 0}v(x+\Delta x)=v(x)$.

于是,
$$(u\cdot v)'=u'\cdot v+u\cdot v'$$

特别地,如果法则(2)中的 $v(x)=C$(C 为常数),则有

$$(Cu(x))'=Cu'(x)$$

定理 2-2-1 中的法则(1)、(2)可以推广到**任意有限个**可导函数的情形,例如 $u=u(x)$,$v=v(x)$,$w=w(x)$均可导,则有

$$(u+v+w)'=u'+v'+w'$$

$$(u\cdot v\cdot w)'=u'\cdot v\cdot w+u\cdot v'\cdot w+u\cdot v\cdot w'$$

【例 2-2-6】 求函数 $y=2^x-\sin x$ 的导数 y'.

解:
$$y'=(2^x-\sin x)'=(2^x)'-(\sin x)'=2^x\ln 2-\cos x$$

【例 2-2-7】 求函数 $y=\cos x\ln x$ 的导数 y'.

解:
$$\begin{aligned}y'&=(\cos x\cdot\ln x)'=(\cos x)'\cdot\ln x+\cos x\cdot(\ln x)'\\&=-\sin x\cdot\ln x+\cos x\cdot\frac{1}{x}\end{aligned}$$

【例 2-2-8】 求函数 $y=\tan x$ 的导数 y'.

解:
$$\begin{aligned}y'&=(\tan x)'=\left(\frac{\sin x}{\cos x}\right)'=\frac{(\sin x)'\cos x-(\cos x)'\sin x}{\cos^2 x}\\&=\frac{(\cos x)\cos x-(-\sin x)\sin x}{\cos^2 x}=\frac{\cos^2 x+\sin^2 x}{\cos^2 x}\\&=\frac{1}{\cos^2 x}=\sec^2 x\end{aligned}$$

故有:$(\tan x)'=\sec^2 x$,类似地可求得:$(\cot x)'=-\csc^2 x$.

【例 2-2-9】 求函数 $y=\sec x$ 的导数 y'.

解:
$$y'=(\sec x)'=\left(\frac{1}{\cos x}\right)'=\frac{(1)'\cdot\cos x-(\cos x)'\cdot 1}{\cos^2 x}=\frac{\sin x}{\cos^2 x}$$

$$=\frac{\sin x}{\cos x}\cdot\frac{1}{\cos x}=\tan x\sec x$$

即$(\sec x)'=\tan x\sec x$，类似地得：$(\csc x)'=-\cot x\csc x$.

三、反函数的求导法则

设 $y=f(x)$是直函数 $x=\varphi(y)$的反函数，曲线 $y=f(x)$与曲线 $x=\varphi(y)$是平面上同一曲线，如图 2-2-1 所示，根据导数的几何意义有：

$$f'(x_0)=\tan\alpha,\varphi'(y_0)=\tan\beta$$

因为，$\alpha+\beta=\frac{\pi}{2}$，故有：$\tan\alpha=\frac{1}{\tan\beta}$等量代换有：$f'(x_0)=\frac{1}{\varphi'(y_0)}$，将$(x_0,y_0)$换成$(x,y)$得反函数求导法则：$f'(x)=\frac{1}{\varphi'(y)}$.

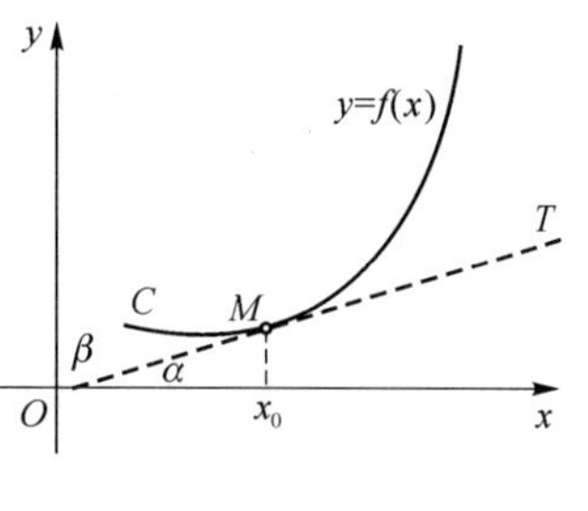

图 2-2-1

定理 2-2-2(反函数求导法则)　设 $y=f(x)$是(c,d)上单调直函数 $x=\varphi(y)$的反函数，若直函数 $\varphi(y)$关于 y 可导，$\varphi'(y)\neq0$，则反函数 $f(x)$关于 x 也一定可导，且：

$$f'(x)=\frac{1}{\varphi'(y)}\quad 或\quad \frac{\mathrm{d}y}{\mathrm{d}x}=\frac{1}{\frac{\mathrm{d}x}{\mathrm{d}y}}$$

即反函数的导数等于直接函数导数的倒数.

证明：因为直函数 $x=\varphi(y)$单调，所以反函数 $y=f(x)$也单调，且定义域为$(\varphi(c),\varphi(d))$[或$(\varphi(d),\varphi(c))$]，对任意 $x\in(\varphi(c),\varphi(d))$[或$(\varphi(d),\varphi(c))$]，$\Delta x\neq0$，$x+\Delta x\in(\varphi(c),\varphi(d))$[或$(\varphi(d),\varphi(c))$]时，令：

$$y=f(x),\Delta y=f(x+\Delta x)-f(x)$$

由直函数与反函数的关系知，$x=\varphi(y)$，$\Delta x=\varphi(y+\Delta y)-\varphi(y)$

由假设有：$\Delta y\neq0$，$\lim\limits_{\Delta x\to0}\Delta y=0$，

$$\lim_{\Delta x\to0}\frac{\varphi(y+\Delta y)-\varphi(y)}{\Delta y}=\lim_{\Delta y\to0}\frac{\varphi(y+\Delta y)-\varphi(y)}{\Delta y}=\varphi'(y)\neq0$$

所以
$$f'(x)=\lim_{\Delta x\to0}\frac{\Delta y}{\Delta x}=\lim_{\Delta x\to0}\frac{1}{\frac{\Delta x}{\Delta y}}=\frac{1}{\lim\limits_{\Delta x\to0}\frac{[\varphi(y+\Delta y)-\varphi(y)]}{\Delta y}}=\frac{1}{\varphi'(y)}$$

【例 2-2-10】　求反正弦函数 $y=\arcsin x$ 的导数 y'.

解：因为反正弦函数 $y=\arcsin x$ 是正弦函数 $x=\sin y$ 的反函数，当 $y\in\left(-\frac{\pi}{2},\frac{\pi}{2}\right)$时，$(\sin y)'=\cos y>0$

所以，当 $x\in\left(\sin\left(-\frac{\pi}{2}\right),\sin\frac{\pi}{2}\right)=(-1,1)$时，$y=\arcsin x$ 可导，且有：

$$y'=(\arcsin x)'=\frac{1}{(\sin y)'}=\frac{1}{\cos y}=\frac{1}{\sqrt{\cos^2y}}=\frac{1}{\sqrt{1-\sin^2y}}$$

$$=\frac{1}{\sqrt{1-x^2}}$$

类似地可得:$(\arccos x)'=-\frac{1}{\sqrt{1-x^2}}$.

【例 2-2-11】 求反正切函数 $y=\arctan x$ 的导数 y'.

解:因为反正切函数 $y=\arctan x$ 是正切函数 $x=\tan y$ 的反函数,

当 $y\in\left(-\frac{\pi}{2},\frac{\pi}{2}\right)$时,$(\tan y)'=\sec^2 y>0$

所以,当 $x\in\left(\tan\left(-\frac{\pi}{2}\right),\tan\frac{\pi}{2}\right)=(-\infty,+\infty)$时,$y=\arctan x$ 可导,且有:

$$y'=(\arctan x)'=\frac{1}{(\tan y)'}=\frac{1}{\sec^2 y}=\frac{1}{1+\tan^2 y}$$

$$=\frac{1}{1+x^2}$$

类似地可得:$(\text{arccot}\, x)'=-\frac{1}{1+x^2}$.

四、复合函数的求导法则

定理 2-2-3 如果函数 $u=\varphi(x)$在 x 点可导,函数 $y=f(u)$在 $u=\varphi(x)$处可导,则复合函数 $y=f[\varphi(x)]$在 x 点也可导,并有:

$$y'=f'[\varphi(x)]\varphi'(x) \text{ 或} \frac{\mathrm{d}y}{\mathrm{d}x}=\frac{\mathrm{d}y}{\mathrm{d}u}\cdot\frac{\mathrm{d}u}{\mathrm{d}x}$$

证明:给自变量 x 一个增量 $\Delta x\neq 0$,函数 $y=f[\varphi(x)]$在 x 处的增量为:

$$\Delta y=f[\varphi(x+\Delta x)]-f[\varphi(x)]$$

令:

$$\Delta u=\varphi(x+\Delta x)-\varphi(x),\text{得 } \varphi(x+\Delta x)=\varphi(x)+\Delta u$$

因为 $\varphi(x)$可导,所以$\lim\limits_{\Delta x\to 0}\Delta u=0$,$\lim\limits_{\Delta x\to 0}\frac{\Delta u}{\Delta x}=\lim\limits_{\Delta x\to 0}\frac{\varphi(x+\Delta x)-\varphi(x)}{\Delta x}=\varphi'(x)$

又因为 $y=f(u)$在 $u=\varphi(x)$可导,

故有:

$$\lim_{\Delta u\to 0}\frac{\Delta y}{\Delta u}=\lim_{\Delta u\to 0}\frac{f[\varphi(x)+\Delta u]-f[\varphi(x)]}{\Delta u}=f'[\varphi(x)]$$

根据极限与无穷小关系有:

$$f[\varphi(x)+\Delta u]-f[\varphi(x)]=f'[\varphi(x)]\cdot\Delta u+\alpha\cdot\Delta u \quad (\text{其中}:\lim_{\Delta u\to 0}\alpha=0)$$

所以

$$\lim_{\Delta x\to 0}\frac{\Delta y}{\Delta x}=\lim_{\Delta x\to 0}\frac{f[\varphi(x+\Delta x)]-f[\varphi(x)]}{\Delta x}=\lim_{\Delta x\to 0}\frac{f[\varphi(x)+\Delta u]-f[\varphi(x)]}{\Delta x}$$

$$=\lim_{\Delta x\to 0}\frac{f'[\varphi(x)]\cdot\Delta u+\alpha\cdot\Delta u}{\Delta x}=\lim_{\Delta x\to 0}f'[\varphi(x)]\cdot\frac{\Delta u}{\Delta x}+\lim_{\Delta x\to 0}\alpha\cdot\frac{\Delta u}{\Delta x}$$

$$=f'[\varphi(x)]\lim_{\Delta x\to 0}\frac{\Delta u}{\Delta x}+\lim_{\Delta u\to 0}\alpha\cdot\lim_{\Delta x\to 0}\frac{\Delta u}{\Delta x}=f'[\varphi(x)]\varphi'(x)$$

注:复合函数求导法则可叙述为:复合函数的导数,等于函数对中间变量的导数乘以中间变量对自变量的导数.

复合函数求导法则可推广到多个函数复合的情形.

例如,设 $y=f(u)$,$u=g(v)$,$v=h(x)$都是可导函数,则复合函数 $y=f\{g[h(x)]\}$对 x 的导数为:

$$\frac{dy}{dx}=\frac{dy}{du}\cdot\frac{du}{dv}\cdot\frac{dv}{dx}$$

通常把复合函数的求导法则称为**链式法则**.

【例 2-2-12】 求函数 $y=\sin(5t-\varphi_0)$（φ_0 为常数）的导数 y'.

解：显然，函数 $y=\sin(5t-\varphi_0)$ 是由函数 $y=\sin u$ 与 $u=5t-\varphi_0$ 复合而成，

而 $$\frac{dy}{du}=(\sin u)'=\cos u,\frac{du}{dt}=(5t-\varphi_0)'=5$$

所以 $$y'=\frac{dy}{dt}=\frac{dy}{du}\cdot\frac{du}{dt}=(\cos u)\cdot 5=5\cos(5t-\varphi_0)$$

【例 2-2-13】 求函数 $y=(2x^3-3)^5$ 的导数 y'.

解：显然，函数 $y=(2x^3-3)^5$ 是由函数 $y=u^5$ 和 $u=2x^3-2$ 复合而成，

而 $$\frac{dy}{du}=(u^5)'=5u^4,\frac{du}{dx}=(2x^3-2)'=6x^2$$

所以 $$\frac{dy}{dx}=\frac{dy}{du}\cdot\frac{du}{dx}=(5u^4)\cdot 6x^2=30x^2\ (2x^3-2)^4$$

一般地，$[(ax^n+b)^\mu]'=an\mu x^{n-1}(ax^n+b)^{\mu-1}$，$(\sqrt{ax^2+b})'=\frac{ax}{\sqrt{ax^2+b}}$

从以上例子可以看出，应用链式法则求导时，首先要将所给复合函数分解成比较简单的函数，而这些简单函数的导数都能很容易求出，而且在熟练复合函数分解过程后，可以不必写出中间变量，而直接写出函数对中间变量的求导结果.

【例 2-2-14】 求函数 $y=\ln|x|$ 的导数 y'.

解：函数 $y=\ln|x|$ 的定义域为：$x\neq 0$，

当 $x>0$ 时，$y=\ln|x|=\ln x$，这时有：$y'=(\ln x)'=\frac{1}{x}$

当 $x<0$ 时，$y=\ln|x|=\ln(-x)$，这时有：$y'=[\ln(-x)]'=\frac{1}{-x}\cdot(-x)'=\frac{1}{x}$

所以，当 $x\neq 0$ 时，$y'=(\ln|x|)'=\frac{1}{x}$

【例 2-2-15】 设 $\varphi(x)$ 可导，求函数 $y=\ln|\varphi(x)|$ 的导数 y'.

解：函数 $y=\ln|\varphi(x)|$ 是由 $y=\ln|u|$ 与 $u=\varphi(x)$ 复合而成，

由例 2-2-14 的结果有 $\frac{dy}{du}=(\ln|u|)'=\frac{1}{u}$，$\frac{du}{dx}=[\varphi(x)]'=\varphi'(x)$

所以 $$[\ln|\varphi(x)|]'=\frac{dy}{dx}=\frac{dy}{du}\cdot\frac{du}{dx}=\frac{1}{u}\bigg|_{u=\varphi(x)}\cdot\varphi'(x)=\frac{\varphi'(x)}{\varphi(x)}$$

特别 $$[\ln|\sin x|]'=\frac{(\sin x)'}{\sin x}=\frac{\cos x}{\sin x}=\cot x$$

$$[\ln|\cos x|]'=\frac{(\cos x)'}{\cos x}=\frac{-\sin x}{\cos x}=-\tan x$$

$$[\ln(x+\sqrt{x^2+a})]'=\frac{(x+\sqrt{x^2+a})'}{x+\sqrt{x^2+a}}=\frac{1}{x+\sqrt{x^2+a}}\cdot\left(1+\frac{x}{\sqrt{x^2+a}}\right)$$

$$=\frac{1}{x+\sqrt{x^2+a}}\cdot\frac{\sqrt{x^2+a}+x}{\sqrt{x^2+a}}=\frac{1}{\sqrt{x^2+a}}$$

【例 2-2-16】 求函数 $y=e^{\sin\frac{1}{x}}$ 的导数 y'.

解：$y'=(e^u)'\Big|_{u=\sin\frac{1}{x}}\cdot(\sin v)'\Big|_{v=\frac{1}{x}}\cdot\left(\frac{1}{x}\right)'=e^u\Big|_{u=\sin\frac{1}{x}}\cdot\cos v\Big|_{v=\frac{1}{x}}\cdot\left(-\frac{1}{x^2}\right)$

$=-\frac{1}{x^2}\cdot e^{\sin\frac{1}{x}}\cdot\cos\frac{1}{x}$

五、基本导数公式与求导法则

1. 基本公式

(1) $(C)'=0$；

(2) $(x^\mu)'=\mu x^{\mu-1}$；

(3) $(a^x)'=a^x\ln a$；

(4) $(e^x)'=e^x$；

(5) $(\log_a x)'=\frac{1}{x\ln a}$；

(6) $(\ln x)'=\frac{1}{x}$；

(7) $(\sin x)'=\cos x$；

(8) $(\cos x)'=-\sin x$；

(9) $(\tan x)'=\sec^2 x$；

(10) $(\cot x)'=-\csc^2 x$；

(11) $(\sec x)'=\tan x\sec x$；

(12) $(\csc x)'=-\cot x\csc x$；

(13) $(\arcsin x)'=\frac{1}{\sqrt{1-x^2}}$；

(14) $(\arccos x)'=-\frac{1}{\sqrt{1-x^2}}$；

(15) $(\arctan x)'=\frac{1}{1+x^2}$；

(16) $(\operatorname{arccot} x)'=-\frac{1}{1+x^2}$.

2. 函数的和、差、积、商的求导法则

设函数 $u=u(x)$ 和 $v=v(x)$ 均可导，则

(1) $(u\pm v)'=u'\pm v'$；

(2) $(u\cdot v)'=u'\cdot v+u\cdot v'$；

(3) $\left(\frac{u}{v}\right)'=\frac{u'\cdot v-u\cdot v'}{v^2}(v\neq 0)$；

(4) $(Cu)'=Cu'$.

3. 反函数的求导法则

设 $y=f(x)$ 是 (c,d) 上单调直函数 $x=\varphi(y)$ 的反函数，若直函数 $\varphi(y)$ 关于 y 可导，$\varphi'(y)\neq 0$，则反函数 $f(x)$ 关于 x 也一定可导，且：

$$f'(x)=\frac{1}{\varphi'(y)} \text{ 或 } \frac{dy}{dx}=\frac{1}{\frac{dx}{dy}}$$

4. 复合函数的求导法则

如果函数 $u=\varphi(x)$ 在 x 点可导，函数 $y=f(u)$ 在 $u=\varphi(x)$ 处可导，则复合函数 $y=f[\varphi(x)]$ 在 x 点也可导，并有：

$$y'=f'[\varphi(x)]\varphi'(x) \text{ 或 } \frac{dy}{dx}=\frac{dy}{du}\cdot\frac{du}{dx}$$

下面再举两个综合运用这些法则和求导公式的例子.

【例 2-2-17】 求函数 $y=(1+x^2)\ln(1+x^2)-x^2$ 的导数 y'.

解：
$$y'=[(1+x^2)]'\ln(1+x^2)+(1+x^2)[\ln(1+x^2)]'-(x^2)'$$
$$=2x\ln(1+x^2)+(1+x^2)\cdot\frac{(1+x^2)'}{1+x^2}-2x=2x\ln(1+x^2)$$

【例 2-2-18】 设 n 为正整数，求函数 $y=\sin(nx)\sin^n x$ 的导数 y'.

解：

$$
\begin{aligned}
y' &= [\sin(nx)\sin^n x]' = [\sin(nx)]'\sin^n x + \sin(nx)(\sin^n x)' \\
&= \cos(nx)(nx)'\sin^n x + \sin(nx)n\sin^{n-1}x(\sin x)' \\
&= n\cos(nx)\sin^n x + n\sin(nx)\sin^{n-1}x\cos x \\
&= n\sin^{n-1}x[\cos(nx)\sin x + \sin(nx)\cos x] = n[\sin^{n-1}x]\sin(n+1)x
\end{aligned}
$$

习题 2.2

1. 求下列函数的导数

(1) $y=3^x+x^3-\ln 2$；

(2) $y=x^2\cdot\tan x$；

(3) $y=(x-1)(x-2)(x-3)$；

(4) $y=\dfrac{1-x}{1+x}+\dfrac{1}{\sqrt{1-x^2}}$；

(5) $y=\arctan\dfrac{2x}{1-x^2}+\sec^2 x$；

(6) $y=\ln[\ln(1+x^2)]$；

(7) $y=e^{3x}\cdot\cos x+\log_2 x$；

(8) $y=\left(\dfrac{b}{a}\right)^x+\left(\dfrac{x}{b}\right)^a$.

2. 求下列函数在给定点处的导数

(1) $y=\sin x-\cos x$，求 $y'\Big|_{x=\frac{\pi}{6}}$ 和 $y'\Big|_{x=\frac{\pi}{4}}$；

(2) $f(x)=\dfrac{3}{5-x}+\dfrac{x^2}{5}$，求 $f'(0)$ 和 $f'(2)$.

3. 设 $y=x\cdot\ln x+\dfrac{1}{\sqrt{x}}$，求 $\dfrac{dy}{dx}$ 及 $\dfrac{dy}{dx}\Big|_{x=1}$.

4. 设 $f(x)$ 可导，且 $y=f(\arcsin\dfrac{1}{x})$，$x>1$，求 y'.

5. 设 $f(x)$ 为可导函数，且 $f(x+3)=x^5$，求 $f'(x)$.

2.3　隐函数及由参数方程所确定的函数的导数

一、隐函数的导数

前面我们所遇到的函数，例如 $y=x^n$，$y=x^2+2\cos x$，这些函数的特点是：等式一端只含有因变量的符号，而等式的另一端是只含有自变量的表达式，即 $y=f(x)$ 的形式，也就是函数 y 可由自变量 x 明显地表示出来，把这种函数称为**显函数**.

若变量 x 和 y 之间的函数关系，是由某一个方程

$$F(x,y)=0$$

所确定，例如由方程 $(5x+y)^4+e^{x+y}-10=0$ 可确定 y 关于 x 的函数，但这个函数并没有被明显的表示出来，称这种函数为由方程 $F(x,y)=0$ 所确定的**隐函数**.

把一个隐函数化成显函数,称为**隐函数的显化**,例如由方程 $5x-2y+1=0$ 所确定的隐函数,可显化成函数 $y=\frac{5x+1}{2}$,但是并不是所有的隐函数都能显化,例如方程 $(5x+y)^4+e^{x+y}-10=0$ 所确定的隐函数就不能显化.

在什么条件下,由方程 $F(x,y)=0$ 可确定一个函数 $y=f(x)$? 可构造性证明:若 $F(x_0,y_0)=0$, $\frac{\partial F(x_0,y_0)}{\partial y}\neq 0$,则存在唯一的一个函数 $y=f(x)$,满足:$y_0=f(x_0)$, $F(x,f(x))=0$,即 $y=f(x)$ 是由方程 $F(x,y)=0$ 所确定的隐函数. 这里只讨论由方程 $F(x,y)=0$ 能唯一确定函数 $y=f(x)$,而不能确定函数的不在我们讨论范围,下面研究如何求 $F(x,y)=0$ 能唯一确定函数 $y=f(x)$ 的隐函数的导数.

【例 2-3-1】 设 $a>0$, $y=f(x)$ 是由方程 $x^2+y^2=a^2$ 所确定的隐函数,求 $\frac{dy}{dx}$.

解:(方法Ⅰ)(显化) 由 $x^2+y^2=a^2$,得 $y=\pm\sqrt{a^2-x^2}$

所以
$$y'=\pm\frac{-x}{\sqrt{a^2-x^2}}=-\frac{x}{\pm\sqrt{a^2-x^2}}=-\frac{x}{y}$$
对不能显化的隐函数,上述方法无法推广.

(方法Ⅱ)(直接求导) 设方程 $x^2+y^2=a^2$ 确定隐函数 $y=f(x)$,

则有:$x^2+f^2(x)=a^2$,等式两边求导得:$2x+2f(x)f'(x)=0$

将 $y=f(x)$ 代入上式得:$2x+2yy'=0$,解得:$y'=-\frac{x}{y}$

与方法Ⅰ的结果完全一致,但方法Ⅱ中并不需要解出 $y=f(x)$,故可以推广到一般隐函数.

定理 2-3-1(隐函数的求导法则) 设 $y=f(x)$,是由方程 $F(x,y)=0$ 所确定的隐函数,若在 $F(x,y)$ 中将 y 看成常数得到一个 x 的一元函数对 x 可导,其导数记作 $\frac{\partial F(x,y)}{\partial x}$,将 x 看成常数得到一个 y 的一元函数对 y 可导,其导数记作 $\frac{\partial F(x,y)}{\partial y}$,如果 $\frac{\partial F(x,y)}{\partial y}\neq 0$,则 $y=f(x)$ 一定可导,且 $y'=\frac{dy}{dx}=-\frac{\frac{\partial F(x,y)}{\partial x}}{\frac{\partial F(x,y)}{\partial y}}$.

证明:因为 $y=f(x)$ 是由方程 $F(x,y)=0$ 所确定的隐函数,故 $F(x,f(x))=0$,对等式 $F[x,f(x)]=0$ 两边求导,得:$\frac{\partial F[x,f(x)]}{\partial x}+\frac{\partial F[x,f(x)]}{\partial y}\cdot f'(x)=0$.

即:$\frac{\partial F(x,y)}{\partial x}+\frac{\partial F(x,y)}{\partial y}\cdot y'=0$,解得:$y'=-\frac{\frac{\partial F(x,y)}{\partial x}}{\frac{\partial F(x,y)}{\partial y}}$,这就是我们所要的.

隐函数求导步骤的一般表述:

(1) 方程 $F(x,y)=0$ 的等式两边对 x 求导,在求导过程中,凡是对 x 的函数求导,就直接用求导公式求导;而对 y 的函数求导,就必须记住 y 是 x 的函数,故要用复合函数求导法则,即先用求导公式对 y 的函数求导,再乘上 y 对 x 的导数 y',这样得到一个含有 y' 的方程；

(2) 从含有 y' 的方程中解出 y'.

【例 2-3-2】 设 $y=f(x)$ 是由方程 $xy-e^x+e^y=0$ 所确定的隐函数，求 $\frac{dy}{dx}$ 和 $\left.\frac{dy}{dx}\right|_{x=0}$.

解：方程 $xy-e^x+e^y=0$ 的等式两边对 x 求导，记住 $y=f(x)$，

$$y+xy'-e^x+e^y\cdot y'=0$$

解得：
$$\frac{dy}{dx}=y'=\frac{e^x-y}{e^y+x}$$

将 $x=0$ 代入方程 $xy-e^x+e^y=0$ 得 $y=0$，

所以
$$\left.\frac{dy}{dx}\right|_{x=0}=\left.\frac{e^x-y}{e^y+x}\right|_{\substack{x=0\\y=0}}=\frac{e^0-0}{e^0+0}=1$$

【例 2-3-3】 求曲线 $xy+\ln y=1$ 在 $M(1,1)$ 处的切线方程.

解：设方程 $xy+\ln y=1$ 所确定的隐函数为 $y=f(x)$，由导数的几何意义知，

曲线 $xy+\ln y=1$ 在 $M(1,1)$ 处的切线斜率为：$k=y'(1)$

对 $xy+\ln y=1$ 求导，得：$y+xy'+\frac{1}{y}\cdot y'=0$

解得：
$$y'=-\frac{y^2}{1+xy}$$

所以
$$k=y'(1)=-\left.\frac{y^2}{1+xy}\right|_{\substack{x=1\\y=1}}=-\frac{1}{2}$$

故所求切线方程为：$y-1=-\frac{1}{2}(x-1)$ 或 $2y+x-3=0$.

二、对数求导法

观察函数 $y=\frac{(x+1)^3\cdot\sqrt[3]{x-1}}{(x+4)^2\cdot e^x}$ 和 $y=x^{\sin x}$，思考如何求它们的导数.

通过观察，可知两个函数具有以下特点：第一个是由多个因子的乘积组成的；第二个是幂指形式的函数，称为幂指函数，其一般形式为 $y=u(x)^{v(x)}$，$u(x)$，$v(x)$ 均可导.

前面已学过的求导方法难以求解出这两个函数的导数，但将函数取对数后得到的函数比较容易求导，为此，我们将介绍**对数求导法**来求解这两种形式的函数的导数.

定理 2-3-2(对数求导法) 设 $y=f(x)>0$，$f(x)$ 可导，则 $\ln f(x)$ 也可导，且有：

$$y'=f(x)[\ln f(x)]'$$

证明：因为 $y=f(x)>0$，所以 $\ln y=\ln f(x)$，对 $\ln y=\ln f(x)$ 用隐函数求导法则有：

$\frac{1}{y}\cdot y'=[\ln f(x)]'$，由此得出：$y'=y[\ln f(x)]'=f(x)[\ln f(x)]'$

【例 2-3-4】 设 $y=\frac{(x+1)^3\cdot\sqrt[3]{x-1}}{(x+4)^2\cdot e^x}$，求 y'.

解：根据对数求导法则有：$y'=\frac{(x+1)^3\cdot\sqrt[3]{x-1}}{(x+4)^2\cdot e^x}\cdot\left[\ln\frac{(x+1)^3\cdot\sqrt[3]{x-1}}{(x+4)^2\cdot e^x}\right]'$

$$=\frac{(x+1)^3\cdot\sqrt[3]{x-1}}{(x+4)^2\cdot e^x}\cdot\left[3\ln(x+1)+\frac{1}{3}\ln(x-1)-2\ln(x+4)-x\right]'$$

$$=\frac{(x+1)^3\cdot\sqrt[3]{x-1}}{(x+4)^2\cdot e^x}\cdot\left[\frac{3}{x+1}+\frac{1}{3(x-1)}-\frac{2}{x+4}-1\right]$$

【例 2-3-5】 求函数 $y=x^{\sin x}$ 的导数 y'.

解:根据对数求导法则有:$y'=x^{\sin x}[\ln x^{\sin x}]'=x^{\sin x}[(\sin x)\ln x]'$

$$=x^{\sin x}[(\sin x)'\ln x+\sin x(\ln x)']=x^{\sin x}\left[(\cos x)\ln x+\frac{\sin x}{x}\right]$$

注:对数求导法主要用于:(1)多个函数的连乘除的求导;(2)幂指函数的求导.

三、由参数方程所确定的函数的导数

研究物体运动的轨迹时,经常要用到参数方程.例如,研究抛射体的运动问题时,如果空气阻力忽略不计,则抛射体的运动轨迹可表示为

$$\begin{cases}x=v_1t\\ y=v_2t-\dfrac{1}{2}gt^2\end{cases}$$

其中,v_1,v_2 分别是抛射体初速度的水平、垂直分量,g 是重力加速度,t 是飞行时间,x 和 y 分别是抛射体在垂直平面上位置的横坐标和纵坐标.

上述参数式中,x 和 y 都是 t 的函数,从而 y 与 x 间存在着确定的函数关系.消去参数 t,得:

$$y=\frac{v_2}{v_1}x-\frac{g}{2{v_1}^2}x^2$$

这就是由参数方程所确定的函数的显式表示.

一般来说,如果参数方程

$$\begin{cases}x=\varphi(t)\\ y=\psi(t)\end{cases}\quad(\alpha\leqslant t\leqslant\beta)$$

确定了 y 与 x 间的函数关系,则称此函数为**由参数方程所确定的函数**.

在实际问题中,需要计算由参数方程所确定的函数的导数,但从参数方程中消去参数 t 而得到所确定函数的显式往往是很困难的,下面就讨论由上述参数方程所确定的函数的求导方法.

设 $\varphi(t)$,$\psi(t)$均可导,且 $\varphi(t)$有反函数 $t=\varphi^{-1}(x)$,则 $y=\psi[\varphi^{-1}(x)]$,利用复合函数及反函数的求导法则,得

$$\frac{dy}{dx}=\frac{dy}{dt}\cdot\frac{dt}{dx}=\frac{dy}{dt}\cdot\frac{1}{\dfrac{dx}{dt}}=\frac{\psi'(t)}{\varphi'(t)}$$

即

$$\frac{dy}{dx}=\frac{\psi'(t)}{\varphi'(t)}$$

上式就是**由参数方程所确定的关于 x 的函数的导数公式**.

【例 2-3-6】 求由参数方程

$$\begin{cases}x=a\cos t\\ y=b\sin t\end{cases}$$

所确定的函数 $y=y(x)$的导数.

解:
$$\frac{dy}{dx}=\frac{(b\sin t)'}{(a\cos t)'}=\frac{b\cos t}{a(-\sin t)}=-\frac{b}{a}\cot t$$

【例 2-3-7】 求摆线$\begin{cases}x=a(t-\sin t)\\y=a(1-\cos t)\end{cases}$,在 $t=\frac{\pi}{2}$处的切线方程和法线方程.

解:由参数方程所确定函数的导数公式,得

$$\frac{dy}{dx}=\frac{[a(1-\cos t)]'}{[a(t-\sin t)]'}=\frac{\sin t}{1-\cos t}$$

当 $t=\frac{\pi}{2}$时,$x=a\left(\frac{\pi}{2}-1\right)$,$y=a$,$k=\left.\frac{dy}{dx}\right|_{t=\frac{\pi}{2}}=\left.\frac{\sin t}{1-\cos t}\right|_{t=\frac{\pi}{2}}=1$

于是所求切线方程为　$y-a=1\cdot\left[x-a\left(\frac{\pi}{2}-1\right)\right]$

化简得,　$y-x+\frac{a\pi}{2}-2a=0$

法线方程为　$y-a=-1\cdot\left[x-a\left(\frac{\pi}{2}-1\right)\right]$

化简得,　$y+x-\frac{a\pi}{2}=0$

习题 2.3

1. 求由下列函数所确定的隐函数 $y(x)$的导数

(1) $x^2+y^2-xy=1$;　(2) $y\cdot\cos x=\sin(x-y)$;

(3) $xy=e^{x+y}$;　(4) $x^2y-e^{2x}=\sin y$.

2. 利用对数求导法求下列函数的导数

(1) $y=\left(\frac{x}{1+x}\right)^x$;　(2) $y=(\sin x)^{\ln x}$;

(3) $y=\frac{x(1-x)^2}{(1+x)^3}$;　(4) $x^y=y^x$.

3. 求由下列参数方程所确定的函数的导数.

(1) $\begin{cases}x=2t-t^2\\y=3t-t^3\end{cases}$;　(2) $\begin{cases}x=t(1-\sin t)\\y=t\cos t\end{cases}$;

(3) $\begin{cases}x=e^t\sin t\\y=e^t\cos t\end{cases}$.

4. 求曲$\begin{cases}x=\frac{3t}{1+t^2}\\y=\frac{3t^2}{1+t^2}\end{cases}$,在 $t=2$ 线处的切线方程和法线方程.

5. 设 $y=y(x)$由$\begin{cases}x=3t^2+2t+3\\e^y\sin t-y+1=0\end{cases}$确定,求$\left.\frac{dy}{dx}\right|_{t=0}$.

2.4 高阶导数

一、显函数的高阶导数

在引入导数定义时,我们知道变速直线运动的瞬时速度就是位移函数的导数,即$v(t)=s'(t)$,类似地我们可得,变速直线运动在 t 时刻的加速度就是其速度函数的导数,这就要求我们解决如何计算导函数的导数,即高阶导数的问题.

定义 2-4-1 如果函数 $y=f(x)$的导函数 $y'=f'(x)$在点 x 处可导,则其导函数的导数$[f'(x)]'$就称作**函数 $y=f(x)$在点 x 处的二阶导数**,

记作
$$f''(x),y'',\frac{d^2y}{dx^2} \quad 或 \quad \frac{d^2f}{dx^2}$$
即
$$f''(x)=[f'(x)]'$$

类似地,二阶导数的导数称为**三阶导数**,记为
$$f'''(x),y''',\frac{d^3y}{dx^3} \quad 或 \quad \frac{d^3f}{dx^3}$$

三阶导数的导数称为**四阶导数**,记为
$$f^{(4)}(x),y^{(4)},\frac{d^4y}{dx^4} \quad 或 \quad \frac{d^4f}{dx^4}$$

一般地,$f(x)$的 $n-1$ 阶导数的导数称为 $f(x)$的 n **阶导数**,记为
$$f^{(n)}(x),y^{(n)},\frac{d^ny}{dx^n} \quad 或 \quad \frac{d^nf}{dx^n}$$

函数 $f(x)$的二阶及二阶以上的导数,统称为**高阶导数**.

相应地,$f(x)$的导数 $f'(x)$称为**一阶导数**.

有时为了统一起见,也把函数本身称为**零阶导数**,记作 $f(x)=f^{(0)}(x)$.

由函数的高阶导数定义知,求函数的 n 阶导数,就是按照基本求导公式和求导法则逐阶求导,直到 n 阶导数.

【例 2-4-1】 求 $y=4x^3-3x^2+x-5$ 的四阶导数.

解:
$$y'=12x^2-6x+1$$
$$y''=24x-6$$
$$y'''=24$$
$$y^{(4)}=0$$

注:n 次多项式函数 P_n 每求导一次,多项式次数就要减少 1,第 n 阶导数是常数,更高阶导数都为 0.

【例 2-4-2】 求 $y=\sin x$ 的 n 阶导数.

解: $$y'=(\sin x)'=\cos x=\sin\left(\frac{\pi}{2}-x\right)=\sin\left[\pi-\left(\frac{\pi}{2}-x\right)\right]=\sin\left(\frac{\pi}{2}+x\right)$$

$$y''=(\sin x)''=\left[\sin\left(x+\frac{\pi}{2}\right)\right]'=(\sin u)'\Big|_{u=x+\frac{\pi}{2}}\left(x+\frac{\pi}{2}\right)'=\sin\left(u+\frac{\pi}{2}\right)\Big|_{u=x+\frac{\pi}{2}}=\sin\left(x+2\cdot\frac{\pi}{2}\right)$$

$$\cdots$$

$$y^{(n)}=(\sin x)^{(n)}=\sin\left(x+n\cdot\frac{\pi}{2}\right)$$

类似地，可推得
$$(\cos x)^{(n)}=\cos\left(x+n\cdot\frac{\pi}{2}\right)$$

【例 2-4-3】　求 $y=\ln(x+a)$ 的 n 阶导数.

解：
$$y'=[\ln(x+a)]'=\frac{1}{x+a}(x+a)'=\frac{1}{x+a}=(x+a)^{-1}$$

$$y''=[(x+a)^{-1}]'=(-1)(x+a)^{-1-1}(x+a)'=-(x+a)^{-2}$$

$$y'''=[-(x+a)^{-2}]'=(-1)(-2)(x+a)^{-2-1}(x+a)'=2!\ (x+a)^{-3}$$

$$\cdots$$

$$y^{(n)}=[(-1)^{n-2}(n-2)!\ (x+a)^{-(n-1)}]'=(-1)^{n-1}(n-1)!\ (x+a)^{-n}$$

注：类似地有：当 $y=\dfrac{1}{x+a}$ 时，$y^{(n)}=(-1)^n\cdot\dfrac{n!}{(x+a)^{n+1}}$.

以上几例可以看出，求函数的 n 阶导数的基本方法是先求出前二、三阶导数，然后找出规律，再运用归纳法得到 n 阶导数.

【例 2-4-4】　求 $y=\dfrac{x}{x^2-4}$ 的 n 阶导数.

解：因为 $y=\dfrac{x}{x^2-4}=\dfrac{1}{2}\left[\dfrac{(x+2)+(x-2)}{(x-2)(x+2)}\right]=\dfrac{1}{2}\left(\dfrac{1}{x-2}+\dfrac{1}{x+2}\right)$

$$y^{(n)}=\frac{1}{2}\left[\left(\frac{1}{x-2}\right)^{(n)}+\left(\frac{1}{x+2}\right)^{(n)}\right]=(-1)^n\frac{n!}{2}\left[\frac{1}{(x-2)^{n+1}}+\frac{1}{(x+2)^{n+1}}\right].$$

高阶导数的运算法则：

(1) 线性法则

设 a,b 为常数，$u(x),v(x)$ 为 n 阶可导函数，则函数 $au(x)+bv(x)$ 也 n 阶可导，且

$$[au(x)+bv(x)]^{(n)}=au^{(n)}(x)+bv^{(n)}(x)$$

(2) 乘积法则—莱布尼茨公式

设 $u(x),v(x)$ 为 n 阶可导函数，则函数 $u(x)v(x)$ 也 n 阶可导，且

$$[u(x)v(x)]^{(n)}=u^{(n)}(x)v(x)+nu^{(n-1)}(x)v'(x)+\frac{n(n-1)}{2!}u^{(n-2)}(x)v''(x)+\cdots$$

$$+nu'(x)v^{(n-1)}(x)+u(x)v^{(n)}(x)=\sum_{k=0}^{n}C_n^k u^{(n-k)}(x)v^{(k)}(x)$$

【例 2-4-5】　求 $y=x^2e^x$ 的 $n(n>2)$ 阶导数.

解：显然 $(x^2)'=2x,(x^2)''=2,(x^2)^{(n)}=0(n>2);(e^x)^{(n)}=e^x$，

代入莱布尼茨公式有：

$$(x^2e^x)^{(n)}=\sum_{k=0}^{n}C_n^k\ (x^2)^{(n-k)}\ (e^x)^{(k)}$$

$$=\sum_{k=0}^{n-3}C_n^k\ (x^2)^{(n-k)}\ (e^x)^{(k)}+\sum_{k=n-2}^{n}C_n^k\ (x^2)^{(n-k)}\ (e^x)^{(k)}$$

$$= \sum_{k=n-2}^{n} C_n^k (x^2)^{(n-k)} (e^x)^{(k)} = 2C_n^{n-2} e^x + 2xC_n^{n-1} e^x + x^2 C_n^n e^x$$

$$= [x^2 + 2nx + n(n-1)]e^x$$

【例 2-4-6】 设 $y=e^x \sin x$,证明函数 y 满足:$y''-2y'+2y=0$.

证明:

$$y'=(e^x \sin x)'=(e^x)' \sin x+e^x(\sin x)'=e^x(\sin x+\cos x)$$

$$y''=(y')'=[e^x(\sin x+\cos x)]'=2e^x \cos x$$

于是有:

$$y''-2y'+2y=2e^x \cos x-2e^x(\sin x+\cos x)+2e^x \sin x=0$$

二、隐函数的高阶导数

设 $y=f(x)$是由方程 $F(x,y)=0$ 所确定的隐函数,若 $y'=\varphi(x,y)$作为 x 的函数(y 看成常数)对 x 可导,作为 y 的函数(x 看成常数)对 y 可导,则 y 二阶可导,且 y''等于 $\varphi(x,f(x))$的导数,即 $y''=\dfrac{\partial \varphi(x,y)}{\partial x}+\dfrac{\partial \varphi(x,y)}{\partial y} \cdot y'$.

【例 2-4-7】 设 $y=f(x)$是由方程 $xy-e^{x-y}=0$ 所确定的隐函数,求 y 的二阶导数 y''.

解:由 $xy-e^{x-y}=0$,等式两边求导有:$y+xy'-e^{x-y}(1-y')=0$,

得:

$$y'=\frac{e^{x-y}-y}{e^{x-y}+x}=\frac{xy-y}{xy+x}=\frac{(x-1)y}{x(y+1)}$$

所以

$$y''=(y')'=\left[\frac{(x-1)y}{x(y+1)}\right]'=\frac{[(x-1)y]'[x(y+1)]-[x(y+1)]'[(x-1)y]}{[x(y+1)]^2}$$

$$=\frac{[y+(x-1)y'][x(y+1)]-[(y+1)+xy'][(x-1)y]}{[x(y+1)]^2}$$

$$=\frac{y(y+1)+(x-1)xy'}{[x(y+1)]^2}=\frac{y(y+1)+(x-1)x \cdot \dfrac{(x-1)y}{x(y+1)}}{[x(y+1)]^2}$$

$$=\frac{y[(y+1)^2+(x-1)^2]}{x^2 (y+1)^3}$$

三、由参数方程所确定函数的高阶导数

设 $x=\varphi(t)$,$y=\psi(t)$皆二阶可导,且 $\varphi'(t) \neq 0$,则可推出由参数方程 $\begin{cases} x=\varphi(t) \\ y=\psi(t) \end{cases}$ 所确定的函数的二阶导数可按下述步骤计算:

$$\frac{dy}{dx}=\frac{\psi'(t)}{\varphi'(t)}$$

$$\frac{d^2 y}{dx^2}=\frac{d\left(\dfrac{dy}{dx}\right)}{dx}=\frac{d\left(\dfrac{dy}{dx}\right)}{dt} \cdot \frac{dt}{dx}=\frac{d\left(\dfrac{\psi'(t)}{\varphi'(t)}\right)}{dt} \cdot \frac{1}{\dfrac{dx}{dt}}$$

$$=\frac{\psi''(t)\varphi'(t)-\psi'(t)\varphi''(t)}{\varphi'^2(t)} \cdot \frac{1}{\varphi'(t)}$$

$$=\frac{\psi''(t)\varphi'(t)-\psi'(t)\varphi''(t)}{\varphi'^3(t)}$$

【例 2-4-8】 设 $y=f(x)$是由常数方程$\begin{cases}x=a\cos t\\y=a\sin t\end{cases}$所确定的函数，求$\frac{d^2y}{dx^2}$.

解：

$$\frac{dy}{dx}=\frac{(a\sin t)'}{(a\cos t)'}=\frac{a\cos t}{-a\sin t}=-\cot t$$

$$\frac{d^2y}{dx^2}=\frac{\psi''(t)\varphi'(t)-\varphi''(t)\psi'(t)}{\varphi'^3(t)}=\frac{(a\sin t)''(a\cos t)'-(a\cos t)''(a\sin t)'}{[(a\cos t)']^3}$$

$$=\frac{(-a\sin t)(-a\sin t)-(-a\cos t)(a\cos t)}{(-a\sin t)^3}$$

$$=-\frac{1}{a\sin^3 t}$$

【例 2-4-9】 设$\begin{cases}x=\ln(1+t^2)\\y=t-\arctan t\end{cases}$，求$\frac{d^2y}{dx^2}$.

解：

$$\frac{dy}{dx}=\frac{(t-\arctan t)'}{[\ln(1+t^2)]'}=\frac{1-\frac{1}{1+t^2}}{\frac{2t}{1+t^2}}=\frac{t}{2}$$

$$\frac{d^2y}{dx^2}=\frac{d\left(\frac{t}{2}\right)}{dt}\cdot\frac{1}{\frac{dx}{dt}}=\frac{\left(\frac{t}{2}\right)'}{[\ln(1+t^2)]'}=\frac{\frac{1}{2}}{\frac{2t}{1+t^2}}=\frac{1+t^2}{4t}$$

习题 2.4

1. 求下列函数的二阶导数

(1) $y=2x^2+\ln x$；　　(2) $y=e^{-x}\cdot\sin x$；

(3) $y=\ln(x+1)$；　　(4) $y=(1+x^2)\arctan x$；

(5) $y=\frac{e^x}{x}$；　　(6) $y=\ln(x+\sqrt{x^2+1})$；

(7) $\begin{cases}x=a(t-\sin t)\\y=a(1-\cos t)\end{cases}$；　　(8) $\begin{cases}x=\ln(1+t^2)\\y=t-\arctan t\end{cases}$.

2. 已知函数 $y=\sqrt{2x-x^2}$，试证明 $y^3y''+1=0$.

3. 求下列函数所指定的导数

(1) $y=\frac{1}{x(x-1)}$，求 $y^{(4)}(2)$；　　(2) $y=x\sin 2x$，求 $y^{(50)}$.

4. 求下列函数的 n 阶导数

(1) $y=(1+x)^\alpha$（α 为常数）；　　(2) $y=5^x$；

(3) $y=\frac{1-x}{1+x}$；　　(4) $y=\sin^2 x$.

5. 已知 $f'(\cos x)=\cos 2x$，求 $f''(x)$.

2.5 函数的微分及其应用

一、微分的定义

在介绍微分的定义之前，先看一个实例.

一块正方形均质金属薄片因为受热膨胀，其边长由 x_0 变到 $x_0+\Delta x$，如图 2-5-1 所示. 现在求此薄片面积的增加量.

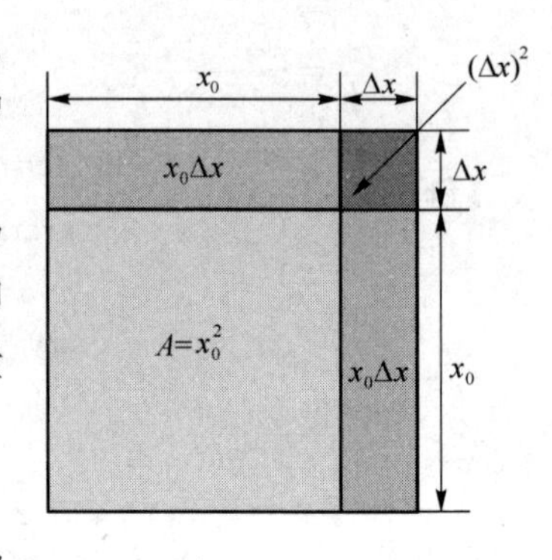

图 2-5-1

设正方形金属薄片的面积与边长之间的函数关系记为 $A=A(x)$，受热后，金属薄片的边长由 x_0 变到 $x_0+\Delta x$，即自变量取得增量 Δx，函数 $A=A(x)$ 取得相应的增量 ΔA，则

$$\Delta A=(x_0+\Delta x)^2-{x_0}^2=\underbrace{2x_0\cdot\Delta x}_{(1)}+\underbrace{(\Delta x)^2}_{(2)}$$

从上式可以看出，ΔA 由两部分构成，分别记为式(1)和式(2)，式(1)是 Δx 的线性函数，且为 ΔA 的主要部分；式(2)是 Δx 的高阶无穷小 $o(\Delta x)$，当 $|\Delta x|$ 很小时忽略高阶无穷小部分有：

$$\Delta A\approx 2x_0\cdot\Delta x$$

再例如，设函数 $y=x^3$ 在点 x_0 处的改变量为 Δx，求函数的改变量.

$$\Delta y=(x_0+\Delta x)^3-{x_0}^3=\underbrace{3{x_0}^2\cdot\Delta x}_{(1)}+\underbrace{3x_0\cdot(\Delta x)^2+(\Delta x)^3}_{(2)}$$

当 $|\Delta x|$ 很小时，式(2)是 Δx 的高阶无穷小，忽略可得：

$$\Delta y\approx 3{x_0}^2\cdot\Delta x$$

通过以上两例可以看出，当自变量改变量 $|\Delta x|$ 很小时，函数的改变量可以用 Δx 的线性函数来近似代替，即 $\Delta A\approx 2x_0\cdot\Delta x$ 和 $\Delta y\approx 3{x_0}^2\cdot\Delta x$.

是否所有函数的改变量都可表示为

$$\Delta y=A\cdot\Delta x+o(\Delta x)$$

的形式呢？若能，那么线性函数 $A\cdot\Delta x$ 中的 A 是什么呢？

定义 2-5-1 设函数 $y=f(x)$ 在某区间内有定义，x_0 及 $x_0+\Delta x$ 在该区间内，如果函数的改变量 $\Delta y=f(x_0+\Delta x)-f(x_0)$ 可表示为

$$\Delta y=A\cdot\Delta x+o(\Delta x)$$

其中，A 是与 Δx 无关的常数，则称**函数 $y=f(x)$ 在点 x_0 处可微**，并称 $A\cdot\Delta x$ 为函数 $y=f(x)$ **在点 x_0 处相应于自变量的改变量 Δx 的微分**，记作 $\mathrm{d}y$，

即
$$\mathrm{d}y=A\cdot\Delta x$$

当 $A\neq 0$ 时，$A\cdot\Delta x$ 是 Δy 的主要部分($\Delta x\to 0$)，由于 $A\cdot\Delta x$ 是 Δx 的线性函数，因此，微分 $\mathrm{d}y$ 称为 Δy 的线性主部($\Delta x\to 0$)，而且，当 Δx 很小时，有

$$\Delta y\approx\mathrm{d}y$$

二、函数可微的条件

设函数 $y=f(x)$ 在点 x_0 处可微，即有

$$\Delta y = A \cdot \Delta x + o(\Delta x)$$

等式两边同时除以 Δx，得

$$\frac{\Delta y}{\Delta x} = A + \frac{o(\Delta x)}{\Delta x}$$

于是，当 $\Delta x \to 0$ 时，就有

$$A = \lim_{\Delta x \to 0} \frac{\Delta y}{\Delta x} = f'(x_0)$$

即函数 $y=f(x)$ 在点 x_0 处可导，$A=f'(x_0)$.

反之，若函数 $y=f(x)$ 在点 x_0 处可导，即有

$$\lim_{\Delta x \to 0} \frac{\Delta y}{\Delta x} = f'(x_0)$$

由极限与无穷小的关系，得

$$\frac{\Delta y}{\Delta x} = f'(x_0) + \alpha(\Delta x) \quad (\text{其中：} \lim_{\Delta x \to 0} \alpha(\Delta x) = 0)$$

于是，得

$$\Delta y = f'(x_0) \cdot \Delta x + \alpha(\Delta x) \cdot \Delta x$$

由于 $\alpha(\Delta x) \cdot \Delta x = o(\Delta x)$，故

$$\Delta y = f'(x_0) \cdot \Delta x + o(\Delta x)$$

其中 $f'(x_0)$ 不依赖于 Δx，由微分的定义知，函数 $y=f(x)$ 在点 x_0 处可微.

综上讨论，可以得到函数可微与函数可导之间的关系，下面以定理的形式给出.

定理 2-5-1　函数 $y=f(x)$ 在点 x_0 处可微的**充分必要条件**是函数 $y=f(x)$ 在点 x_0 处可导，且

$$\mathrm{d}y = f'(x_0) \cdot \Delta x$$

函数 $y=f(x)$ 在任意点 x 的微分，称为函数的微分，记作 $\mathrm{d}y$ 或 $\mathrm{d}f(x)$，即

$$\mathrm{d}y = f'(x) \cdot \Delta x$$

【例 2-5-1】　求函数 $y=x^3$ 当 $x=2, \Delta x=0.02$ 时的微分.

解：先求函数在任意点 x 的微分，

$$\mathrm{d}y = (x^3)' \cdot \Delta x = 3x^2 \cdot \Delta x$$

再求函数当 $x=2, \Delta x=0.02$ 时的微分，

$$\mathrm{d}y\Big|_{\substack{x=2 \\ \Delta x=0.02}} = (3x^2 \cdot \Delta x)\Big|_{\substack{x=2 \\ \Delta x=0.02}} = 3 \cdot 2^2 \cdot 0.02 = 0.24$$

【例 2-5-2】　求函数 $y=x$ 的微分 $\mathrm{d}y$.

解：由定理 2-5-1 有：$\mathrm{d}y=(x)'\Delta x=\Delta x$

$$\mathrm{d}y = \mathrm{d}x = \Delta x$$

即自变量的微分 $\mathrm{d}x$ 等于自变量的改变量 Δx，我们习惯将自变量的改变量 Δx 记为 $\mathrm{d}x$，于是函数 $y=f(x)$ 的微分可记作

$$\mathrm{d}y = f'(x) \cdot \mathrm{d}x$$

从而有
$$\frac{dy}{dx}=f'(x)$$
即函数的微分 dy 与自变量微分 dx 之商等于该函数的导数,因此,**导数也称微商**.

三、微分的几何意义

如图 2-5-2 所示,曲线 $y=f(x)$ 在点 $M(x_0,f(x_0))$ 处的切线 MT 的方程为
$$y-f(x_0)=f'(x_0)(x-x_0)$$
若记 $\Delta x=x-x_0$,则上式变换为
$$y-f(x_0)=f'(x_0)\cdot\Delta x$$
假定 RP,RN,PN 为有向线段长度,终点在上方时为正,终点在下方时为负,则有:
$$\begin{aligned}dy&=f'(x_0)\Delta x\\&=MR\cdot\tan\alpha=RP\\ \Delta y&=RN=RP+PN=dy+PN\end{aligned}$$
$y=f(x)$ 在 $M(x_0,f(x_0))$ 点可微 $\Leftrightarrow \lim\limits_{\Delta x\to 0}\frac{\Delta y-dy}{\Delta x}=0$.

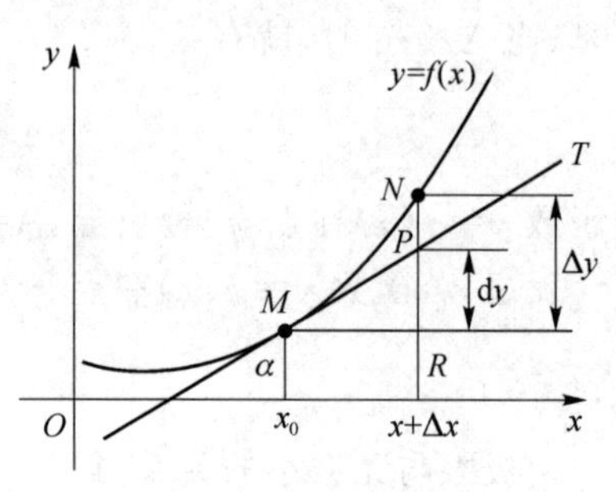

图 2-5-2

所以,函数 $y=f(x)$ 在 $M(x_0,f(x_0))$ 点的微分就是曲线在 M 点切线所对应函数 $y=f(x_0)+f'(x_0)(x-x_0)$ 当 x 从 x_0 增加到 $x_0+\Delta x$ 时的函数增量 RP.

四、基本初等函数的微分公式与微分运算法则

由定理 2-5-1 有:
$$dy=f'(x)\cdot dx$$
因此,求一个函数的微分,只要求函数的导数,再乘以自变量的微分即可.由求导公式和求导运算法则可得到对应的微分公式和微分运算法则.

1. 基本初等函数的微分公式

导数公式	微分公式
(1) $(C)'=0$	$d(C)=0$
(2) $(x^\mu)'=\mu x^{\mu-1}$	$d(x^\mu)=\mu x^{\mu-1}dx$
(3) $(a^x)'=a^x\ln a$	$d(a^x)=a^x\ln a\,dx$
(4) $(e^x)'=e^x$	$d(e^x)=e^x dx$
(5) $(\log_a x)'=\frac{1}{x\ln a}$	$d(\log_a x)=\frac{1}{x\ln a}dx$
(6) $(\ln x)'=\frac{1}{x}$	$d(\ln x)=\frac{1}{x}dx$
(7) $(\sin x)'=\cos x$	$d(\sin x)=\cos x dx$
(8) $(\cos x)'=-\sin x$	$d(\cos x)=-\sin x dx$
(9) $(\tan x)'=\sec^2 x$	$d(\tan x)=\sec^2 x dx$
(10) $(\cot x)'=-\csc^2 x$	$d(\cot x)=-\csc^2 x dx$
(11) $(\sec x)'=\tan x\sec x$	$d(\sec x)=\tan x\sec x dx$

(12) $(\csc x)'=-\cot x\csc x$　　$d(\csc x)=-\cot x\csc x dx$

(13) $(\arcsin x)'=\frac{1}{\sqrt{1-x^2}}$　　$d(\arcsin x)=\frac{1}{\sqrt{1-x^2}}dx$

(14) $(\arccos x)'=-\frac{1}{\sqrt{1-x^2}}$　　$d(\arccos x)=-\frac{1}{\sqrt{1-x^2}}dx$

(15) $(\arctan x)'=\frac{1}{1+x^2}$　　$d(\arctan x)=\frac{1}{1+x^2}dx$

(16) $(\text{arccot}\, x)'=-\frac{1}{1+x^2}$　　$d(\text{arccot}\, x)=-\frac{1}{1+x^2}dx$

2. 函数和、差、积、商的微分法则

函数和、差、积、商的求导法则	函数和、差、积、商的微分法则
(1) $(u\pm v)'=u'\pm v'$	$d(u\pm v)=du\pm dv$
(2) $(u\cdot v)'=u'\cdot v+u\cdot v'$	$d(u\cdot v)=v\cdot du+u\cdot dv$
(3) $(Cu)'=Cu'$	$d(Cu)=Cdu$
(4) $\left(\frac{u}{v}\right)'=\frac{u'\cdot v-u\cdot v'}{v^2}$　$(v\neq0)$	$d\left(\frac{u}{v}\right)=\frac{vdu-u\cdot dv}{v^2}$　$(v\neq0)$

在这里我们只证明两个函数乘积的微分法则,其余的可完全类似地证明,

设 $u=u(x)$,$v=v(x)$均可微,则

$$d(u\cdot v)=(u\cdot v)'dx=(u'\cdot v+u\cdot v')dx=u'\cdot v\cdot dx+u\cdot v'\cdot dx$$

而
$$u'dx=du, v'dx=dv$$
所以
$$d(u\cdot v)=v\cdot du+u\cdot dv$$

3. 复合函数的微分法则

设 $y=f(u)$,$u=\varphi(x)$均可微,则**复合函数** $y=f(\varphi(x))$**的微分为**

$$dy=\frac{dy}{dx}dx=f'(u)\varphi'(x)dx$$

由于 $\varphi'(x)dx=du$,所以**复合函数 $y=f(\varphi(x))$ 的微分公式也可写成**

$$dy=f'(u)du$$

由此可见,无论 u 是自变量还是中间变量,函数 $y=f(u)$的微分总可保持同一形式:

$$dy=f'(u)du$$

这一性质称为**一阶微分的形式不变性.**

【例 2-5-3】 设 $y=\sin(2x+1)$,求 dy.

解:(解法一)$dy=[\sin(2x+1)]'dx=2\cos(2x+1)dx$,

(解法二)令 $u=2x+1$ 为中间变量,则

$$dy=d(\sin u)=\cos u\cdot du=\cos(2x+1)\cdot d(2x+1)=\cos(2x+1)\cdot 2dx$$
$$=2\cos(2x+1)\cdot dx$$

【例 2-5-4】 设 $y=e^{1-x}\cos 2x$,求 dy.

解:应用函数乘积的微分法则,得

$$dy=d(e^{1-x}\cos 2x)=\cos 2x\cdot d(e^{1-x})+e^{1-x}\cdot d(\cos 2x)$$
$$=\cos 2x\cdot(-e^{1-x}dx)+e^{1-x}\cdot(-2\sin 2x dx)$$

$$=-e^{1-x}(\cos 2x+2\sin 2x)dx$$

五、微分在近似计算中的应用

根据前面的介绍,如果 $y=f(x)$ 在点 x_0 处有导数 $y=f'(x_0)$,且 $|\Delta x|$ 很小时,

$$\Delta y\approx dy$$

而 $$\Delta y=f(x_0+\Delta x)-f(x_0),dy=f'(x_0)\cdot\Delta x$$

则可得

$$f(x_0+\Delta x)-f(x_0)\approx f'(x_0)\cdot\Delta x$$

令 $x=x_0+\Delta x$,则可得

$$f(x)\approx f(x_0)+f'(x_0)\cdot\Delta x$$

如果 $f(x_0)$ 与 $f'(x_0)$ 都容易计算,则由上式就可以近似计算出 x_0 附近的一些函数值.

【例 2-5-5】 利用微分计算 sin 30 °30 ′的近似值.

解:已知 $30°30'=\frac{\pi}{6}+\frac{\pi}{360}$,设 $x_0=\frac{\pi}{6}$,$\Delta x=\frac{\pi}{360}$,

$$\begin{aligned}\sin 30°30'&=\sin(x_0+\Delta x)\approx\sin x_0+\cos x_0\cdot\Delta x\\&=\sin\frac{\pi}{6}+\cos\frac{\pi}{6}\cdot\frac{\pi}{360}\\&=\frac{1}{2}+\frac{\sqrt{3}}{2}\cdot\frac{\pi}{360}\\&\approx 0.5076\end{aligned}$$

【例 2-5-6】 有一批半径为 1 cm 的球,为了提高球面的光洁度,要镀上一层铜,厚度定为 0 .01 cm .估计一下每只球需用铜多少克(g)(铜的密度是 8 .9 g/cm^3)?

解:已知球体积 $V=\frac{4}{3}\pi R^3$,$R_0=1$ cm,$\Delta R=0.01$ cm,

镀层的体积为

$$\begin{aligned}\Delta V&=V(R_0+\Delta R)-V(R_0)\approx V'(R_0)\cdot\Delta R=4\pi R_0{}^2\cdot\Delta R\\&\approx 4\times 3.14\times 1^2\cdot 0.01\\&\approx 0.13(\text{cm}^3)\end{aligned}$$

于是镀每只球需用的铜约为:0 .13 ×8 .9≈1 .16(g).

下面列出常用的近似计算公式(假定 $|x|$ 是较小的数值):

(1) $\sqrt[n]{1+x}\approx 1+\frac{1}{n}x$;　　(2) $\sin x\approx x$;

(3) $\tan x\approx x$;　　(4) $e^x\approx 1+x$;

(5) $\ln(1+x)\approx x$.

【例 2-5-7】 计算下列各数的近似值

(1) $\sqrt[3]{985}$;　　(2) $e^{-0.03}$.

解:(1) $\sqrt[3]{985}=\sqrt[3]{1\,000-15}=\sqrt[3]{1\,000\left(1-\frac{15}{1\,000}\right)}=10\cdot\sqrt[3]{1-\frac{15}{1\,000}}$

$$\approx 10\cdot\left(1-\frac{1}{3}\cdot\frac{15}{1\,000}\right)$$

$=9.995$

(2) $e^{-0.03}\approx 1-0.03=0.97$

习题 2.5

1. 设 $y=x^2-2x$ 在 $x_0=2$ 处 $\Delta x=0.01$,求 $\Delta y, dy$.

2. 求下列函数的微分

(1) $y=2\sqrt{x}-\frac{1}{x}$;

(2) $y=x\cdot\cos 2x$;

(3) $y=x^2e^{-x}$;

(4) $y=\tan^2(1+2x^2)$.

3. 将适当的函数填入下面的括号内,使等式成立

(1) $d(e^{-3x})=(\qquad)dx$;

(2) $d(\arctan x^2)=(\qquad)dx$;

(3) $d\left(\frac{3x-2}{3x+2}\right)=(\qquad)dx$;

(4) $d(\qquad)=\frac{1}{\sqrt{x}}dx$;

(5) $d(\qquad)=\frac{1}{1+x}dx$;

(6) $d(\qquad)=\frac{1}{\sqrt{1-x^2}}dx$.

4. 利用微分计算下列各式的近似值(计算到小数点后4位)

(1) $\sqrt[3]{1.02}$;(2) $\ln 0.98$;(3) $\sin 29°30'$;(4) $\arctan 0.95$.

5. 设扇形的圆心角 $\alpha=60°$,半径 $R=100$ cm,如果 R 不变,α 减少 $30'$,问扇形的面积大约改变了多少?又如果 α 不变,R 增加了1 cm,问扇形的面积大约改变了多少?

第2章综合练习题

1. 选择题

(1) 函数 $y=f(x)$ 在 x_0 处连续是它在 x_0 处可导的(　　).

(A) 充分条件　　(B) 充分必要条件

(C) 必要条件　　(D) 既非充分也非必要条件

(2) 函数 $y=f(x)$ 在 x_0 处的导数 $f'(x_0)$ 的几何意义就是曲线 $y=f(x)$(　　).

(A) 在 x_0 处的切线的斜率

(B) 在点 $(x_0,f(x_0))$ 处切线的斜率

(C) 在点 $(x_0,f(x_0))$ 处的切线与 x 轴所夹锐角的正切

(D) 在 x_0 处的切线的倾斜角

(3) 函数 $y=|\sin x|$ 在 $x=0$ 处(　　).

(A) 连续又可导　　(B) 不连续不可导

(C) 不连续但可导　　(D) 连续但不可导

(4) 设 $y=(1+x)^{\frac{1}{x}}$,则 $y'(1)=$(　　).

(A) 2　　(B) e　　(C) $\frac{1}{2}-\ln 2$　　(D) $1-\ln 4$

(5) 设 $y=f(\sin x)$,则 $\mathrm{d}y=$(　　).

(A) $f'(\sin x)\sin x\mathrm{d}x$　　(B) $f'(\sin x)\mathrm{d}x$

(C) $f'(\sin x)\cos x\mathrm{d}x$　　(D) $f(\sin x)\sin x\mathrm{d}x$

2. 求下列函数的导数

(1) $y=x\sin x+\cos x$;　　(2) $y=\arctan\frac{1+x}{1-x}$;

(3) $y=\frac{1}{2}[x+\ln(\sin x+\cos x)]$;　　(4) $y=x^{\frac{1}{x}}(x>0)$.

3. 求下列函数的二阶导数

(1) $y=2x^2+\ln x$;　　(2) $y=\mathrm{e}^{2x-1}$;

(3) $y=(1+x^2)\arctan x$;　　(4) $y=\frac{\mathrm{e}^x}{x}$.

4. 求由下列参数方程所确定的函数的一阶导数 $\frac{\mathrm{d}y}{\mathrm{d}x}$ 及 $\frac{\mathrm{d}^2y}{\mathrm{d}x^2}$

(1) $\begin{cases}x=t\mathrm{e}^{-t}\\y=\mathrm{e}^t\end{cases}$;　　(2) $\begin{cases}x=\ln\sqrt{1+t^2}\\y=\arctan t\end{cases}$.

5. 解答题

(1) 设 $y=x^2\ln x^2$,求 $\mathrm{d}y\Big|_{x=1}$.

(2) 试确定 a,b 的值,使函数 $f(x)=\begin{cases}\cos x, x\leqslant 1\\ax+b, x>1\end{cases}$ 在 $x=1$ 处可导.

(3) 求椭圆 $\frac{x^2}{16}+\frac{y^2}{9}=1$ 在点 $\left(2,\frac{3}{2}\sqrt{3}\right)$ 处的切线方程和法线方程.

(4) 讨论函数 $f(x)=\begin{cases}\frac{\sqrt[3]{1+x}-1}{\sqrt{x}}, & x>0\\0, & x\leqslant 0\end{cases}$ 在 $x=0$ 处的连续性与可导性.

(5) 设 $f(x)=(x-a)\varphi(x)$,$\varphi(x)$ 在点 $x=a$ 处有连续一阶导数,求 $f'(a)$,$f''(a)$.

(6) 设 $y=\frac{1}{x^2-1}$,求 $y^{(n)}$.

第3章　微分中值定理与导数的应用

学习目标

理解罗尔中值定理和拉格朗日中值定理；
了解柯西中值定理；
会用洛必达法则求未定型极限；
了解函数的泰勒公式；
理解函数极值和最值的概念，会用导数判断函数的单调性，掌握求极值的方法；
会求简单函数的最值；
理解曲线的凹凸区间和拐点的概念，会用二阶导数求函数曲线的凹凸区间和拐点；
能够作出一些简单函数的图形.

在第2章，我们介绍了微积分学的二个基本概念——**导数与微分**，并给出了导数和微分的计算方法. 本章将以微分中值定理为基础，介绍利用导数来求未定型极限的方法——洛必达法则；介绍利用导数研究函数以及曲线的某些性态，如函数的单调性、曲线的凹凸性；介绍用导数求函数的极值和最值及导数在解决一些实际问题中的应用；最后给出了作出函数简图的步骤.

3.1　微分中值定理

一、罗尔定理

为了应用方便，先介绍**费马引理**.

费马引理设函数 $f(x)$ 在点 x_0 的某邻域 $U(x_0)$ 内有定义，并且在 x_0 处可导，如果对任意的 $x\in U(x_0)$，有

$$f(x)\leqslant f(x_0)\ (\text{或 } f(x)\geqslant f(x_0))$$

那么 $f'(x_0)=0$.

证明:不妨设 $x\in U(x_0)$时,$f(x)\leqslant f(x_0)$,(如果 $f(x)\geqslant f(x_0)$,可以类似的证明)于是,对于 $x_0+\Delta x\in U(x_0)$,有

$$f(x_0+\Delta x)\leqslant f(x_0)$$

从而当 $\Delta x>0$ 时,

$$\frac{f(x_0+\Delta x)-f(x_0)}{\Delta x}\leqslant 0$$

当 $\Delta x<0$ 时,

$$\frac{f(x_0+\Delta x)-f(x_0)}{\Delta x}\geqslant 0$$

根据函数 $f(x)$在 x_0 可导的条件及极限的保号性,便得到

$$f'(x_0)=f'_+(x_0)=\lim_{\Delta x\to 0^+}\frac{f(x_0+\Delta x)-f(x_0)}{\Delta x}\leqslant 0$$

$$f'(x_0)=f'_-(x_0)=\lim_{\Delta x\to 0^-}\frac{f(x_0+\Delta x)-f(x_0)}{\Delta x}\geqslant 0$$

因此 $f'(x_0)=0$.

导数等于零的点通常称为函数的**驻点**.

定理 3-1-1(罗尔定理) 如果函数 $f(x)$满足

(1) 在闭区间$[a,b]$上连续;

(2) 在开区间(a,b)内可导;

(3) 在区间端点处的函数值相等,即 $f(a)=f(b)$,那么在(a,b)内至少存在一点 ξ $(a<\xi<b)$,使得 $f'(\xi)=0$.

证明:由于 $f(x)$在闭区间$[a,b]$上连续,根据闭区间上连续函数的最大值最小值定理,$f(x)$在闭区间$[a,b]$上必定取得它的最大值 M 和最小值 m. 这样,只有两种情形:

(1) $M=m$,这时 $f(x)$在区间$[a,b]$上必然取得相同的数值 M:$f(x)=M$ 由此,$\forall x\in(a,b)$,有 $f'(x)=0$. 因此,任取 $\xi\in(a,b)$,都有 $f'(\xi)=0$.

(2) $M>m$,因为 $f(a)=f(b)$,所以 M 和 m 至少有一个不等于 $f(x)$在区间$[a,b]$的端点处的函数值. 不妨设 $M\neq f(a)$(如果设 $m\neq f(a)$,证法完全类似),那么必定在开区间(a,b)内至少有一点 ξ 使 $f(\xi)=M$. 因此,$\forall x\in(a,b)$,有 $f(x)\leqslant f(\xi)$,从而由**费马引理**可知 $f'(\xi)=0$. 定理证毕.

罗尔定理的几何意义:在两端高度相同的连续曲线弧 $\overset{\frown}{AB}$上,除端点 A,B 外,若在$\overset{\frown}{AB}$上每一点都可作不垂直于 x 轴的切线,则至少有一条切线平行于 x 轴,切线坐标为$(\xi,f(\xi))$,如图 3-1-1 中有两条切线平行于 x 轴.

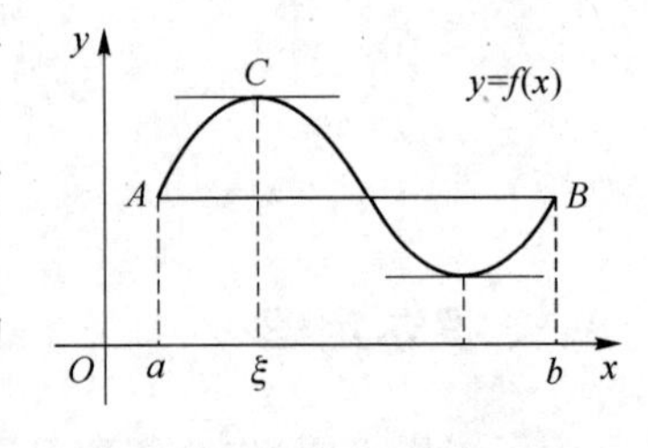

图 3-1-1

注意:罗尔定理中的三个条件有一个不满足,则定理的结论有可能不成立.

【例 3-1-1】 验证函数 $f(x)=x\sqrt{3-x}$在$[0,3]$上是否满足罗尔定理的条件?若满足,请求出定理结论中 ξ 的值.

解:因为 $f(x)=x\sqrt{3-x}$是初等函数,定义域为$(-\infty,3]$,故 $f(x)$在区间$[0,3]$上连续,

又 $$f'(x)=\sqrt{3-x}+\frac{-x}{2\sqrt{3-x}}=\frac{6-2x-x}{2\sqrt{3-x}}=\frac{6-3x}{2\sqrt{3-x}}$$

在(0,3)内存在，且 $f(0)=0=f(3)$. 所以函数 $f(x)$满足罗尔定理的条件.

令 $f'(x)=0$ ，即

$$\frac{6-3x}{2\sqrt{3-x}}=0$$

解得 $x=0$，即 $f'(2)=0$. 所以在(0,3)内，使得 $f'(\xi)=0$ 的 $\xi=2$.

【例 3-1-2】 不求函数 $f(x)=(x-1)(x-2)(x-3)$的导数，说明方程 $f'(x)=0$ 至少有几个实根，并指出它们所在的区间.

解： 因为 $f(x)=(x-1)(x-2)(x-3)$是初等函数，其定义域为$(-\infty,+\infty)$，所以此函数连续且可导，又

$$f(1)=f(2)=f(3)=0$$

因此，函数 $f(x)$在闭区间$[1,2]$上连续，在开区间$(1,2)$内可导，$f(1)=f(2)$，即 $f(x)$在闭区间$[1,2]$上满足罗尔定理的三个条件，则至少存在 $\xi_1\in(1,2)$，使得 $f'(\xi_1)=0$. 同样，$f(x)$在闭区间$[2,3]$上也满足罗尔定理的三个条件，则至少也存在 $\xi_2\in(2,3)$，使得 $f'(\xi_2)=0$. 所以方程 $f'(x)=0$ 至少有两个实根，分别在区间$(1,2)$和$(2,3)$内.

注：因为 $f(x)=(x-1)(x-2)(x-3)$是 3 次多项式，故 $f'(x)$是 2 次多项式，因此方程 $f'(x)=0$ 最多有 2 个根.

【例 3-1-3】 设函数 $y=f(x)$在$[0,1]$连续，在$(0,1)$内可导，且 $f(1)=0$. 证明在$(0,1)$内至少存在一点 ξ，使得 $\xi f'(\xi)+f(\xi)=0$.

证明：注意到所要证明的结论等价于

$$\xi f'(\xi)+f(\xi)=[xf(x)]'\Big|_{x=\xi}=0$$

所以只要证明 $F(x)=xf(x)$在$[0,1]$上满足罗尔定理条件即可.

由于 $F(x)=xf(x)$在$[0,1]$连续，在$(0,1)$内可导，且 $F(0)=0$，$F(1)=f(1)=0$，根据罗尔定理，至少存在一点 $\xi\in(0,1)$，使 $F'(\xi)=0$. 又

$$F'(x)=xf'(x)+f(x)$$

故有

$$\xi f'(\xi)+f(\xi)=0$$

这个例题的证明使用了“根据待证结论，构造辅助函数”的方法，这对许多证明题都是一种很有效的方法.

二、拉格朗日中值定理

罗尔定理中的第三个条件“$f(a)=f(b)$”过于特殊，它使罗尔定理的应用受到限制. 如果删去罗尔定理的这个条件，并改变相应的结论，那么就得到一个更一般的定理.

定理 3-1-2(拉格朗日中值定理) 如果函数满足

(1) 在闭区间$[a,b]$上连续；

(2) 在开区间(a,b)内可导；

那么在(a,b)内至少存在一点 $\xi(a<\xi<b)$，使得等式

$$f(b)-f(a)=f'(\xi)(b-a) \tag{3-1}$$

成立.

证明:作辅助函数 $F(x)$,令

$$F(x)=f(x)-f(a)-\frac{f(b)-f(a)}{b-a}(x-a)$$

则容易验证函数 $F(x)$满足罗尔定理的三个条件:$F(x)$在闭区间$[a,b]$上连续;$F(x)$在开区间(a,b)内可导,且有 $F(a)=F(b)=0$. 于是,由罗尔定理可知,在内至少存在一点 ξ,使得 $F'(\xi)=0$,即

$$f'(\xi)-\frac{f(b)-f(a)}{b-a}=0$$

由此得
$$\frac{f(b)-f(a)}{b-a}=f'(\xi)$$

即
$$f(b)-f(a)=f'(\xi)(b-a)$$

定理证毕.

拉格朗日中值定理的几何意义:如果连续曲线弧$\overset{\frown}{AB}$上每一点都有不垂直于 x 轴的切线,则至少有一条切线平行于弦 AB. 如图 3-1-2 中就有两条切线平行于弦 AB.

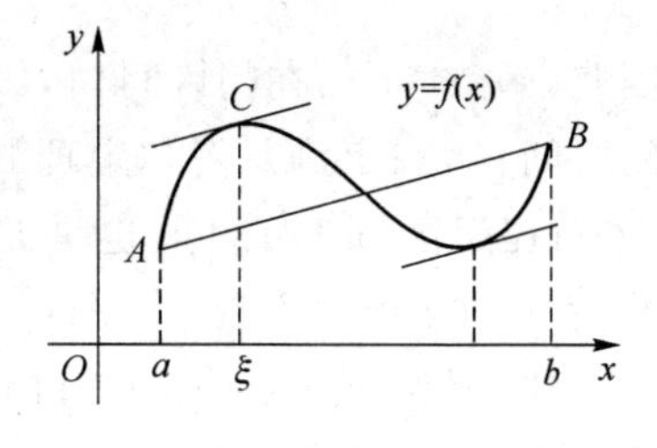

图 3-1-2

注:在拉格朗日中值定理中,$f(b)=f(a)$时的结论就是罗尔中值定理的结论;拉格朗日中值定理通常称为微分中值定理,式(3-1)称为拉格朗日中值公式.

式(3-1)常改写成以下等价形式:

$$f(x+\Delta x)-f(x)=f'(x+\theta\Delta x)\Delta x\,(0<\theta<1)$$
$$\Delta y=f'(x+\theta\Delta x)\Delta x\,(0<\theta<1)$$

由拉格朗日中值定理可以得到下列两个推论:

推论 1 如果函数 $f(x)$在区间 I 内可导,且 $f'(x)\equiv0$,则 $f(x)$在该区间内是一个常数.

证明:在 I 内任取两点 $x_1,x_2\,(x_1<x_2)$,由拉格朗日中值定理知,在(x_1,x_2)内至少存在一点 ξ,使得等式

$$f(x_2)-f(x_1)=f'(\xi)(x_2-x_1)$$

成立 .

由假定,$f'(\xi)=0$,所以 $f(x_2)-f(x_1)=0$,即 $f(x_2)=f(x_1)$ 因为 x_1,x_2 是 I 内任意两点,这表明在区间 I 内任意两点处函数值取值相等. 因此 $f(x)$在该区间内是一个常数.

推论 2 如果函数 $f(x)$和 $g(x)$在区间 I 内可导,且它们的导数处处相等,即 $f'(x)=g'(x)$,则 $f(x)$和 $g(x)$在区间 I 内只相差一个常数,即

$$f(x)=g(x)+c$$

证明:作辅助函数 $F(x)=f(x)-g(x)$,因为在区间 I 有

$$F'(x)=f'(x)-g'(x)\equiv0$$

由推论 1,在区间 I 有 $F(x)=c$,即

$$f(x)=g(x)+c$$

证毕 .

【例 3-1-4】 设 $a>0$，证明$\frac{a}{1+a}<\ln(1+a)<a$.

证明：设函数 $f(x)=\ln(1+x)$，则对任何的 $x>0$，在区间 $[0,a]$ 上满足拉格朗日中值定理的条件，因此，在 $(0,a)$ 内至少存在一点 ξ，使得

$$f(a)-f(0)=f'(\xi)(a-0)$$

又因为

$$f'(\xi)=\frac{1}{1+\xi}$$

结合上述两式及 $f(0)=0$，可得

$$\ln(1+a)=\frac{a}{1+\xi},\ \xi\in(0,a)$$

显然，
$$\frac{1}{1+a}<\frac{1}{1+\xi}<1,\ \xi\in(0,a)$$

于是有：
$$\text{对任意 } a>0,\ \frac{a}{1+a}<\ln(1+x)=\frac{a}{1+\xi}<a$$

证毕．

三、柯西中值定理

拉格朗日中值定理又可进一步推广为下述定理：

定理 3-1-3(柯西中值定理)　如果函数 $f(x)$ 和 $g(x)$ 满足

(1) 在闭区间 $[a,b]$ 上连续；

(2) 在开区间 (a,b) 内可导；

(3) 对任一 $x\in(a,b)$，$g'(x)\neq 0$，

则在 (a,b) 内至少存在一点 $\xi(a<\xi<b)$，使得等式

$$\frac{f(b)-f(a)}{g(b)-g(a)}=\frac{f'(\xi)}{g'(\xi)} \tag{3-2}$$

成立.

证明：构造辅助函数

$$F(x)=f(x)-f(a)-\frac{f(b)-f(a)}{g(b)-g(a)}[g(x)-g(a)]$$

容易验证函数 $F(x)$ 满足罗尔定理的三个条件：$F(x)$ 在闭区间 $[a,b]$ 上连续；$F(x)$ 在开区间 (a,b) 内可导，且有 $F(a)=F(b)=0$. 于是，由罗尔定理可知，在 (a,b) 内至少存在一点 ξ，使得 $F'(\xi)=0$，即

$$f'(\xi)-\frac{f(b)-f(a)}{g(b)-g(a)}g'(\xi)=0$$

等价于

$$\frac{f(b)-f(a)}{g(b)-g(a)}=\frac{f'(\xi)}{g'(\xi)}$$

定理证毕.

注：当 $g(x)=x$ 时，柯西定理即为拉格朗日中值定理，所以拉格朗日中值定理是柯西定理的特例.

柯西中值公式(3-2)与拉格朗日中值公式有同样的几何解释.考虑参变量方程

$$\begin{cases} x=g(t) \\ y=f(t) \end{cases} \quad (a\leqslant t\leqslant b)$$

所给出的曲线(见图 3-1-3),显然曲线上对应 $t=a$ 及 $t=b$ 的两点 A 和 B 连接成的弦的斜率是$\dfrac{f(b)-f(a)}{g(b)-g(a)}$,另外由于$\dfrac{dy}{dx}=\dfrac{f'(t)}{g'(t)}$,可见$\dfrac{f'(\xi)}{g'(\xi)}$不过是曲线上对应 $t=c$ 的点 C 处的切线斜率.由此可知,柯西中值定理也是说有切线与两端点所成的弦平行.

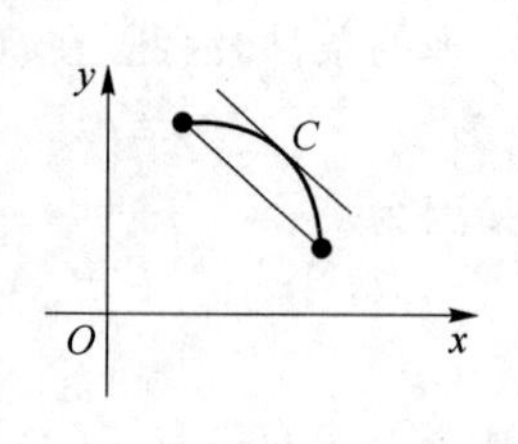

图 3-1-3

拉格朗日中值定理又称为微分中值定理,柯西中值定理又称为**广义中值定理**.

习题 3.1

1. 下列函数在区间$[-2,2]$上满足罗尔中值定理条件的是(　　).

(A) $f(x)=|x|$　　(B) $f(x)=\ln x^2$　　(C) $f(x)=e^x$　　(D) $f(x)=x^2-8$

2. 试验证罗尔定理对函数 $f(x)=\sin x$ 在区间$[0,2\pi]$上的正确性,并找出相应的 ξ,使 $f'(\xi)=0$.

3. 试验证罗尔定理对函数 $y=\ln\cos x$ 在区间$\left[-\dfrac{\pi}{6},\dfrac{\pi}{6}\right]$上的正确性,并找出相应的 ξ,使 $f'(\xi)=0$.

4. 设 $f(x)=\sqrt{x}$,则 $f(x)$ 在区间$[0,9]$上满足拉格朗日中值定理$\dfrac{f(9)-f(0)}{9-0}=f'(\xi)$ 中的 $\xi=$(　　).

(A) $\dfrac{2}{3}$　　(B) $\dfrac{3}{2}$　　(C) $\dfrac{9}{4}$　　(D) $\dfrac{4}{9}$

5. 设函数 $f(x)$在$[0,1]$上连续,在$(0,1)$内可导,证明:至少存在一点 $\xi\in(0,1)$,使得 $f'(\xi)=2\xi[f(1)-f(0)]$.

6. 试验证拉格朗日中值定理对函数 $y=2x^3+x^2-1$ 在区间$[0,2]$上的正确性,并找出相应的 ξ,使 $f'(\xi)=\dfrac{f(2)-f(0)}{2-0}$.

7. 设 $a>b>0$,证明:

$$\frac{a-b}{a}<\ln\frac{a}{b}<\frac{a-b}{b}$$

8. 证明恒等式:$\arcsin x+\arccos x=\dfrac{\pi}{2}$, $(-1\leqslant x\leqslant 1)$.

9. 证明恒等式:$\arctan x+\operatorname{arccot} x=\dfrac{\pi}{2}$.

10. 证明方程 $x^5+x-1=0$ 只有一个正根.

3.2　洛必达法则

在求极限的过程中，常常遇到这样的情形，当 $x\to a$（或 $x\to\infty$）时，两个函数 $f(x)$ 和 $g(x)$ 都趋于零或都趋于无穷大，那么极限 $\lim\limits_{\substack{x\to a\\(x\to\infty)}}\dfrac{f(x)}{g(x)}$ 可能存在、也可能不存在. 通常把这种极限称作未定式，并分别简记为 $\dfrac{0}{0}$ 或 $\dfrac{\infty}{\infty}$. 例如求

$$\lim_{x\to 0}\frac{1-\cos x}{x^2}$$

当 $x\to 0$ 时，分子、分母同时趋于零，称为 $\dfrac{0}{0}$ 型未定式. 又如求

$$\lim_{x\to+\infty}\frac{x^2}{e^x}$$

当 $x\to+\infty$ 时，分子、分母同时趋于 $+\infty$，称为 $\dfrac{\infty}{\infty}$ 型未定式.

对于上述两种未定式，即使它存在也不能用"商的极限等于极限的商"这一法则. 下面我们将根据柯西中值定理来推出求这两种未定式的一种简便且重要的方法——洛必达法则.

一、$\dfrac{0}{0}$ 型未定式

定理 3-2-1　设函数 $f(x)$ 和 $g(x)$ 满足条件：

（1）$\lim\limits_{x\to x_0}f(x)=\lim\limits_{x\to x_0}g(x)=0$；

（2）在点 x_0 的某个去心邻域内可导，且 $g'(x)\neq 0$；

（3）$\lim\limits_{x\to x_0}\dfrac{f'(x)}{g'(x)}=A$（或 ∞）.

那么

$$\lim_{x\to x_0}\frac{f(x)}{g(x)}=\lim_{x\to x_0}\frac{f'(x)}{g'(x)}=A\text{（或}\infty\text{）}$$

证明：因为极限 $\lim\limits_{x\to x_0}\dfrac{f(x)}{g(x)}$ 是否存在与函数值 $f(x_0)$ 和 $g(x_0)$ 取值无关，故可以假定

$$f(x_0)=g(x_0)=0$$

那么 $f(x)$ 和 $g(x)$ 在点 x_0 的某一邻域内是连续的. 设 x 是这邻域内的一点，那么 $f(x)$ 和 $g(x)$ 在以 x 及 x_0 为端点的区间上满足柯西定理的条件，因此有

$$\frac{f(x)}{g(x)}=\frac{f(x)-f(x_0)}{g(x)-g(x_0)}=\frac{f'(\xi)}{g'(\xi)}\text{（}\xi\text{ 在 }x\text{ 与 }x_0\text{ 之间）}$$

对上式两端求极限，并注意到当 $x\to x_0$ 时，$\xi\to x_0$，可得

$$\lim_{x\to x_0}\frac{f(x)}{g(x)}=\lim_{x\to x_0}\frac{f'(x)}{g'(x)}=A\text{（或}\infty\text{）}$$

定理证毕.

公式表明,如果$\lim\limits_{x\to x_0}\frac{f(x)}{g(x)}$是$\frac{0}{0}$型未定式,而且$\lim\limits_{x\to x_0}\frac{f'(x)}{g'(x)}$存在或$\infty$,则两者相等,于是可以通过计算$\lim\limits_{x\to x_0}\frac{f'(x)}{g'(x)}$来求$\lim\limits_{x\to x_0}\frac{f(x)}{g(x)}$. 这种在一定条件下通过分子分母分别求导再求极限来确定未定式的方法称为**洛必达法则**.

注:(1) 如果$\frac{f'(x)}{g'(x)}$当$x\to x_0$时仍属$\frac{0}{0}$型未定式,且这时$f'(x)$、$g'(x)$能满足定理中$f(x)$、$g(x)$所要满足的条件,那么可以继续使用洛必达法则先确定$\lim\limits_{x\to x_0}\frac{f'(x)}{g'(x)}$,再确定$\lim\limits_{x\to x_0}\frac{f(x)}{g(x)}$,即

$$\lim_{x\to x_0}\frac{f(x)}{g(x)}=\lim_{x\to x_0}\frac{f'(x)}{g'(x)}=\lim_{x\to x_0}\frac{f''(x)}{g''(x)}$$

且可以依此类推.

(2) 如果$x\to\infty$时,$\frac{f(x)}{g(x)}$也是$\frac{0}{0}$型未定式时,可以通过变量替换$x=\frac{1}{t}$化为$t\to 0$的情况,仍可应用上述法则.

【例 3-2-1】 求$\lim\limits_{x\to 0}\frac{\sin ax}{\sin bx}(b\neq 0)$.

解:

$$\lim_{x\to 0}\frac{\sin ax}{\sin bx}=\lim_{x\to 0}\frac{a\cos ax}{b\cos bx}=\frac{a}{b}$$

【例 3-2-2】 求$\lim\limits_{x\to 1}\frac{x^3-3x+2}{x^3-x^2-x+1}$.

解:

$$\lim_{x\to 1}\frac{x^3-3x+2}{x^3-x^2-x+1}=\lim_{x\to 1}\frac{3x^2-3}{3x^2-2x-1}=\lim_{x\to 1}\frac{6x}{6x-2}=\frac{3}{2}$$

注意,上式中的$\lim\limits_{x\to 1}\frac{6x}{6x-2}$已不是未定式,对它应用洛必达法则$\lim\limits_{x\to 1}\frac{(6x)'}{(6x-2)'}=1$,明显不是要求极限的结果. 因此,使用洛必达法则时应经常注意这一点,如果不是未定式,就不能应用洛必达法则.

【例 3-2-3】 求$\lim\limits_{x\to 0}\frac{e^x-\cos x}{x\sin x}$.

解: $\lim\limits_{x\to 0}\frac{e^x-\cos x}{x\sin x}=\lim\limits_{x\to 0}\frac{e^x+\sin x}{\sin x+x\cos x}=\infty$.

对于$x\to x_0$时的$\frac{\infty}{\infty}$型未定式,也有相应的洛必达法则.

二、$\frac{\infty}{\infty}$型未定式

定理 3-2-2 设函数$f(x)$和$g(x)$满足条件:

(1) $\lim\limits_{x\to x_0}f(x)=\lim\limits_{x\to x_0}g(x)=\infty$;

(2) 在点x_0的某个去心邻域内可导,且$g'(x)\neq 0$;

(3) $\lim\limits_{x \to x_0} \dfrac{f'(x)}{g'(x)} = A$(或$\infty$).

那么

$$\lim_{x \to x_0} \frac{f(x)}{g(x)} = \lim_{x \to x_0} \frac{f'(x)}{g'(x)} = A(\text{或}\infty)$$

定理证明类似于定理 3-2-1,在此省略.

【例 3-2-4】 求 $\lim\limits_{x \to 0^+} \dfrac{\ln 2x}{\ln 3x}$.

解: 这是$\dfrac{\infty}{\infty}$型未定式. 由洛必达法则,得

$$\text{原式} = \lim_{x \to 0^+} \frac{\dfrac{1}{2x}(2x)'}{\dfrac{1}{3x}(3x)'} = \lim_{x \to 0^+} \frac{2}{2x} \cdot \frac{3x}{3} = 1$$

【例 3-2-5】 求 $\lim\limits_{x \to +\infty} \dfrac{\ln x}{x^n}$ $(n>0)$.

解: 这是$\dfrac{\infty}{\infty}$型未定式. 由洛必达法则,得

$$\text{原式} = \lim_{x \to +\infty} \frac{\dfrac{1}{x}}{nx^{n-1}} = \frac{1}{n} \lim_{x \to +\infty} \frac{1}{x^n} = 0$$

【例 3-2-6】 求 $\lim\limits_{x \to +\infty} \dfrac{x^n}{e^x}$ (n 为正整数).

解: 这是$\dfrac{\infty}{\infty}$型未定式. 相继应用洛必达法则 n 次,得

$$\text{原式} = \lim_{x \to +\infty} \frac{x^n}{e^x} = \lim_{x \to +\infty} \frac{nx^{n-1}}{e^x} = \cdots = \lim_{x \to +\infty} \frac{n!}{e^x} = 0$$

事实上,如果例 3-2-6 中的 n 不是正整数,而是任何正数,那么极限仍为零.

对数函数 $\ln x$、幂函数 x^n $(n>0)$、指数函数 e^x 均为当 $x \to +\infty$时的无穷大,但从例 3-2-5、例 3-2-6 可以看出,这三个函数增大的"速度"是不一样的,幂函数增大的"速度"比对数函数快得多,而指数函数增大的"速度"又比幂函数快得多.

三、其他类型的未定式

除了$\dfrac{0}{0}$与$\dfrac{\infty}{\infty}$型未定式外,还有 $0 \cdot \infty$, $\infty - \infty$, 1^∞, 0^0, ∞^0 等类型的未定式. 它们经过适当的变形,可转化为$\dfrac{0}{0}$或$\dfrac{\infty}{\infty}$型未定式,再利用洛必达法则或其他方法求解. 下面通过例题说明求解方法.

(1) 对于 $0 \cdot \infty$型未定式,通常利用 $uv = \dfrac{u}{v^{-1}}$ 或 $uv = \dfrac{v}{u^{-1}}$ 将其转化成$\dfrac{0}{0}$或$\dfrac{\infty}{\infty}$型未定式.

【例 3-2-7】 求 $\lim\limits_{x \to 0^+} x\ln x$.

解: 这是 $0 \cdot \infty$型未定式,可转化为$\dfrac{\infty}{\infty}$型未定式:

$$\lim_{x\to0^+}x\ln x=\lim_{x\to0^+}\frac{\ln x}{x^{-1}}=\lim_{x\to0^+}\frac{\frac{1}{x}}{-x^{-2}}=\lim_{x\to0^+}(-x)=0$$

(2) 对于$\infty-\infty$型未定式,通常利用 $u-v=1/u^{-1}-1/v^{-1}$,再通分将其转化成$\frac{0}{0}$型未定式.

【例 3-2-8】 求$\lim\limits_{x\to0}\left(\frac{1}{\ln(x+1)}-\frac{1}{x}\right)$.

解:这是$\infty-\infty$型未定式,通分后可转化为$\frac{0}{0}$未定式:

$$\lim_{x\to0}\left(\frac{1}{\ln(x+1)}-\frac{1}{x}\right)=\lim_{x\to0}\frac{x-\ln(x+1)}{x\ln(x+1)}=\lim_{x\to0}\frac{1-\frac{1}{x+1}}{\ln(x+1)+\frac{x}{x+1}}$$

$$=\lim_{x\to0}\frac{x}{(1+x)\ln(1+x)+x}\left(\frac{0}{0}\right)$$

$$=\lim_{x\to0}\frac{1}{\ln(1+x)+2}=\frac{1}{2}$$

(3) 对于 $1^\infty,0^0,\infty^0$等类型的未定式,通常利用 $u^v=e^{v\ln u}$,将其转化成 $0\cdot\infty$型未定式,然后再转化为$\frac{0}{0}$或$\frac{\infty}{\infty}$型未定式.

【例 3-2-9】 求 $\lim\limits_{x\to0^+}x^x$.

解:这是 0^0 型未定式,利用恒等式 $x^x=e^{x\ln x}$,及例 3-2-7 的结果,得

$$\lim_{x\to0^+}x^x=\lim_{x\to0^+}e^{x\ln x}=e^{\lim\limits_{x\to0^+}x\ln x}=e^0=1$$

【例 3-2-10】 求$\lim\limits_{x\to1}x^{\frac{1}{1-x}}$.

解:这是 1^∞ 型未定式,利用恒等式 $x^{\frac{1}{1-x}}=e^{\frac{1}{1-x}\ln x}$,得

$$\lim_{x\to1}x^{\frac{1}{1-x}}=\lim_{x\to1}e^{\frac{1}{1-x}\ln x}=e^{\lim\limits_{x\to1}\frac{\ln x}{1-x}}=e^{-\lim\limits_{x\to1}\frac{1}{x}}=e^{-1}$$

【例 3-2-11】 求 $\lim\limits_{x\to0^+}(\cot x)^{\frac{1}{\ln x}}$.

解:这是∞^0型未定式,利用恒等式$(\cot x)^{\frac{1}{\ln x}}=e^{\frac{1}{\ln x}\cdot\ln(\cot x)}$,得

$$\lim_{x\to0^+}(\cot x)^{\frac{1}{\ln x}}=\lim_{x\to0^+}e^{\frac{1}{\ln x}\cdot\ln(\cot x)}=e^{\lim\limits_{x\to0^+}\frac{\ln(\cot x)}{\ln x}}=e^{\lim\limits_{x\to0^+}\frac{-x}{\cos x\cdot\sin x}}=e^{-1}$$

在使用洛必达法则时,最好能与其他求极限的方法结合使用,例如式中含有极限不为零的因子时,可先求出该因子的极限式,也可应用等价无穷小代换极限式,还可以在求极限过程中结合初等变形或应用重要极限等方法,使运算变得简单快捷.

【例 3-2-12】 求$\lim\limits_{x\to0}\frac{\tan x-x}{x^2\tan x}$.

解:这是$\frac{0}{0}$型未定式,如果直接用洛必达法则,那么分母的导数较繁,如果作一个等价无穷小代换,那么运算就简单多了.

由于 $x\to0$ 时,$\tan x\sim x$,所以

$$\lim_{x\to 0}\frac{\tan x-x}{x^2\tan x}=\lim_{x\to 0}\frac{\tan x-x}{x^3}=\lim_{x\to 0}\frac{\sec^2 x-1}{3x^2}=\lim_{x\to 0}\frac{\tan^2 x}{3x^2}=\lim_{x\to 0}\frac{x^2}{3x^2}=\frac{1}{3}$$

从以上例子看到,洛必达法则对于求各种未定式极限的确是一个非常有效的工具,但值得注意的是,当极限 $\lim\frac{f'(x)}{g'(x)}$不存在且不为∞时,则不能使用洛必达法则. 请看下面例题:

【例 3-2-13】 求$\lim\limits_{x\to\infty}\frac{x+\cos x}{x}$.

解:此题是$\frac{\infty}{\infty}$型未定式,由于极限

$$\lim_{x\to\infty}\frac{(x+\cos x)'}{(x)'}=\lim_{x\to\infty}(1-\sin x)$$

不存在,也不为∞,故不能用洛必达法则. 注意到 $x\to\infty$时,$\frac{1}{x}\to 0$,且 $\sin x$ 和 $\cos x$ 是有界变量,于是

$$\lim_{x\to\infty}\frac{x+\cos x}{x}=\lim_{x\to\infty}\left(1+\frac{\cos x}{x}\right)=1$$

此例说明,$\lim\frac{f'(x)}{g'(x)}$的存在并非是 $\lim\frac{f(x)}{g(x)}$存在的必要条件,因此,当 $\lim\frac{f'(x)}{g'(x)}$不存在(不能用洛必达法则)时,我们还得用第 1 章介绍方法求极限:$\lim\frac{f(x)}{g(x)}$.

习题 3.2

1. 用洛必达法则求下列极限

(1) $\lim\limits_{x\to 0}\frac{\sin^2 x}{x^2}$;　　(2) $\lim\limits_{x\to 0}\frac{e^x-e^{-x}}{x}$;

(3) $\lim\limits_{x\to 0}x\cot 3x$;　　(4) $\lim\limits_{x\to 0}\frac{e^x-e^{\sin x}}{x-\sin x}$;

(5) $\lim\limits_{x\to a}\frac{\sin x-\sin a}{x-a}$;　　(6) $\lim\limits_{x\to\pi}\frac{\sin 3x}{\tan 5x}$;

(7) $\lim\limits_{x\to 0}\frac{\sin x-x\cos x}{x\sin^2 x}$;　　(8) $\lim\limits_{x\to 0^+}(\sin x)^x$;

(9) $\lim\limits_{x\to 0}\left(\frac{x+1}{x}-\frac{1}{\ln(1+x)}\right)$;　　(10) $\lim\limits_{x\to 1}\left(\frac{x}{x-1}-\frac{1}{\ln x}\right)$;

(11) $\lim\limits_{x\to 0}\left(\frac{1}{\sin x}-\frac{1}{x}\right)$;　　(12) $\lim\limits_{x\to 0}\frac{\tan x-x}{x^2\sin x}$;

(13) $\lim\limits_{x\to +\infty}\frac{x\ln x}{x^2+\ln x}$;　　(14) $\lim\limits_{x\to 0^+}\frac{\ln(\sin 3x)}{\ln(\sin 2x)}$.

2. 验证极限$\lim\limits_{x\to 0}\frac{x^2\sin\frac{1}{x}}{e^x-1}$存在,但不能用洛必达法则得出.

3.3 泰勒公式

对于一些比较复杂的函数,为了便于研究和计算,往往希望用一些简单的函数来逼近.由于多项式函数简单、任意阶可导且易求出其函数值,因此,我们经常用多项式来逼近给定函数.

在微分的应用中已经知道,当$|x|$很小时,有如下的近似等式:

$$e^x \approx 1+x,\quad \ln(1+x)\approx x$$

这些都是用一次多项式来近似表达函数的例子.但是这种近似表达式存在着不足之处:(1) 精确度不高,误差仅是关于x的高阶无穷小;(2) 不能具体估算出误差大小.

因此,对于精确度要求较高且需要估计误差的时候,就必须用高次多项式来逼近给定函数,同时给出误差公式.

于是提出如下问题:设函数$f(x)$在$(x_0-\delta,x_0+\delta)$内具有直到$(n+1)$阶导数,能否找出一个关于$x-x_0$的n次多项式

$$p_n(x)=a_0+a_1(x-x_0)+a_2(x-x_0)^2+\cdots+a_n(x-x_0)^n \tag{3-3}$$

来近似表达$f(x)$,要求$p_n(x)$与$f(x)$之差是比$(x-x_0)^n$的高阶无穷小,并给出误差$|f(x)-p_n(x)|$的具体表达式.

问题的讨论:假设$p_n(x)$在x_0处的函数值及它直到n阶导数在x_0处的值依次与$f(x_0),f'(x_0),\cdots,f^{(n)}(x_0)$相等,即满足

$$p_n(x_0)=f(x_0),\cdots p_n'(x_0)=f'(x_0)$$

$$p_n''(x_0)=f''(x_0),\cdots,p_n^{(n)}(x_0)=f^{(n)}(x_0)$$

根据以上式子来确定多项式(3-3)的系数$a_0,a_1,\cdots,a_n$.为此,对式(3-3)求各阶导数,然后分别代入以上等式,可得

$$a_0=f(x_0),a_1=f'(x_0),a_2=\frac{1}{2!}f''(x_0),\cdots,a_n=\frac{1}{n!}f^{(n)}(x_0)$$

将求得的系数$a_0,a_1,\cdots,a_n$代入式(3-3),有

$$p_n(x)=f(x_0)+f'(x_0)(x-x_0)+\frac{1}{2!}f''(x_0)(x-x_0)^2+\cdots+\frac{1}{n!}f^{(n)}(x_0)(x-x_0)^n \tag{3-4}$$

下面的定理表明,多项式(3-4)就是所要找的n次多项式.

定理 3-3-1(泰勒定理) 如果函数$f(x)$在$(x_0-\delta,x_0+\delta)$内具有直到$n+1$阶导数,则对任意的$x\in(x_0-\delta,x_0+\delta)$,有

$$f(x)=f(x_0)+f'(x_0)(x-x_0)+\frac{f''(x_0)}{2!}(x-x_0)^2+\cdots+\frac{f^{(n)}(x_0)}{n!}(x-x_0)^n+R_n(x) \tag{3-5}$$

其中

$$R_n(x)=\frac{f^{(n+1)}(\xi)}{(n+1)!}(x-x_0)^{n+1}$$

这里 ξ 是介于 x_0 与 x 之间的某个值.

证明(略).

多项式(3-4)称为函数 $f(x)$ 按 $x-x_0$ 的幂展开的 n 次泰勒多项式,公式(3-5)称为 $f(x)$ 按 $x-x_0$ 的幂展开的带有拉格朗日型余项的 n 阶泰勒公式,而定理中 $R_n(x)$ 的表达式称为拉格朗日型余项.

由泰勒中值定理可知,以多项式 $p_n(x)$ 近似表达函数 $f(x)$ 时,其误差为 $|R_n(x)|$. 如果对于某个固定的 n,当 $x\in(x_0-\delta,x_0+\delta)$ 时,$|f^{(n+1)}(x)|\leqslant M$,则有

$$|R_n(x)|=\left|\frac{f^{(n+1)}(\xi)}{(n+1)!}(x-x_0)^{n+1}\right|\leqslant\frac{M}{(n+1)!}|x-x_0|^{n+1}$$

及

$$\lim_{x\to x_0}\frac{R_n(x)}{(x-x_0)^n}=0$$

由上式可见,当 $x\to x_0$ 时,误差 $|R_n(x)|$ 是比 $(x-x_0)^n$ 高阶的无穷小,即

$$R_n(x)=o[(x-x_0)^n] \tag{3-6}$$

因此,在不需要余项的精确表达式时,n 阶泰勒公式也可写成

$$f(x)=f(x_0)+f'(x_0)(x-x_0)+\cdots+\frac{f^{(n)}(x_0)}{n!}(x-x_0)^n+o[(x-x_0)^n] \tag{3-7}$$

$R_n(x)$ 的表达式(3-6)称为皮亚诺型余项,公式(3-7)称为 $f(x)$ 按 $x-x_0$ 的幂展开的带有皮亚诺型余项的 n 阶泰勒公式.

在泰勒公式(3-5)中,如果取 $x_0=0$,则 ξ 在 0 与 x 之间. 因此可令 $\xi=\theta x\ (0<\theta<1)$,从而泰勒公式变成较简单的形式,即带有拉格朗日型余项的**麦克劳林公式**

$$f(x)=f(0)+f'(0)x+\frac{f''(0)}{2!}x^2+\cdots+\frac{f^{(n)}(0)}{n!}x^n+\frac{f^{(n+1)}(\theta x)}{(n+1)!}x^{n+1}\quad(0<\theta<1)$$

同样,在泰勒公式(3-7)中,如果 $x_0=0$,则有带有**皮亚诺**型余项的麦克劳林公式

$$f(x)=f(0)+f'(0)x+\frac{f''(0)}{2!}x^2+\cdots+\frac{f^{(n)}(0)}{n!}x^n+o(x^n)$$

【例 3-3-1】 求函数 $f(x)=\mathrm{e}^x$ 的带有拉格朗日型余项的 n 阶麦克劳林公式.

解:因为

$$f(x)=f'(x)=f''(x)=\cdots=f^{(n)}(x)=\mathrm{e}^x$$

所以

$$f(0)=f'(0)=f''(0)=\cdots=f^{(n)}(0)=1$$

因此

$$\mathrm{e}^x=1+x+\frac{x^2}{2!}+\cdots+\frac{x^n}{n!}+\frac{\mathrm{e}^{\theta x}}{(n+1)!}x^{n+1}\quad(0<\theta<1)$$

【例 3-3-2】 求函数 $f(x)=\ln(1+x)$ 的带有拉格朗日型余项的 n 阶麦克劳林公式.

解:因为

$$f'(x)=\frac{1}{1+x},f''(x)=-\frac{1}{(1+x)^2},f'''(x)=\frac{2\times1}{(1+x)^3}$$

$$f^{(4)}(x)=-\frac{3\times2\times1}{(1+x)^4},\cdots,f^{(n)}(x)=(-1)^{n-1}\frac{(n-1)!}{(1+x)^n}$$

所以

$$f(0)=0, f'(0)=1, f''(0)=-1, \cdots, f^{(n)}(0)=(-1)^{n-1}(n-1)!$$

因此

$$\ln(1+x)=x-\frac{x^2}{2}+\frac{x^3}{3}-\cdots+(-1)^{n-1}\frac{x^n}{n}+\frac{(-1)^n x^{n+1}}{(n+1)(1+\theta x)^{n+1}} \quad (0<\theta<1)$$

【例 3-3-3】 利用带有皮亚诺型余项的麦克劳林公式,求极限$\lim\limits_{x\to 0}\frac{x-\ln(1+x)}{\sin^2 x}$.

解:因为分式的分母$\sin^2 x \sim x^2\ (x\to 0)$,我们只需把分子中的$\ln(1+x)$用带有皮亚诺型余项的二阶麦克劳林公式表示,即

$$\ln(1+x)=x-\frac{x^2}{2}+o(x^2)$$

于是

$$x-\ln(1+x)=\frac{x^2}{2}+o(x^2)$$

所以

$$\lim_{x\to 0}\frac{x-\ln(1+x)}{\sin^2 x}=\lim_{x\to 0}\frac{\frac{x^2}{2}+o(x^2)}{x^2}=\frac{1}{2}$$

习题 3.3

1. 按$(x-4)$的幂展开多项式$f(x)=x^4-5x^3+x^2-3x+4$.
2. 求函数$f(x)=x\ln(1+x)$的带有佩亚诺型余项的n阶麦克劳林公式.
3. 求函数$f(x)=\frac{1}{x}$按$1+x$的幂展开的带有拉格朗日型余项的n阶泰勒公式.
4. 利用带有佩亚诺型余项的麦克劳林公式,求极限$\lim\limits_{x\to 0}\frac{\sin x-x\cos x}{x^3}$.
5. 利用泰勒公式求下列极限

(1) $\lim\limits_{x\to 0}\frac{e^x\sin x-x(x+1)}{x^2\sin x}$;　(2) $\lim\limits_{x\to 0}\frac{\cos x\ln(1+x)-x}{x^2}$;

(3) $\lim\limits_{x\to 0}\frac{1+\frac{1}{2}x^2-\sqrt{1+x^2}}{(\cos x-e^{x^2})\sin x^2}$;　(4) $\lim\limits_{x\to 0}\frac{\cos x-e^{-\frac{x^2}{2}}}{x^2[x+\ln(1-x)]}$.

6. 应用三阶泰勒公式求下列各数的近似值,并估计误差

(1) $\sqrt[3]{30}$;　(2) $\ln 1.2$.

3.4 函数性态的研究

有了微分中值定理,就可以利用导数来研究函数及其图形的性态. 本节主要讨论函数的单调性、曲线的凹凸性 .

一、函数的单调性

第 1 章已经介绍了函数在区间上单调的概念. 但是,直接用定义判别函数的单调性,通常是比较困难的,下面将介绍利用一阶导数判别函数单调性的方法,这种方法更简便有效.

从图 3-4-1 可以看出,函数 $y=f(x)$ 的单调增减性在几何上表现为曲线沿 x 轴正向上升或下降.

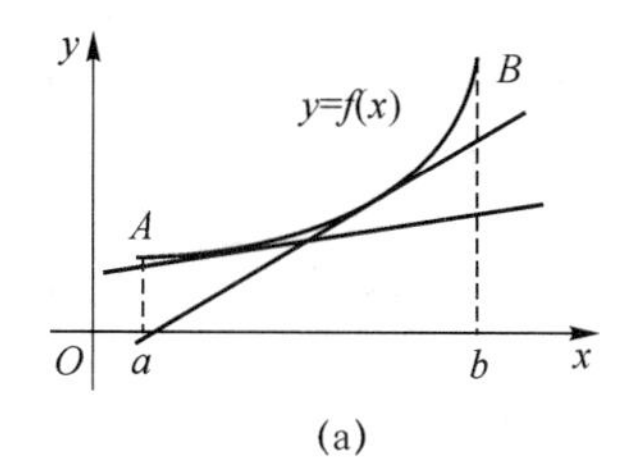

(a)

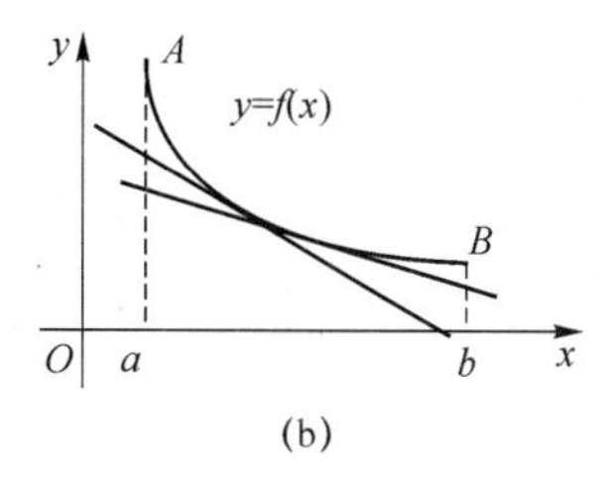

(b)

图 3-4-1

由导数的几何意义可知,函数 $y=f(x)$ 的一阶导数 $f'(x)$ 是函数曲线上的切线斜率. 当切线斜率为正时,切线向右上倾斜,函数曲线也向右上倾斜,如图 3-4-1(a)所示. 当切线斜率为负时,切线下向右倾斜,函数曲线也向右下倾斜,如图 3-4-1(b)所示. 这意味着函数的单调性与其导数的正负有着密切的关系.

定理 3-4-1　设函数 $y=f(x)$ 在 $[a,b]$ 上连续,在 (a,b) 内可导.

(1) 如果在区间 (a,b) 内,$f'(x)>0$,则函数 $f(x)$ 在 $[a,b]$ 上单调增加;

(2) 如果在区间 (a,b) 内,$f'(x)<0$,则函数 $f(x)$ 在 $[a,b]$ 上单调减少.

证明:(1) 在 $[a,b]$ 上任取两点 $x_1,x_2(x_1<x_2)$. 容易验证函数 $f(x)$ 在 $[x_1,x_2]$ 上满足拉格朗日中值定理的条件. 因此,在 (x_1,x_2) 内至少存在一点 ξ,使得

$$f(x_2)-f(x_1)=f'(\xi)(x_2-x_1)>0$$

即 $f(x_2)>f(x_1)$. 由函数单调性的定义知,函数 $f(x)$ 在 $[a,b]$ 上单调增加.

同理可证(2). 定理证毕.

如果把定理 3-4-1 中的区间 $[a,b]$ 换成其他各种区间(包括无穷区间),定理结论仍成立.

从定理 3-4-1 可看出,判定一个函数 $f(x)$ 的单调区间的步骤是:

(1) 求出函数 $y=f(x)$ 的定义域 D;

(2) 计算导数 $f'(x)$,并求出 $f'(x)$ 等于 0 和不存在的点;

(3) 以(2)中求出的点作为 $f(x)$ 定义域的分割点,将 $f(x)$ 的定义域划分为若干个子区间;

(4) 讨论 $f'(x)$ 在各个子区间的符号,从而由定理 3-4-1 确定 $f(x)$ 在各子区间的单性.

【例 3-4-1】　确定函数 $f(x)=x^3-3x^2+2$ 的单调区间.

解:显然 $D=(-\infty,+\infty)$,

由 $f'(x)=3x^2-6x=3x(x-2)$,令 $f'(x)=0$,得 $x_1=0$ 和 $x_2=2$. 以 x_1 和 x_2 为分割点,将定义域 $(-\infty,+\infty)$ 分为三个子区间:$(-\infty,0)$,$(0,2)$,$(2,+\infty)$.

然后,分别讨论在上述三个子区间内 $f'(x)$ 的符号和 $f(x)$ 的单调增减性.

因为在 $(-\infty,0)$ 内,$f'(x)>0$,所以函数 $f(x)=x^3-3x^2+2$ 在 $(-\infty,0]$ 上单调增加;因为在 $(0,2)$ 内,$f'(x)<0$,所以函数 $f(x)=x^3-3x^2+2$ 在 $[0,2]$ 上单调减少;因为在 $(2,+\infty)$ 内,$f'(x)>0$,所以函数 $f(x)=x^3-3x^2+2$ 在 $[2,+\infty)$ 上单调增加.

【例 3-4-2】 确定函数 $f(x)=\sqrt[3]{x^2}$ 的单调区间

解: 显然 $D=(-\infty,+\infty)$,当 $x\neq 0$ 时,$f'(x)=\dfrac{2}{3\sqrt[3]{x}}$;当 $x=0$ 时,函数的导数不存在.因此,以 $x=0$ 为分割点,将定义域 $(-\infty,+\infty)$ 分为两个子区间:$(-\infty,0)$ 和 $(0,+\infty)$.

因为在 $(-\infty,0)$ 内,$f'(x)<0$,所以函数 $f(x)=\sqrt[3]{x^2}$ 在 $(-\infty,0]$ 上单调减少;因为在 $(0,+\infty)$ 内,$f'(x)>0$,所以函数 $f(x)=\sqrt[3]{x^2}$ 在 $[0,+\infty)$ 上单调增加. 见图 3-4-2.

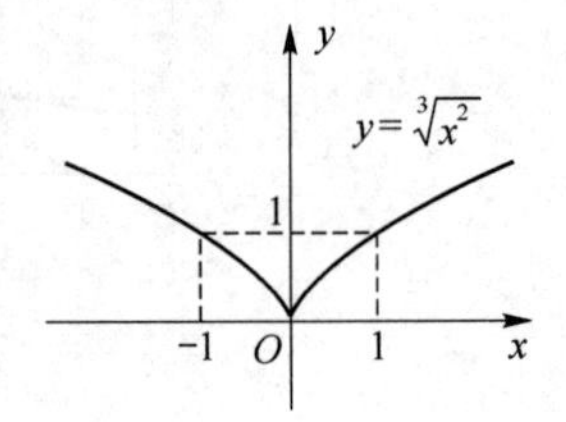

图 3-4-2

【例 3-4-3】 证明当 $0<x<\dfrac{\pi}{2}$ 时,$\tan x>x+\dfrac{x^3}{3}$.

证明: 令 $f(x)=\tan x-\left(x+\dfrac{x^3}{3}\right)$,显然 $f(x)$ 在 $\left[0,\dfrac{\pi}{2}\right)$ 上连续,在 $\left(0,\dfrac{\pi}{2}\right)$ 内可导,且 $f'(x)=\sec^2 x-1-x^2=\tan^2 x-x^2$.

由第 1 章知,在 $\left(0,\dfrac{\pi}{2}\right)$ 内,$\tan x>x$,因此,$f'(x)>0$. 所以 $f(x)$ 在区间 $\left[0,\dfrac{\pi}{2}\right)$ 上单调增加. 故,当 $0<x<\dfrac{\pi}{2}$ 时,$f(x)>f(0)=0$,即

$$\tan x>x+\frac{x^3}{3},\quad \left(0<x<\frac{\pi}{2}\right)$$

二、曲线的凹凸性与拐点

前面利用函数的导数研究了函数的单调性的判定方法. 这对我们认识函数的变化特征,描绘函数的图形是很有帮助了. 但函数的单调性仅反映函数曲线的上升或下降,而曲线在上升或下降的过程中,还有一个弯曲方向的问题. 例如,图 3-4-3 中有两条曲线弧,虽然它们都是上升的,但图形却有显著的不同,$\overset{\frown}{ACB}$ 是向上凸的曲线弧,而 $\overset{\frown}{ADB}$ 是向上凹的曲线弧,它们的凹凸性明显不同. 因此,只知道函数的单调性是无法准确描述函数曲线的变化特征的.

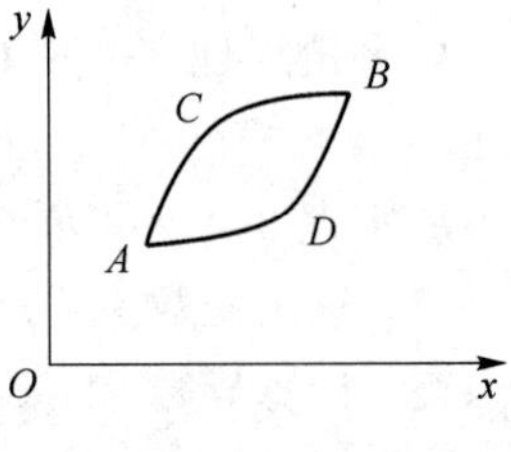

图 3-4-3

下面我们介绍曲线的凹凸性的概念并讨论如何用导数判断函数的凹凸性.

先观察曲线图形的几何特征. 在图 3-4-4 所示的曲线上,如果任取两点,则联结这两点的弦总位于这两点间的弧段的上方. 在图 3-4-5 所示的曲线上,任取两点,则联结这两点的弦总位于这两点间的弧段的下方. 曲线的这种性质就是曲线的凹凸性. 因此曲线的凹凸性可以用联结曲线弧上任意两点的弦的中点与曲线弧上的相应点的位置关系来描述,下面给出曲线凹凸性的定义 .

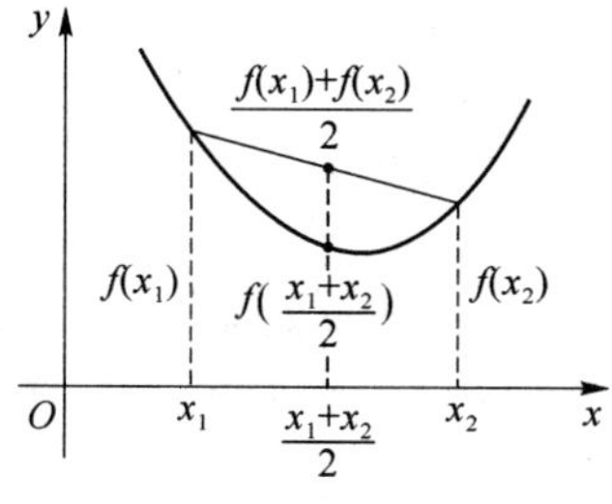

图 3-4-4

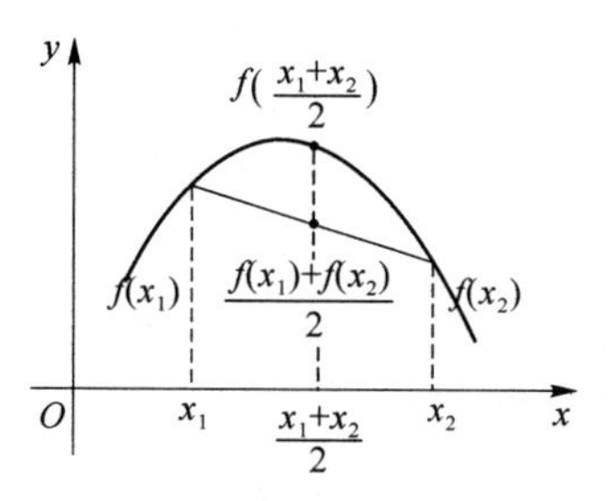

图 3-4-5

定义 3-4-1　设 $f(x)$在区间 I 上连续，如果对 I 上任意两点 x_1，x_2 恒有

$$f\left(\frac{x_1+x_2}{2}\right)<\frac{f(x_1)+f(x_2)}{2}$$

那么称 $f(x)$在 I 上的图形是凹的（或凹弧）；如果恒有

$$f\left(\frac{x_1+x_2}{2}\right)>\frac{f(x_1)+f(x_2)}{2}$$

那么称 $f(x)$在 I 上的图形是凸的（或凸弧）；

定理 3-4-2　设 $f(x)$在$[a,b]$上连续，在(a,b)内具有一阶和二阶导数，那么

(1) 若在(a,b)内 $f''(x)>0$，则 $f(x)$在$[a,b]$上的图形是凹的；

(2) 若在(a,b)内 $f''(x)<0$，则 $f(x)$在$[a,b]$上的图形是凸的.

证明：在情形(1)，在$[a,b]$上任取两点 x_1，x_2 $(x_1<x_2)$，记$\frac{x_1+x_2}{2}=x_0$，并记 $x_2-x_0=x_0-x_1=h$，则 $x_1=x_0-h$，$x_2=x_0+h$，容易验证函数 $f(x)$在区间$[x_1,x_0]$和$[x_0,x_2]$上都满足拉格朗日中值定理的条件. 因此由拉格朗日中值公式，可得

$$f(x_0+h)-f(x_0)=f'(x_0+\theta_1 h)h$$

$$f(x_0)-f(x_0-h)=f'(x_0-\theta_2 h)h$$

其中 $0<\theta_1<1$，$0<\theta_2<1$. 两式相减，即得

$$f(x_0+h)+f(x_0-h)-2f(x_0)=[f'(x_0+\theta_1 h)-f'(x_0-\theta_2 h)]h$$

对 $f'(x)$在区间$[x_0-\theta_2 h,x_0+\theta_1 h]$上再利用拉格朗日中值公式，得

$$[f'(x_0+\theta_1 h)-f'(x_0-\theta_2 h)]h=f''(\xi)(\theta_1+\theta_2)h^2$$

其中 $x_0-\theta_2 h<\xi<x_0+\theta_1 h$. 由假设 $f''(\xi)>0$，故有

$$f(x_0+h)+f(x_0-h)-2f(x_0)>0$$

即

$$\frac{f(x_0+h)+f(x_0-h)}{2}>f(x_0)$$

亦即

$$f\left(\frac{x_1+x_2}{2}\right)<\frac{f(x_1)+f(x_2)}{2}$$

所以 $f(x)$在$[a,b]$上的图形是凹的.

类似地可证明(2). 定理证毕.

【例 3-4-4】 判断曲线 $y=x^3$ 的凹凸性.

解:因为 $y'=3x^2,y''=6x$. 当 $x<0$ 时,$y''<0$,所以曲线在$(-\infty,0]$上是凸的;当 $x>0$ 时,$y''>0$,所以曲线在$[0,+\infty)$上是凹的. 如图 3-4-6所示.

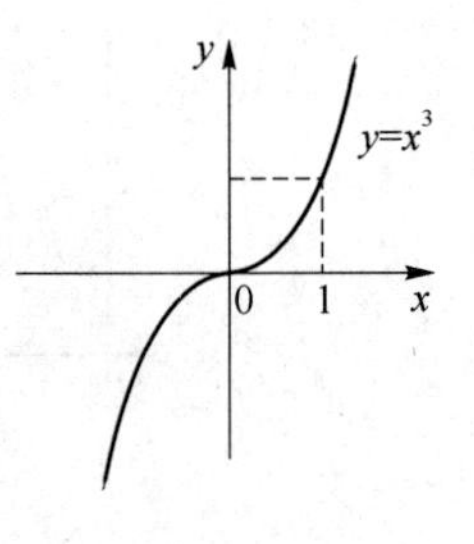

图 3-4-6

一般的,设 $y=f(x)$在区间 I 上连续,x_0 是 I 的内点. 如果曲线 $y=f(x)$在经过点$(x_0,f(x_0))$时,曲线的凹凸性就改变了,那么就称点$(x_0,f(x_0))$为这曲线的**拐点**. 即连续曲线 $y=f(x)$上凹弧与凸弧的连接点称为该曲线的**拐点**.

如何确定曲线 $y=f(x)$的拐点呢?

从上面的定理知道,由 $f''(x)$的符号可以判定曲线的凹凸性,因此,如果 $f''(x)$在 x_0 的左、右两侧邻近异号,那么点$(x_0,f(x_0))$就是曲线的一个拐点. 所以,要寻找拐点,只要找出 $f''(x)$符号发生变化的分界点即可. 如果 $f(x)$在(a,b)内具有二阶连续导数,那么在这样的分界点处 $f''(x)=0$;除此之外,$f(x)$二阶导数不存在的点,也有可能是 $f''(x)$符号发生变化的分界点. 综合以上分析,判定区间 I 上的连续函数 $f(x)$的拐点的步骤为:

(1) 求出函数 $y=f(x)$的定义域 D;

(2) 求出 $f''(x)$;

(3) 令 $f''(x)=0$,解出其在区间 I 内的实根,并求出在区间 I 内 $f''(x)$不存在的点;

(4) 对于(3)中求出的每一个实根或二阶导数不存在的点 x_0,检查 $f''(x)$在 x_0 的左右邻域的符号,如果两侧的符号相反,则点$(x_0,f(x_0))$是拐点,否则不是拐点.

【例 3-4-5】 曲线 $y=x^4$ 是否有拐点?

解:$y'=4x^3,y''=12x^2$. 显然,只有 $x=0$ 是方程 $y''=0$ 的根. 但当 $x\neq0$ 时,在 0 的左右两侧,均有 $y''>0$,因此$(0,0)$不是这曲线的拐点,故曲线 $y=x^4$ 没有拐点.

【例 3-4-6】 求曲线 $y=3x^4-4x^3+1$ 的拐点及凹、凸的区间.

解:函数 $y=3x^4-4x^3+1$ 的定义域为$(-\infty,+\infty)$. $y'=12x^3-12x^2,y''=36x^2-24x$,解方程 $y''=0$,得 $x_1=0,x_2=\dfrac{2}{3}$.

$x_1=0$ 及 $x_2=\dfrac{2}{3}$ 把函数的定义域$(-\infty,+\infty)$分成$(-\infty,0)$,$\left(0,\dfrac{2}{3}\right)$,$\left(\dfrac{2}{3},+\infty\right)$三个区间.

在$(-\infty,0)$内,$y''>0$,因此该曲线在区间$(-\infty,0]$上是凹的;

在$\left(0,\dfrac{2}{3}\right)$内,$y''<0$,因此该曲线在区间$\left[0,\dfrac{2}{3}\right]$上是凸的;

在$\left(\dfrac{2}{3},+\infty\right)$内,$y''>0$,因此该曲线在区间$\left[\dfrac{2}{3},+\infty\right)$上是凹的.

由以上分析可得,y''在 0 的左右两侧异号,因此,点$(0,1)$是该曲线的一个拐点. 同样,y''在$\dfrac{2}{3}$的左右两侧异号,因此,点$\left(\dfrac{2}{3},\dfrac{11}{27}\right)$也是该曲线的拐点.

三、曲线的渐近线

当函数的定义域或值域是无穷区间时,其图形是一条向无穷远延伸的曲线. 其中有些曲线，越向无穷远延伸越靠近某条直线，这种直线称为曲线的**渐近线**．给定函数 $y=f(x)$ 时，如何判定它有没有渐近线，又如何求出渐近线呢？下面分水平渐近线、铅垂渐近线和斜渐近线三种情况讨论．

1．水平渐近线

设有函数 $y=f(x)$，若 $\lim\limits_{x\to-\infty}f(x)=C$（或 $\lim\limits_{x\to+\infty}f(x)=C$），则称 $y=C$ 是曲线 $y=f(x)$ 的**水平渐近线**.

【例 3-4-7】　求曲线 $y=\arctan x$ 的水平渐近线.

解：因为 $\lim\limits_{x\to-\infty}\arctan x=-\dfrac{\pi}{2}$，$\lim\limits_{x\to+\infty}\arctan x=\dfrac{\pi}{2}$，所以该曲线有两条水平渐近线 $y=-\dfrac{\pi}{2}$ 和 $y=\dfrac{\pi}{2}$，见图 3-4-7.

2．铅垂渐近线

设有函数 $y=f(x)$，若 $\lim\limits_{x\to a^-}f(x)=\infty$（或 $\lim\limits_{x\to a^+}f(x)=\infty$），则称 $x=a$ 是曲线 $y=f(x)$ 的**铅垂渐近线**.

【例 3-4-8】　求曲线 $y=\dfrac{1}{1-x}$ 的铅垂渐近线.

解：因为 $\lim\limits_{x\to1}\dfrac{1}{1-x}=\infty$，故 $x=1$ 是该曲线的铅垂渐近线．如图 3-4-8 所示.

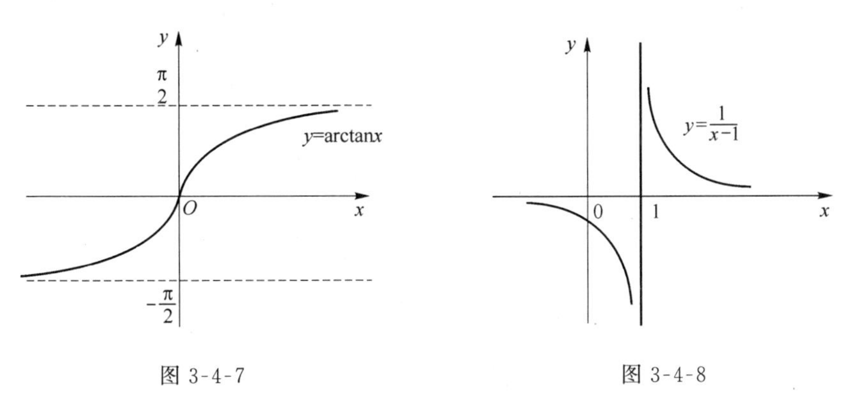

图 3-4-7　　　　图 3-4-8

【例 3-4-9】　求曲线 $y=\dfrac{2x^2}{x^2-1}$ 的铅垂渐近线和水平渐近线.

解：因为 $\lim\limits_{x\to-1}\dfrac{2x^2}{x^2-1}=\infty$，$\lim\limits_{x\to1}\dfrac{2x^2}{x^2-1}=\infty$，所以该曲线有两条铅垂渐近线 $x=-1$ 和 $x=1$；又因为 $\lim\limits_{x\to\infty}\dfrac{2x^2}{x^2-1}=2$，所以该曲线有一条水平渐近线 $y=2$.

3．斜渐近线

设函数 $y=f(x)$ 与直线 $y=ax+b$（a,b 均为常数，且 $a\neq0$）具有 $\lim\limits_{x\to-\infty}[f(x)-(ax+b)]=0$，（或 $\lim\limits_{x\to+\infty}[f(x)-(ax+b)]=0$），则称直线 $y=ax+b$ 为曲线 $y=f(x)$ 的**斜渐近线**.

由以上定义可知，若曲线 $y=f(x)$ 有斜渐近线 $y=ax+b$，则必有

$$\lim_{x\to\infty}[f(x)-ax]=b$$

由于 $x\to\infty$时，$f(x)-ax$ 的极限存在，$\frac{1}{x}$又为无穷小，故

$$\lim_{x\to\infty}\frac{1}{x}[f(x)-ax]=\lim_{x\to\infty}\left(\frac{f(x)}{x}-a\right)=0$$

即
$$\lim_{x\to\infty}\frac{f(x)}{x}=a$$

再由此求得的 a 代入$\lim\limits_{x\to\infty}[f(x)-ax]=b$，就可求出 b.

【例 3-4-10】 求曲线 $y=\frac{x^3}{x^2+2x-3}$的斜渐近线.

解:由$\lim\limits_{x\to\infty}\frac{f(x)}{x}=\lim\limits_{x\to\infty}\frac{x^2}{x^2+2x-3}=1$，得 $a=1$.

又
$$\lim_{x\to\infty}[f(x)-ax]=\lim_{x\to\infty}\left[\frac{x^3}{x^2+2x-3}-x\right]=\lim_{x\to\infty}\frac{-2x^2+3x}{x^2+2x-3}=-2$$

即 $b=-2$.

故所求曲线的斜渐近线为 $y=x-2$.

【例 3-4-11】 设 $A>0$，A,B,C 为常数，求曲线 $y=\sqrt{Ax^2+Bx+C}$的斜渐近线.

解:因为$\lim\limits_{x\to+\infty}\frac{\sqrt{Ax^2+Bx+C}}{x}=\lim\limits_{x\to+\infty}\sqrt{A+\frac{B}{x}+\frac{C}{x^2}}=\sqrt{A}$

$$\lim_{x\to+\infty}[\sqrt{Ax^2+Bx+C}-\sqrt{A}x]=\lim_{x\to+\infty}\frac{Bx+C}{\sqrt{Ax^2+Bx+C}+\sqrt{A}x}$$

$$=\lim_{x\to+\infty}\frac{B+\frac{C}{x}}{\sqrt{A+\frac{B}{x}+\frac{C}{x^2}}+\sqrt{A}}=\frac{B}{2\sqrt{A}}$$

所以 $y=\sqrt{A}x+\frac{B}{2\sqrt{A}}$是曲线 $y=\sqrt{Ax^2+Bx+C}$的一条斜渐近线；

又因为$\lim\limits_{x\to-\infty}\frac{\sqrt{Ax^2+Bx+C}}{x}=\lim\limits_{x\to-\infty}\frac{\sqrt{Ax^2+Bx+C}}{-|x|}=-\lim\limits_{x\to-\infty}\sqrt{A+\frac{B}{x}+\frac{C}{x^2}}=-\sqrt{A}$

$$\lim_{x\to-\infty}[\sqrt{Ax^2+Bx+C}-(-\sqrt{A}x)]=\lim_{x\to-\infty}\frac{Bx+C}{\sqrt{Ax^2+Bx+C}-\sqrt{A}x}=-\frac{B}{2\sqrt{A}}$$

所以 $y=-\sqrt{A}x-\frac{B}{2\sqrt{A}}$也是曲线 $y=\sqrt{Ax^2+Bx+C}$的一条斜渐近线.

习题 3.4

1. 讨论函数 $f(x)=\arctan x+x$ 的单调性.

2. 确定下列函数的单调区间：

(1) $y=2x^3-3x^2+12$；　　(2) $y=x+\frac{4}{x}$；

(3) $y=(x-5)\sqrt[3]{x^2}$；　(4) $y=\dfrac{10}{4x^3-9x^2+6x}$；

(5) $y=\ln\left(x+\sqrt{1+x^2}\right)$；　(6) $y=x^2e^{-x}$；

3. 证明下列不等式

(1) 当 $0<x<\dfrac{\pi}{2}$时，$\sin x+\tan x>2x$；

(2) 当 $x>0$ 时，$\ln(1+x)>\dfrac{\arctan x}{1+x}$；

(3) 当 $x>1$ 时，$\dfrac{1-x}{1+x}<\dfrac{\ln x}{2}$；

(4) 当 $x>4$ 时，$x^2<2^x$.

4. 求下列函数图形的拐点及凹凸区间

(1) $y=2x^3-3x^2+12$；　(2) $y=x+\dfrac{1}{x}$；

(3) $y=\ln(1+x^2)$；　(4) $y=x\arctan x$；

(5) $y=e^{\arctan x}$；　(6) $y=xe^{-x}$.

5. 利用函数图形的凹凸性，证明下列不等式

(1) $\dfrac{1}{2}(x^n+y^n)>\left(\dfrac{x+y}{2}\right)^n\quad(x>0,y>0,x\neq y,n>1)$；

(2) $\dfrac{e^x+e^y}{2}>e^{\frac{x+y}{2}}\quad(x\neq y)$；

(3) $x\ln x+y\ln y>(x+y)\ln\dfrac{x+y}{2}\quad(x>0,y>0,x\neq y)$.

6. 问 a,b 为何值时，点$(1,3)$ 为曲线 $y=ax^3+bx^2$的拐点？

7. 求曲线的渐近线

(1) $y=\dfrac{2x^2}{(1-x)^2}$；　(2) $y=\left(\dfrac{2x}{2x-1}\right)^{\frac{2}{x}+1}$；

(3) $y=\dfrac{2x^3}{x^2+2x}$.

3.5　函数的极值与最大值最小值

一、函数的极值及其求法

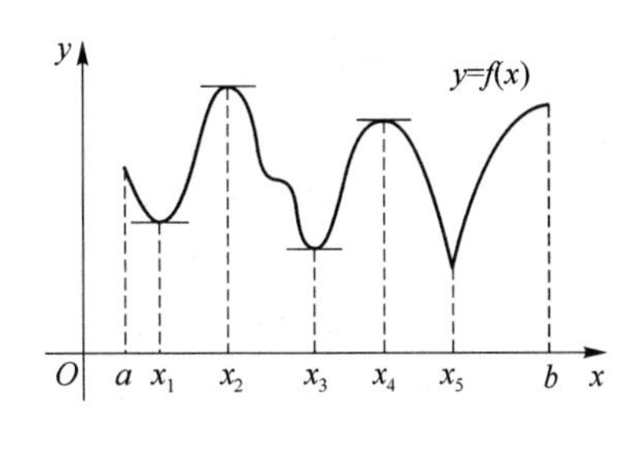

图 3-5-1

观察函数 $y=f(x)$的图形，如图 3-5-1 所示，在点 x_1 的左侧邻近，函数 $f(x)$是单调减少的，在点 x_1 的右侧邻近，函数 $f(x)$是单调增加的. 因此，存在点 x_1 的一个去心邻域，对于这个去心邻域内的任何点 x，均有 $f(x)>f(x_1)$成立. 类似地，关于点 x_2，也存在一个去

心邻域,对于这去心邻域内的任何点 x,均有 $f(x)<f(x_2)$ 成立. 具有这种性质的点称作函数的**极值点**,极值点在应用上有着重要的意义,因此我们对这类点作一般性的讨论.

定义 3-5-1 设函数 $f(x)$ 在点 x_0 的某邻域 $U(x_0)$ 内有定义,如果对于去心邻域 $\mathring{U}(x_0)$ 内的任一 x,有

$$f(x)<f(x_0) \quad (\text{或 } f(x)>f(x_0))$$

则称 $f(x_0)$ 是函数 $f(x)$ 的一个**极大值**(或**极小值**),而 x_0 是函数 $f(x)$ 的一个**极大值点**(或**极小值点**).

函数的极大值与极小值统称为函数的**极值**,极大值点和极小值点统称为**极值点**.

由极值的定义可知,函数的极值是局部性的概念. 如果 $f(x_0)$ 是函数 $f(x)$ 的极小值,那只是就 x_0 附近的一个局部范围来说,$f(x_0)$ 是 $f(x)$ 的一个最小值,但它不一定是整个定义域上的最小函数值.

由本章 3.1 节的费马引理可知,如果函数 $f(x)$ 在 x_0 处可导,且 $f(x)$ 在 x_0 处取得极值,那么 $f'(x_0)=0$. 这就是可导函数取得极值的必要条件. 现在将此结论叙述成如下定理:

定理 3-5-1(极值点的必要条件) 如果点 x_0 是函数 $f(x)$ 的极值点,且 $f'(x_0)$ 存在,则 $f'(x_0)=0$.

定理 3-5-1 的几何意义是:如果函数 $f(x)$ 在 x_0 处取得极值且可导,则曲线 $y=f(x)$ 在点 $(x_0,f(x_0))$ 处的切线平行于 x 轴.

使 $f'(x)=0$ 的点,称为函数 $f(x)$ 的**驻点**.

定理 3-5-1 就是说:可导函数 $f(x)$ 的极值点一定是它的驻点. 但反过来,函数的驻点却不一定是极值点. 例如,$f(x)=x^3$ 的驻点 $x_0=0$ 不是它的极值点. 此外,使函数 $f(x)$ 的导数不存在的点也可能是函数 $f(x)$ 的极值点,例如 $f(x)=|x|$,在点 $x_0=0$ 处不可导,但 $x_0=0$ 是函数 $f(x)$ 的极小值点.

由以上分析可得,函数的可能极值点一定是驻点及导数不存在的点;但驻点与导数不存在的点不一定是函数的极值点. 那么,如何判断一个函数的驻点和不可导点是不是极值点?如果是的话,究竟是极大值点还是极小值点?

下面给出两个判断极值的充分条件.

定理 3-5-2(极值点的第一充分判别定理) 设函数 $f(x)$ 在 x_0 处连续,并且在 x_0 某去心邻域内可导,

(1) 如果在 x_0 的左邻域内 $f'(x)>0$,在 x_0 的右邻域内 $f'(x)<0$,则 x_0 是 $f(x)$ 的极大值点;

(2) 如果在 x_0 的左邻域内 $f'(x)<0$,在 x_0 的右邻域内 $f'(x)>0$,则 x_0 是 $f(x)$ 的极小值点;

(3) 若在 x_0 的去心邻域内,$f'(x)$ 不变号,则 x_0 不是 $f(x)$ 的极值点 .

证明:(1) 由条件可知,函数在 x_0 的左邻域内单调增加,在 x_0 的右邻域内单调减少,且 $f(x)$ 在 x_0 处连续,故对于 x_0 的某去心邻域内的任一 x,总有 $f(x)<f(x_0)$. 所以 $f(x_0)$ 是 $f(x)$ 的一个极大值,x_0 是 $f(x)$ 的极大值点(图 3-5-2(a)).

同理可证(2),(3).

根据定理 3-5-2,可得到求函数 $f(x)$ 极值的步骤如下:

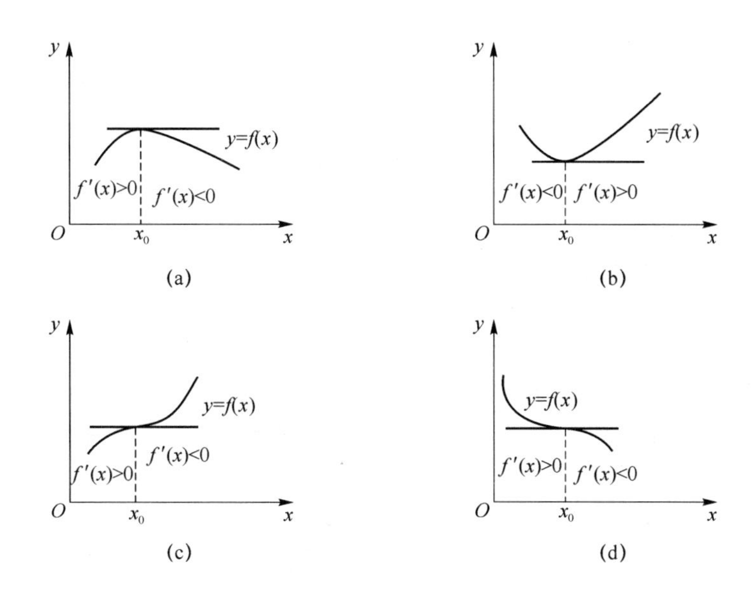

图 3-5-2

(1) 确定函数 $f(x)$的定义域,求出导数 $f'(x)$;

(2) 求出 $f(x)$的全部驻点与不可导点;

(3) 讨论 $f'(x)$在 $f(x)$的全部驻点与不可导点的左右两侧附近的符号变化的情况,确定出函数的极值点;

(4) 求出极值点所对应的函数值,就得函数 $f(x)$全部极值.

【例 3-5-1】 求函数 $f(x)=(2x-5)\sqrt[3]{x^2}$ 的极值

解:函数 $f(x)$在$(-\infty,+\infty)$内连续,且

$$f'(x)=\frac{10(x-1)}{3\sqrt[3]{x}}$$

令 $f'(x)=0$,得驻点 $x=1$,且 $x=0$ 是 $f(x)$的不可导点. 不可导点 $x=0$ 及驻点 $x=1$ 将函数定义域$(-\infty,+\infty)$分成三个子区间:$(-\infty,0)$,$(0,1)$,$(1,+\infty)$.

在$(-\infty,0)$内,$f'(x)>0$;在$(0,1)$内,$f'(x)<0$. 因此,不可导点 $x=0$ 是一个极大值点;又在$(1,+\infty)$内,$f'(x)>0$,故驻点 $x=1$ 是一个极小值点. 因此,函数 $f(x)$的极大值为 $f(0)=0$,极小值为 $f(1)=-3$.

定理 3-5-2 是利用一阶导数判别驻点或导数不存在的是否是极值点,当函数具有二阶导数且不为零时,也可以利用二阶导数来判别这些可能的极值点是否真是极值点.

定理 3-5-3(极值点的第二充分判别定理) 设函数 $f(x)$在 x_0 处具有二阶导数,且 $f'(x_0)=0$,$f''(x_0)\neq 0$,则

(1) 当 $f''(x_0)<0$ 时,则 x_0 为 $f(x)$的极大值点;

(2) 当 $f''(x_0)>0$ 时,则 x_0 为 $f(x)$的极小值点.

证明:(1) 因为 $f''(x_0)<0$,由二阶导数的定义有

$$f''(x_0)=\lim_{x\to x_0}\frac{f'(x)-f'(x_0)}{x-x_0}<0$$

由函数极限的局部保号性,当 x 在 x_0 足够小的去心邻域内时,

$$\frac{f'(x)-f'(x_0)}{x-x_0}<0$$

再由 $f'(x_0)=0$,因此上式即为

$$\frac{f'(x)}{x-x_0}<0$$

由上式可得:当 $x<x_0$ 时,$f'(x)>0$;当 $x>x_0$ 时,$f'(x)<0$. 于是,由定理 3-5-3 的(2)知道,x_0 为 $f(x)$的极大值点.

类似的可以证明情形(2). 定理证毕.

定理 3-5-3 表明,在函数 $f(x)$的驻点 x_0 处,若二阶导数 $f''(x_0)\neq 0$,那么该驻点一定是极值点,且可根据 $f''(x_0)$的符号来判定 x_0 是极大值点还是极小值点. 若二阶导数 $f''(x_0)=0$,就不能应用定理 3-5-3 来判定 x_0 是不是极值点,此时,就要用定理 3-5-2 来进行判定.

【例 3-5-2】 求函数 $f(x)=(x^2-1)^3+1$ 的极值.

解:容易求得 $f'(x)=6x(x^2-1)^2$,$f''(x)=6(x^2-1)(5x^2-1)$. 令 $f'(x)=0$,可求得驻点 $x_1=-1$,$x_2=0$,$x_3=1$.

因为 $f''(0)=6>0$,所以由定理 3-5-3 可得,$f(x)$在 $x=0$ 处取得极小值,极小值为 $f(0)=0$.

又因为 $f''(-1)=f''(1)=0$,故定理 3-5-3 无法判别. 因此用定理 3-5-2 判定:在 $x=-1$ 的左邻域内 $f'(x)<0$;

在 $x=-1$ 的右邻域内 $f'(x)<0$;因为 $f'(x)$在 $x=1$ 的左右邻域内符号没有改变,所以 $x=-1$ 不是函数 $y=f(x)$的极值点. 类似的可得:$x=1$ 也不是函数 $y=f(x)$的极值点,如图 3-5-3所示.

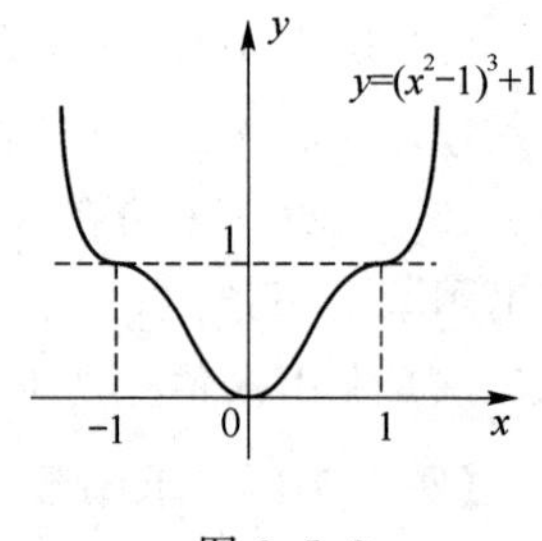

图 3-5-3

二、最大值、最小值及其求法

在许多实际问题中,经常提出在一定条件下如何使某指标达到最优的问题. 比如:在一定条件下,怎样使"产品最多"、"用料最省"、"成本最低"、"效益最高"等问题,这类问题在数学上可归结为求某一函数(通常称为目标函数)的**最大值**或**最小值**问题. 简称**最值问题**.

由第 1 章闭区间上连续函数的性质知道,闭区间上的连续函数必有最大值和最小值.

假定函数 $f(x)$在闭区间 $[a,b]$上连续,在开区间 (a,b)内除有限个点外都可导,且至多有有限个驻点. 在上述条件下,我们来讨论 $f(x)$在 $[a,b]$上的**最大值**和**最小值**的求法.

一般地,函数的最值与极值是两个不同的概念. 最值是对整个区间而言的,是全局性的,它可能在区间的内点取得,也可能在区间的端点取得;而极值是对极值点的邻域而言的,是局部性的,它只能在区间的内点取得.

一方面:如果最大值(或最小值)$f(x_0)$ 在开区间 (a,b)内的点 x_0 处取得,由极值的定义可知 $f(x_0)$一定也是 $f(x)$的极大值(或极小值),进而 x_0 一定是 $f(x)$的驻点或不可导点.

另一方面 $f(x)$在最值也可能在区间的端点处取得.

综合以上分析,闭区间 $[a,b]$上连续函数 $f(x)$的最值只可能在驻点、不可导点及端点

处取得.

即得闭区间 $[a,b]$ 上连续函数 $f(x)$ 的最值得求法如下：

(1) 求出 $f(x)$ 在 (a,b) 内的驻点 $x_1,x_2,\cdots,x_n$ 及不可导点 $x_1',x_2',\cdots,x_m'$；

(2) 计算 $f(x_i)(i=1,2,\cdots,n)$，$f(x_j')(j=1,2,\cdots,m)$ 及 $f(a)$，$f(b)$；

(3) 比较(2)中所有值的大小，其中最大的就是 $f(x)$ 在 $[a,b]$ 上的最大值，最小的就是 $f(x)$ 在 $[a,b]$ 上的最小值.

【例 3-5-3】 求函数 $f(x)=x(x-1)^{\frac{1}{3}}$ 在区间 $[-2,2]$ 上的最值.

解：$f'(x)=(x-1)^{\frac{1}{3}}+\dfrac{1}{3}x(x-1)^{-\frac{2}{3}}=\dfrac{1}{3}(4x-3)(x-1)^{-\frac{2}{3}}$.

令 $f'(x)=0$，得驻点 $x_1=\dfrac{3}{4}$. 显然，导数不存在的点为 $x_2=1$.

计算 $f(x)$ 在 $[-2,2]$ 的端点及点 x_1,x_2 处的函数值：

$$f(-2)=2\sqrt[3]{3}\ ,f(2)=2\ ,f\left(\frac{3}{4}\right)=-\frac{3\sqrt[3]{2}}{8}\ ,f(1)=0$$

比较以上各值得，$f(x)$ 在 $[-2,2]$ 最大值为 $2\sqrt[3]{3}$，最小值为 $-\dfrac{3\sqrt[3]{2}}{8}$.

【例 3-5-4】 求函数 $f(x)=|x^2-3x+2|$ 在 $[-3,4]$ 上的最大值与最小值.

解：

$$f(x)=\begin{cases}x^2-3x+2, & x\in[-3,1]\cup[2,4]\\ -x^2+3x-2, & x\in(1,2)\end{cases}$$

$$f'(x)=\begin{cases}2x-3, & x\in(-3,1)\cup(2,4)\\ -2x+3, & x\in(1,2)\end{cases}$$

在 $(-3,4)$ 内，$f(x)$ 的驻点为 $x=\dfrac{3}{2}$；不可导点为 $x=1,2$.

由于 $f(-3)=20$，$f(1)=0$，$f\left(\dfrac{3}{2}\right)=\dfrac{1}{4}$，$f(2)=0$，$f(4)=6$. 比较可得 $f(x)$ 在 $x=-3$ 处取得它在 $[-3,4]$ 上的最大值 20，在 $x=1$ 和 $x=2$ 处取得它在 $[-3,4]$ 上的最小值 0.

【例 3-5-5】 工厂 C 与铁路线的垂直距离 AC 为 20 km，A 点到仓库 B 的距离为 100 km. 欲修一条从工厂到铁路的公路 CD. 已知铁路与公路每公里运费之比为 3∶5. 为了使仓库 B 与工厂 C 间的运费最省，问 D 点应选在何处？(图 3-5-4)

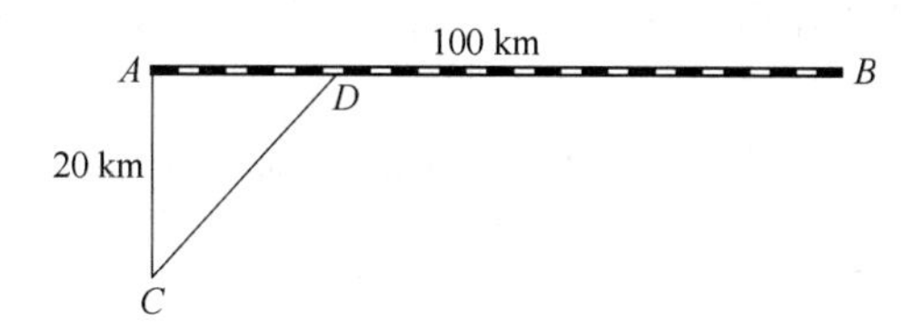

图 3-5-4

解：设 $AD=x$ km，那么 $BD=100-x$，$CD=\sqrt{20^2+x^2}=\sqrt{400+x^2}$.

再设铁路上每公里的运费为 $3k$，则公路上每公里的运费为 $5k$（k 为正数）. 设从 B 点到 C 点需要的总运费为 y，那么

$$y=5k\cdot CD+3k\cdot BD$$

即 $$y=5k\cdot\sqrt{400+x^2}+3k\cdot(100-x)\quad(0\leqslant x\leqslant 100)$$

现在,问题就归结为:目标函数 y 在$[0,100]$内何时取到最小值.

先求 y 对 x 的导数:

$$y'=k\left(\frac{5x}{\sqrt{400+x^2}}-3\right)$$

解方程 $y'=0$,得驻点 $x=15$.

由$y\Big|_{x=0}=400k$,$y\Big|_{x=15}=380k$,$y\Big|_{x=100}=500k\sqrt{1+\frac{1}{25}}$,比较可得$y\Big|_{x=15}=380k$ 最小,因此,当 $AD=x=15$ km 时,总运费最省.

在求函数的最值时,有一种特殊情形:如果函数 $f(x)$在一个区间内可导,且只有一个极点 x_0,并且这个极点 x_0 函数 $f(x)$的极小值点,那么,当 $f(x_0)$是极大值时,$f(x_0)$就是 $f(x)$在该区间上的最大值(图 3-5-5(a));当 $f(x_0)$是极小值时,$f(x_0)$就是 $f(x)$在该区间上的最小值(图 3-5-5(b));

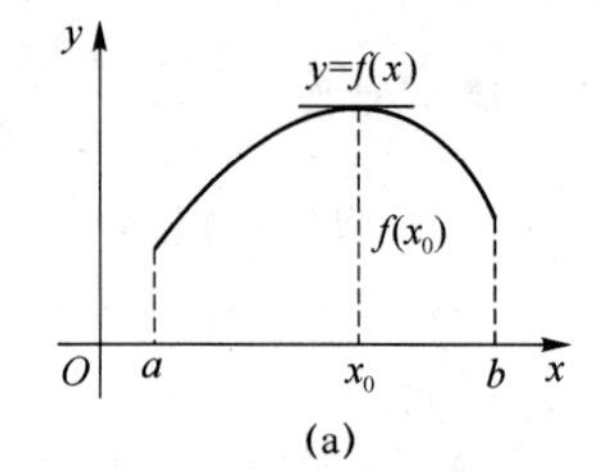

(a)

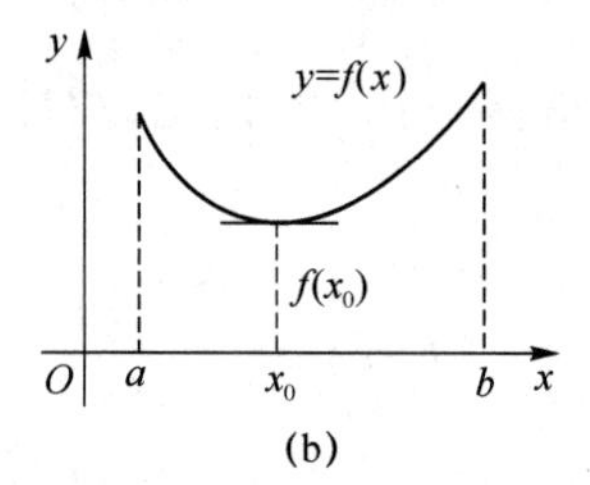

(b)

图 3-5-5

另一种常见的特殊情况,函数 $f(x)$在我们讨论区间内二阶可导,且二阶导数在区间内不变号,这种情况下有下面定理:

定理 3-5-4(最值点判别定理) 设函数 $f(x)$在连通区间 I(I 可以是开区间、闭区间也可以是无界区间)内二阶可导,若 $f''(x)$在区间 I 内不改变正负号,则 $f(x)$的驻点 x_0 一定是函数 $f(x)$的最值点,且有

(1) 若 $f''(x)>0,\forall x\in I$,则 x_0 为 $f(x)$的最小值点;

(2) 若 $f''(x)<0,\forall x\in I$,则 x_0 为 $f(x)$的最大值点 .

注:若 $f''(x)$在区间 I 内不改变正负号,则 $f'(x)$在 I 内单调,因而,$f(x)$在 I 内最多有一个驻点.

证明:(1) 因为 $f''(x)>0,\forall x\in I$,所以 $f'(x)$在区间 I 内单调增加,若 x_0 为 $f(x)$的驻点,则 $f'(x_0)=0$,由 $f'(x)$单调性得:

当 $x<x_0$ 时,$f'(x)<f'(x_0)=0,\Rightarrow f(x)>f(x_0)$,

当 $x>x_0$ 时,$f'(x)>f'(x_0)=0,\Rightarrow f(x)>f(x_0)$,

$f_{最小}=f(x_0)$;

类似地可以证明(2),定理证毕.

【例 3-5-6】 设球的半径为 R,求内接于球的圆柱体的最大体积.

解:设圆柱体的高为 $2h$,底面半径为 r,体积为 V,则 $V=\pi r^2\cdot 2h$.

由图 3-5-6 可知 $r^2+h^2=R^2$. 因此

$$V = 2\pi(R^2 - h^2) \cdot h \quad (0 < h < R)$$

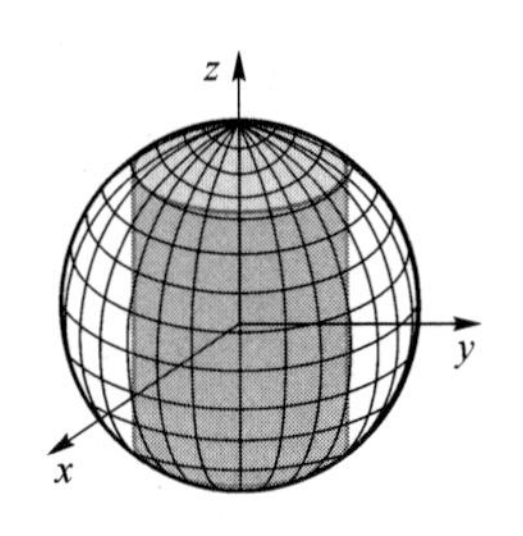

先求 V 对 h 的导数：

$$V'_h = 2\pi(R^2 - 3h^2)$$

令 $V'_h = 0$，得唯一驻点 $h = \frac{R}{\sqrt{3}}$.

再求 V 关于 h 的二阶导数：$V''_h = -12\pi h < 0$，由定理 3-5-4 知 $h = \frac{R}{\sqrt{3}}$ 是目标函数 V 在 $(0, R)$ 内的最大值点.

最大体积为

$$V = 2\pi\left(R^2 - \frac{R^2}{3}\right) \cdot \frac{R}{\sqrt{3}} = \frac{4\pi}{3\sqrt{3}} R^3$$

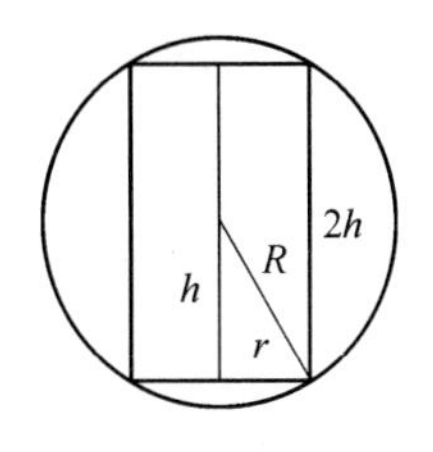

图 3-5-6

【例 3-5-7】 一家工厂生产一种成套的电器维修工具. 厂家规定，若订购套数不超过 300 套，每套售价 400 元，若订购套数超过 300 套，每超过一套可以少付 1 元，问怎样的订购数量，才能使工厂销售收入最大？

解： 设订购套数为 x，销售收入为 $R(x)$. 那么，当订购套数不超过 300 套时，每套售价为 400 元，当订购套数超过 300 套时，每套售价为 $400 - 1 \times (x - 300) = 700 - x$. 由此可得总销售收入函数为

$$R(x) = \begin{cases} 400x, & 0 \leqslant x \leqslant 300 \\ 700x - x^2, & x > 300 \end{cases}$$

所以

$$R'(x) = \begin{cases} 400, & 0 < x < 300 \\ 700 - 2x, & x > 300 \end{cases}$$

$x_1 = 300$ 是不可导点. 令 $R'(x) = 0$，得驻点 $x_2 = 350$.

又当 $x > 300$ 时，$R''(x) = -2 < 0$，故 $x_2 = 350$ 是极大值点. 对 $x_1 = 300$，当 x 经过 x_1 两侧时，$R'(x)$ 不变号，故 $x_1 = 300$ 不是极值点. 因此 $x = 350$ 唯一的极值点，因而是最大值点. 即工厂若想获得最大销售收入，应将订购套数控制在 350 套.

【例 3-5-8】 证明：对任意 $x \in (-\infty, +\infty)$，都有：$e^x \geqslant 1 + x$.

证明： 令 $f(x) = e^x - (1 + x)$，$x \in (-\infty, +\infty)$

则 $f'(x) = e^x - 1$，$f'(x) = 0$，得 $x = 0$，

又因为 $f''(x) = e^x > 0$，$\forall x \in (-\infty, +\infty)$ 成立，

所以 $f_{最小} = f(0) = 0$，

所以，对任意 $x \in (-\infty, +\infty)$ 有：$f(x) = e^x - (1 + x) \geqslant f_{最小} = 0$ 即对任意 $x \in (-\infty, +\infty)$ 有：$e^x \geqslant (1 + x)$，证毕 .

习题 3.5

1. 求下列函数的极值

(1) $y = 2x^3 - 6x + 3$；　　(2) $y = x - \ln(1 + x)$；

(3) $y = x + \sqrt{1 - x}$；　　(4) $y = e^x \cos x$.

2. 求下列函数的最大值与最小值

(1) $y=2x^3+3x^2-12x+14,[-3,4]$；　　(2) $y=x+\sqrt{1-x}$，$[-5,1]$；

(3) $y=\ln(x^2+1)$，$[-1,2]$；　　(4) $y=\frac{x^2}{1+x},\left[-\frac{1}{2},1\right]$.

3. 要造一个圆柱形的油罐,体积为 V,问底半径 r 和高 h 各等于多少时,才能使表面积最小？这时底直径与高的比是多少？

4. 一房地产公司有 50 套公寓要出租. 当月租金定为 1 000 元时,公寓会全部租出去. 当月租金每增加 50 元时,就会多一套公寓租不出去,而租出去的公寓每月需花费 100 元的维修费. 试问房租定为多少可获得最大收入？

5. 已知制作一个背包的成本为 40 元，如果每一个背包的售出价格为 x 元,售出的背包数由 $n=\frac{a}{x-40}+b(80-x)$ 给出,其中 a 、b 为正常数. 问什么样的售出价格能带来最大利润？

3.6 函数作图

通过前面的讨论,我们已经掌握了利用导数来讨论函数的单调性、凹凸性、极值及拐点等函数性态的方法,这样就能比较准确的描绘函数的图形了.

利用导数描绘函数图形的一般步骤如下：

(1) 确定函数 $y=f(x)$ 的定义域,并判断函数所具有的某些性质(如奇偶性、周期性等)；

(2) 求出一阶导数 $f'(x)$ 和二阶导数 $f''(x)$；

(3) 求出 $f'(x)=0,f''(x)=0$ 的点及 $f'(x),f''(x)$ 不存在的点；

(4) 用上述各个点将定义域划分为若干个小区间,根据 $f'(x)$ 与 $f''(x)$ 在每个小区间的符号判定函数的单调性、凹凸性,并求出极值点与拐点；

(5) 确定函数的渐近线；

(6) 计算特殊点的函数值；

(7) 描绘函数的图形.

【例 3-6-1】 描绘 $y=2x^3-3x^2$ 的图形.

解： (1) 该函数的定义域为 $(-\infty,+\infty)$；

(2) $f'(x)=6x^2-6x=6x(x-1)$ ，$f''(x)=12x-6$；

(3) 令 $f'(x)=0$,得驻点 $x=0,x=1$;令 $f''(x)=0$,得 $x=\frac{1}{2}$；

(4) 列如表 3-6-1 所示.

表 3-6-1

x	$(-\infty,0)$	0	$(0,1/2)$	1/2	$(1/2,1)$	1	$(1,+\infty)$
$f'(x)$	+	0	−	−	−	0	+
$f''(x)$	−	−	−	0	+	+	+
$f(x)$	单增、凸	极大值	单减、凸	拐点 $(0.5,-0.5)$	单减、凹	极小值	单增、凹

(5) 补充点 $f(-1)=-5, f\left(\frac{3}{2}\right)=0$.

(6) 描点作出 $y=2x^3-3x^2$ 的图形,如图 3-6-1 所示.

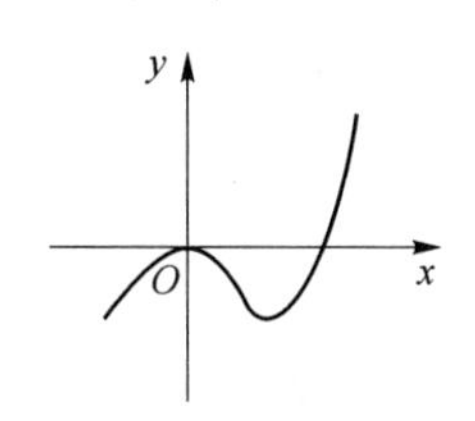

图 3-6-1

【例 3-6-2】 作出函数 $f(x)=\frac{1}{\sqrt{2\pi}}e^{-\frac{x^2}{2}}$ 的图形.

解:(1) 函数定义域为 $(-\infty,+\infty)$,且函数是偶函数,故函数图形关于 y 轴对称;

(2) $f'(x)=-\frac{1}{\sqrt{2\pi}}xe^{-\frac{x^2}{2}}, f''(x)=\frac{1}{\sqrt{2\pi}}e^{-\frac{x^2}{2}}(x^2-1)$;

(3) 在 $[0,+\infty)$ 上,令 $f'(x)=0$,得驻点 $x=0$;令 $f''(x)=0$,得 $x=1$;

(4) 列如表 3-6-2 所示.

表 3-6-2

x	0	$(0,1)$	1	$(1,+\infty)$
$f'(x)$	0	$-$	$-$	$-$
$f''(x)$	$-$	$-$	0	$+$
$f(x)$	$\frac{1}{\sqrt{2\pi}}$	单减、凸	拐点 $(1,0.24)$	单减、凹

(5) 因为 $\lim\limits_{x\to\infty}f(x)=0$,所以 $y=0$ 是曲线的水平渐近线;

(6) 补充点 $f(0)=\frac{1}{\sqrt{2\pi}}\approx 0.4, f(1)=\frac{1}{\sqrt{2\pi e}}\approx 0.24$;

(7) 描点作出 y 轴右侧的图形,然后根据对称性画出另一半,如图 3-6-2 所示.

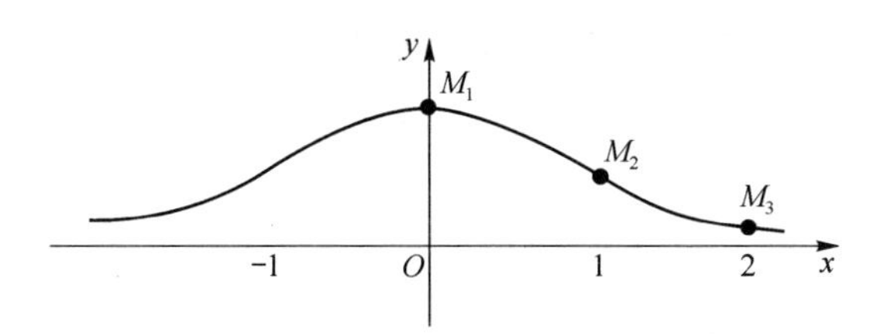

图 3-6-2

习题 3.6

描绘下列函数的图形

(1) $y=x^3+6x^2-15x-20$;

(2) $y=xe^{-x}$;

(3) $y=\frac{x}{1+x^2}$;

(4) $y=\frac{x^2}{2x-1}$;

(5) $y=e^{-(x-1)^2}$;

(6) $y=x^2+\frac{1}{x}$.

第3章综合练习题

1. 选择题

(1) 下列函数在给定区间上满足罗尔定理的有(　　).

(A) $y=x^2-5x+6\quad[2,3]$　　(B) $y=\dfrac{1}{\sqrt[3]{(x-1)^2}}\quad[0,2]$

(C) $y=x\mathrm{e}^{-x}\quad[0,1]$　　(D) $y=\begin{cases}x+1 & (x<5)\\ 1 & (x\geqslant 5)\end{cases}\quad[0,5]$

(2) 下列函数在给定区间上不满足拉格朗日定理的有(　　).

(A) $y=\dfrac{2x}{1+x^2}\quad[-1,1]$　　(B) $y=4x^3-5x^2+x-2\quad[0,1]$

(C) $y=|x|\quad[-1,2]$　　(D) $y=\ln(1+x^2)\quad[0,3]$

(3) 设 $f'(x_0)=f''(x_0)=0,f'''(x_0)>0$,则(　　).

(A) $f'(x_0)$是$f'(x)$的极大值　　(B) $f(x_0)$是$f(x)$的极大值

(C) $f(x_0)$是$f(x)$的极小值　　(D) $(x_0,f(x_0))$是曲线 $y=f(x)$的拐点

(4) 函数 $y=f(x)$在点 $x=x_0$ 处取得最大值,则必有(　　).

(A) $f'(x_0)=0$　　(B) $f''(x_0)<0$

(C) $f'(x_0)=0$ 且 $f''(x_0)<0$　　(D) $f'(x_0)=0$ 或不存在

2. 列举一个函数 $f(x)$满足:$f(x)$在$[a,b]$上连续,在(a,b)内除某一点外处处可导,但在(a,b)内不存在点ξ,使 $f(b)-f(a)=f'(\xi)(b-a)$.

3. 设 $f(x)$在$[0,1]$上连续,在$(0,1)$内可导,且 $f(1)=0$,证明存在一点 $\xi\in(0,1)$,使 $f(\xi)+\xi f'(\xi)=0$.

4. 证明不等式$|\arctan a-\arctan b|\leqslant|a-b|$.

5. 设 $a>b>0$,证明:$\dfrac{a-b}{a}<\ln\dfrac{a}{b}<\dfrac{a-b}{b}$.

6. 求下列极限

(1) $\lim\limits_{x\to1}\left[\dfrac{1}{x-1}-\dfrac{1}{\ln x}\right]$;　　(2) $\lim\limits_{x\to1}\dfrac{x-x^x}{1-x+\ln x}$;

(3) $\lim\limits_{x\to0}\left[\dfrac{1}{\ln(1+x)}-\dfrac{1}{x}\right]$;　　(4) $\lim\limits_{x\to0}\dfrac{x\cos x-\sin x}{x^3}$;

(5) $\lim\limits_{x\to0}\dfrac{\mathrm{e}^x-\mathrm{e}^{-x}-2x}{x^3}$;　　(6) $\lim\limits_{x\to-\infty}x\left(\dfrac{\pi}{2}+\arctan x\right)$;

(7) $\lim\limits_{x\to1^-}(1-x)\ln(1-x)$;　　(8) $\lim\limits_{x\to+\infty}\left(\dfrac{2}{\pi}\arctan x\right)^x$.

7. 求下列函数的单调区间

(1) $y=3x^5-5x^3$;　　(2) $y=(x-1)(x+1)$;

(3) $\ln\left(x+\sqrt{1+x^2}\right)$;　　(4) $y=(x-1)(x+1)^3$;

(5) $y=2x^{\frac{5}{3}}-5x^{\frac{2}{3}}$.

8. 判断下列函数的凹凸性

(1) $y=4x-x^2$；　　(2) $y=xe^{-x}$；

(3) $x\arctan x$；　　(4) $y=x+\dfrac{1}{x}\quad(x>0)$.

9. 证明下列不等式

(1) 当 $0<x_1<x_2<\dfrac{\pi}{2}$ 时，$\dfrac{\tan x_2}{\tan x_1}>\dfrac{x_2}{x_1}$；

(2) 当 $x>1$ 时，$2\sqrt{x}>3-\dfrac{1}{x}$.

10. 求曲线的渐近线

(1) $y=x+\dfrac{\ln x}{x}$；　　(2) $y=x+\arctan x$；

(3) $y=xe^{\frac{1}{x^2}}$.

11. 某车间靠墙壁要盖一间长方形小屋，现有存砖只够砌 20 m 长的墙壁. 问应围成怎样的长方形才能使这间小屋的面积最大？

12. 设某厂生产某产品 x 个单位的总成本函数为 $C(x)=0.5x^2+60x+9\,800$(万元). 求：(1) 产量是多少时，平均成本最低，并求其最低平均成本；

(2) 平均成本最低时的总成本.

第4章 不定积分

学习目标

理解原函数与不定积分的概念；

了解积分曲线的概念，了解不定积分的几何意义；

熟练掌握基本积分公式、不定积分的性质；

掌握第一、第二换元积分法；

会用分部积分法求不定积分；

了解有理函数积分法；

了解三角函数积分法中的万能替换公式；

了解循环积分和递推公式

在第 2 章、第 3 章中，我们学习了微分学的相关知识，讨论了如何求已知函数的导数的问题. 但是在许多实际问题中，往往遇到其逆问题，即已知某函数的导数，要求出这个函数的问题. 这就导致了微积分学的另一个基本概念——不定积分的产生.

4.1 原函数与不定积分

一、原函数

先考查这样一个例子：

引例 一个质量为 m 的质点，在变力 $F=A\cos t$ 的作用下做直线运动，试求质点的运动速度 $v(t)$.

解：根据牛顿第二定律，加速度 $a(t)=\dfrac{F}{m}=\dfrac{A}{m}\cos t$，因此问题转化为：

已知 $v'(t)=\dfrac{A}{m}\cos t$，求运动速度 $v(t)$，

因为 $(\sin t)'=\cos t$，故 $\left(\dfrac{A}{m}\sin t+C\right)'=\dfrac{A}{m}\cos t$，

所以 $v(t)=\frac{A}{m}\sin t+C$（C 为常数）.

这是一个已知某函数的导数，要求出该函数的问题，即求导数的逆运算；我们还可以举出大量的类似问题，对这类问题我们引入一个概念.

定义 4-1-1　设 $f(x)$ 是定义在区间 I 上的已知函数，若存在一个函数 $F(x)$，对任何 $x\in I$ 有

$$F'(x)=f(x) \quad \text{或} \quad \mathrm{d}F(x)=f(x)\mathrm{d}x$$

则称函数 $F(x)$ 为已知函数 $f(x)$ 在区间 I 上的一个**原函数**.

在引例中，$\frac{A}{m}\sin t$ 就是 $\frac{A}{m}\cos t$ 的一个原函数，而 $\frac{A}{m}\sin t+C$（C 为常数）也都是 $\frac{A}{m}\cos t$ 的原函数.

从**原函数**的概念，自然会令我们思考下面的**问题**：

(1) 什么样的函数 $f(x)$ 才有原函数？

(2) 若函数 $f(x)$ 有原函数，原函数是否唯一？

(3) 若函数 $f(x)$ 的原函数不是唯一的，那么这些原函数之间有什么关系？

下面的定理就是对上述三个问题的回答.

定理 4-1-1（原函数存在定理）　如果函数 $f(x)$ 在区间 I 上连续，那么在区间 I 上必存在可导函数 $F(x)$，使得对任意 $x\in I$ 都有 $F'(x)=f(x)$.

简单地说，连续函数必定存在原函数. 我们知道一切初等函数在其定义区间上都连续，所以一切初等函数都有原函数.

注：定理 4-1-1 是第 5 章中的变上限积分函数性质的一个推论，我们在此省略.

结论 1　所有初等函数在其定义区间上有原函数.

由引例知，$\frac{A}{m}\sin t$ 就是 $\frac{A}{m}\cos t$ 的一个原函数，而 $\frac{A}{m}\sin t+C$（C 为常数）也都是 $\frac{A}{m}\cos t$ 的原函数；同样，因为 $(x^2)'=2x$，故 x^2 是 $2x$ 的一个原函数，而 $(x^2+C)'=2x$，因而 x^2+C 都是 $2x$ 的原函数. 由此可得，若函数 $f(x)$ 在区间 I 有一个原函数，则函数 $f(x)$ 在区间 I 上一定有无穷多个原函数，因而函数 $f(x)$ 在区间 I 上的原函数**不唯一**，更进一步有：

定理 4-1-2　如果函数 $f(x)$ 在区间 I 上有原函数 $F(x)$，那么对于任意常数 C，函数 $F(x)+C$ 也是 $f(x)$ 在 I 上的**原函数**.

证明：因为 $F(x)$ 是 $f(x)$ 在区间 I 上的原函数，所以：

$$F'(x)=f(x)$$

而

$$[F(x)+C]'=F'(x)=f(x)$$

所以 $F(x)+C$ 也是 $f(x)$ 在 I 上的原函数.

另一方面，若 $F(x)$、$\Phi(x)$ 都是函数 $f(x)$ 的原函数，由原函数的定义有：

$$F'(x)=f(x),\Phi'(x)=f(x)$$

故有：

$$[\Phi(x)-F(x)]'=\Phi'(x)-F'(x)=f(x)-f(x)=0$$

所以

$$\Phi(x)-F(x)=C$$

即有

$$\Phi(x)=F(x)+C$$

这表明函数 $\Phi(x)$ 与 $F(x)$ 只差一个常数；结合定理 4-1-2 可得下述结论：

定理 4-1-3　设函数 $F(x)$ 是函数 $f(x)$ 在区间 I 上的一个原函数，则函数 $f(x)$ 在区间 I

上的所有原函数集合为:$\{F(x)+C\}$.

注:表达式 $F(x)+C$ 称作函数 $f(x)$ 的所有原函数的一般表达式.

二、不定积分

定义 4-1-2 在区间 I 上,函数 $f(x)$ 区间 I 上的所有原函数的一般表达式 $F(x)+C$ 称作函数 $f(x)$ 区间 I 上的**不定积分**,记为

$$\int f(x)\mathrm{d}x = F(x)+C$$

其中,x 是积分变量,$f(x)$ 是被积函数,$f(x)\mathrm{d}x$ 称为被积表达式,$\int$ 称为积分号.

【例 4-1-1】 求下列不定积分

(1) $\int x^5\mathrm{d}x$;(2) $\int \dfrac{\mathrm{d}x}{1+x^2}$.

解:(1) 由于 $\left(\dfrac{1}{6}x^6\right)'=x^5$,所以 $\dfrac{1}{6}x^6$ 是 x^5 的一个原函数.因此,$\int x^5\mathrm{d}x = \dfrac{x^6}{6}+C$.

(2) 由于 $(\arctan x)'=\dfrac{1}{1+x^2}$,所以 $\arctan x$ 是 $\dfrac{1}{1+x^2}$ 的一个原函数.因此,$\int \dfrac{1}{1+x^2}\mathrm{d}x = \arctan x + C$.

【例 4-1-2】 求函数 $f(x)=\dfrac{1}{x}$ 的不定积分 $\int\dfrac{\mathrm{d}x}{x}$.

解:由第 2 章知:$(\ln|x|)'=\dfrac{1}{x}$

所以
$$\int\frac{\mathrm{d}x}{x}=\ln|x|+C$$

三、不定积分的几何意义

通常把函数 $f(x)$ 的一个原函数 $y=F(x)$ 的图形称为 $f(x)$ 的**积分曲线**.这样,不定积分 $\int f(x)\mathrm{d}x = F(x)+C$,在几何上就是由曲线 $y=F(x)$ 经平行移动所得到的一族曲线 $y=F(x)+C$,称作 $f(x)$ 的**积分曲线族**.

【例 4-1-3】 设曲线通过点(2,1),且其上任一点处的切线斜率等于其横坐标三次方的 4 倍,求此曲线方程.

解:设所求的曲线方程为 $y=f(x)$,由题意知,$\dfrac{\mathrm{d}y}{\mathrm{d}x}=4x^3$,即 $f(x)$ 是 $4x^3$ 的一个原函数.因为 $\int 4x^3\mathrm{d}x = x^4+C$,所以 $f(x)=x^4+C$.由曲线通过点(2,1)得 $C=-15$,于是所求曲线方程为 $f(x)=x^4-15$.

在积分曲线族中,任何一条积分曲线都可以由另一条积分曲线沿着 y 轴方向平移而得到.如例 4-1-3 中的积分曲线族,就可以由曲线 $y=x^4$ 沿着 y 轴方向平移而得到,如图 4-1-1所示.

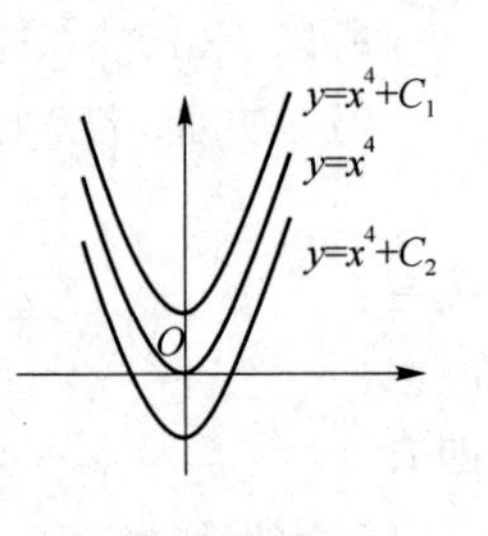

图 4-1-1

四、不定积分的物理意义

已知质点做变速直线运动,其运动速度为 $v(t)$,求其运动规律,即位移函数 $S=S(t)$.

$$因为\ S'(t)=v(t),所以\ S=S(t)=\int v(t)\mathrm{d}t$$

【例 4-1-4】 一质点由静止开始运动,经过 t 秒后的速度是 $3t^2$(m/s),问:

(1) 在 3 秒后质点离开出发点的距离是多少?

(2) 质点走完 343 m 需要多少时间?

解:设质点自坐标原点沿着横轴正向由静止开始运动,位移函数为 $S=S(t)$,则

$$S'(t)=v(t)=3t^2$$

于是

$$S(t)=\int 3t^2\mathrm{d}t=t^3+C$$

因为质点自坐标原点沿着横轴正向由静止开始运动,所以 $S(0)=0$,从而 $0=0+C$,于是 $C=0$.因此,位移函数为

$$S(t)=t^3$$

(1) 3 秒后物体离开出发点的距离为

$$S(3)=3^3=27(\mathrm{m})$$

(2) 由 $343=t^3$,得物体走完 343 m 需要时间为

$$t=\sqrt[3]{343}=7\ 秒$$

从第 2 章的讨论可以看出,对于任一已知的可导函数,均可以按一定步骤求其导数;但对任意的连续函数,要求出其原函数就没有那么简单,因此需要介绍一些求原函数的方法.

五、不定积分的性质

根据不定积分的定义可知,结合前面的导数运算法则,可以得到以下不定积分的性质.

性质 1 $\int F'(x)\mathrm{d}x=F(x)+C,\int \mathrm{d}F(x)=F(x)+C,$

$$\frac{\mathrm{d}}{\mathrm{d}x}\left[\int f(x)\mathrm{d}x\right]=f(x),\quad \mathrm{d}\left[\int f(x)\mathrm{d}x\right]=f(x)\mathrm{d}x$$

结论:如果不计任意常数,则微分运算与求不定积分的运算是互逆的.

性质 2 设函数 $f(x)$ 和 $g(x)$ 的原函数存在,则

$$\int[f(x)\pm g(x)]\mathrm{d}x=\int f(x)\mathrm{d}x\pm\int g(x)\mathrm{d}x$$

这个性质可以推广为:有限个函数的代数和的不定积分仍等于各个函数的不定积分的代数和:

即 $\int[f_1(x)\pm f_2(x)\pm\cdots\pm f_n(x)]\mathrm{d}x=\int f_1(x)\mathrm{d}x\pm\int f_2(x)\mathrm{d}x\pm\cdots\pm\int f_n(x)\mathrm{d}x$

性质 3 在求不定积分时,非零常数因子可以提到积分号外面,即

$$\int kf(x)\mathrm{d}x=k\int f(x)\mathrm{d}x\quad(k\neq 0)$$

注 1:当 $k=0$ 时,上式不成立.因为 $k=0$ 时,上式的左边等于任意常数 C,而右边等

于 **0**.

注 2:性质 2 和性质 3 的一般推论:

$$\int[k_1f_1(x)+k_2f_2(x)+\cdots+k_nf_n(x)]\mathrm{d}x=k_1\int f_1(x)\mathrm{d}x+k_2\int f_2(x)\mathrm{d}x+\cdots+k_n\int f_n(x)\mathrm{d}x$$

(其中,$k_1,k_2,\cdots,k_n$ 不全为 0).

六、基本积分表

在求导运算中,我们用一些基本初等函数的导数公式作为基础,利用求导运算法则,就可以求出所有初等函数的导数;而求不定积分是求导运算的逆运算,因此,每个求导公式就必然对应一个不定积分公式,这些公式自然就是基本积分公式.

求导公式	积分公式
(1) $(kx)'=k$	$\int k\mathrm{d}x=kx+C$
(2) $\left(\frac{x^{\mu+1}}{\mu+1}\right)'=x^\mu$	$\int x^\mu\mathrm{d}x=\frac{x^{\mu+1}}{\mu+1}+C\quad(\mu\neq-1)$
(3) $(\ln\|x\|)'=\frac{1}{x}$	$\int\frac{1}{x}\mathrm{d}x=\ln\|x\|+C$
(4) $\left(\frac{a^x}{\ln a}\right)'=a^x$	$\int a^x\mathrm{d}x=\frac{a^x}{\ln a}+C\quad(a\neq1,a>0)$
(5) $(\mathrm{e}^x)'=\mathrm{e}^x$	$\int\mathrm{e}^x\mathrm{d}x=\mathrm{e}^x+C$
(6) $(\sin x)'=\cos x$	$\int\cos x\mathrm{d}x=\sin x+C$
(7) $(-\cos x)'=\sin x$	$\int\sin x\mathrm{d}x=-\cos x+C$
(8) $(\tan x)'=\sec^2x$	$\int\sec^2x\mathrm{d}x=\tan x+C$
(9) $(-\cot x)'=\csc^2x$	$\int\csc^2x\mathrm{d}x=-\cot x+C$
(10) $(\sec x)'=\sec x\tan x$	$\int\sec x\tan x\mathrm{d}x=\sec x+C$
(11) $(-\csc x)'=\csc x\cot x$	$\int\csc x\cot x\mathrm{d}x=-\csc x+C$
(12) $(\arcsin x)'=\frac{1}{\sqrt{1-x^2}}$	$\int\frac{1}{\sqrt{1-x^2}}\mathrm{d}x=\arcsin x+C$
(13) $(-\arccos x)'=\frac{1}{\sqrt{1-x^2}}$	$\int\frac{1}{\sqrt{1-x^2}}\mathrm{d}x=-\arccos x+C$
(14) $(\arctan x)'=\frac{1}{1+x^2}$	$\int\frac{1}{1+x^2}\mathrm{d}x=\arctan x+C$
(15) $(-\mathrm{arccot}\, x)'=\frac{1}{1+x^2}$	$\int\frac{1}{1+x^2}\mathrm{d}x=-\mathrm{arccot}\, x+C$

以上 15(不同被积函数只有 13)个基本积分公式以及前面的不定积分的性质是求不定积分的基础,必须熟记.

【例 4-1-5】 计算不定积分 $\int \frac{\mathrm{d}x}{x\sqrt[3]{x}}$.

解：

$$原式=\int x^{-\frac{4}{3}}\mathrm{d}x=\frac{x^{-\frac{4}{3}+1}}{-\frac{4}{3}+1}+C=-3x^{-\frac{1}{3}}+C$$

【例 4-1-6】 计算不定积分 $\int\left(\frac{3}{1+x^2}-\frac{2}{\sqrt{1-x^2}}\right)\mathrm{d}x$.

解：

$$原式=3\int\frac{1}{1+x^2}\mathrm{d}x-2\int\frac{1}{\sqrt{1-x^2}}\mathrm{d}x=3\arctan x-2\arcsin x+C$$

【例 4-1-7】 计算不定积分 $\int \tan^2 x\mathrm{d}x$.

解：

$$原式=\int(\sec^2 x-1)\mathrm{d}x=\int\sec^2 x\mathrm{d}x-\int\mathrm{d}x=\tan x-x+C$$

【例 4-1-8】 计算不定积分 $\int\frac{1}{\cos^2 x\sin^2 x}\mathrm{d}x$.

解：

$$\begin{aligned}原式&=\int\frac{\sin^2 x+\cos^2 x}{\cos^2 x\sin^2 x}\mathrm{d}x=\int\frac{\sin^2 x+\cos^2 x}{\cos^2 x\sin^2 x}\mathrm{d}x\\&=\int\left(\frac{1}{\cos^2 x}+\frac{1}{\sin^2 x}\right)\mathrm{d}x=\int(\sec^2 x+\csc^2 x)\mathrm{d}x\\&=\tan x-\cot x+C\end{aligned}$$

【例 4-1-9】 计算不定积分 $\int\frac{1+x+x^2}{x(1+x^2)}\mathrm{d}x$.

解：

$$原式=\int\frac{x+(1+x^2)}{x(1+x^2)}\mathrm{d}x=\int\frac{1}{1+x^2}\mathrm{d}x+\int\frac{1}{x}\mathrm{d}x=\arctan x+\ln|x|+C$$

【例 4-1-10】 求不定积分 $\int\left(1-\frac{1}{x^2}\right)\sqrt{x\sqrt{x}}\,\mathrm{d}x$.

解：

$$原式=\int\left(1-\frac{1}{x^2}\right)x^{\frac{3}{4}}\mathrm{d}x=\int(x^{\frac{3}{4}}-x^{-2+\frac{3}{4}})\mathrm{d}x=\frac{4}{7}x^{\frac{7}{4}}+4x^{-\frac{1}{4}}+C$$

注：(1) 有时被积函数实际上是幂函数，但用分式或者根式表示. 遇到这种情况，应把它化成幂函数的形式再使用基本积分公式进行求积分，如例 4-1-5.

(2) 当被积函数是多个函数的代数和时，这里各项积分中，各有一个常数，由于有限个常数的和仍是一个常数，因此在以后的计算中只需要写一个积分常数，如例 4-1-6.

(3) 被积函数中含有三角函数的高次幂时，通常需要利用三角恒等式进行化简降幂后才能进行积分，如例 4-1-7 和例 4-1-8.

(4) 有时被积函数需要凑成或者拆分成基本公式中所具有的基本形式后，才能积分，如例 4-1-8 和例 4-1-9.

(5) 在不定积分的计算过程中，去掉积分符号后一定不要忘记加上**积分常数 C**.

从上面的这几个例子可知，计算初等函数的不定积分时，虽然不能直接使用不定积分的基本公式表，但是可以通过适当的代数恒等变形，利用不定积分的性质，化简为基本公式的类型，从而得出结果. 由于计算比较简单，因此，一般称这种不定积分的计算方法为**直接积分法**.

习题 4.1

1. 求下列不定积分

(1) $\int(3x^2-4x+2)\mathrm{d}x$；

(2) $\int\frac{x^4}{1+x^2}\mathrm{d}x$；

(3) $\int\sin^2\frac{x}{2}\mathrm{d}x$；

(4) $\int\frac{1+x+x^2}{x(1+x^2)}\mathrm{d}x$；

(5) $\int(1-\sqrt[3]{x^2})^2\mathrm{d}x$；

(6) $\int\frac{\sqrt{u^3}+1}{\sqrt{u}+1}\mathrm{d}u$；

(7) $\int\frac{(x-\sqrt{x})(1+\sqrt{x})}{\sqrt[3]{x}}\mathrm{d}x$；

(8) $\int\frac{\cos 2x\mathrm{d}x}{\cos^2 x\sin^2 x}$；

(9) $\int\frac{\mathrm{d}x}{\sin^2\frac{x}{2}\cos^2\frac{x}{2}}$；

(10) $\int(\mathrm{e}^x-3\cos x)\mathrm{d}x$；

(11) $\int\sqrt{x}(x^2-5)\mathrm{d}x$；

(12) $\int\left(\frac{a}{x^2}-3b\cos x+\frac{2c}{x}\right)\mathrm{d}x$.

2. 已知曲线 $y=f(x)$ 在任一点 x 处的切线斜率为 $2x$，且曲线通过点 $(1,2)$，求此曲线的方程.

4.2 换元积分法

利用积分的性质和基本积分表，虽然能够计算大量的不定积分，但两个基本初等函数的不定积分 $\int\tan x\mathrm{d}x$ 和 $\int\ln x\mathrm{d}x$ 就无法用该方法求出，因此，我们有必要寻找其他更有效的积分方法. 回顾一下第 3 章中求导运算的两个重要法则：复合函数求导法和两个函数乘积的求导法则，它们在不定积分运算中，分别对应于**换元积分法**和下节的**分部积分法**.

一、第一换元积分法(凑微分法)

在不定积分 $\int 3\mathrm{e}^{3x+1}\mathrm{d}x$ 中，用不定积分性质和基本积分公式可得：

$$\int 3\mathrm{e}^{3x+1}\mathrm{d}x=3\mathrm{e}\int\mathrm{e}^{3x}\mathrm{d}x=3\mathrm{e}\int(\mathrm{e}^3)^x\mathrm{d}x=\frac{3\mathrm{e}(\mathrm{e}^3)^x}{\ln\mathrm{e}^3}+C=\mathrm{e}^{3x+1}+C$$

另一方面，若令 $u=3x+1$，$\mathrm{d}u=(3x+1)'\mathrm{d}x=3\mathrm{d}x$，则原不定积分化为：

$$\int 3\mathrm{e}^{3x+1}\mathrm{d}x\overset{u=3x+1}{=}\int\mathrm{e}^u\mathrm{d}u=\mathrm{e}^u+C$$

将 $u=3x+1$ 代入上面结果有：

$$\int 3\mathrm{e}^{3x+1}\mathrm{d}x\overset{u=3x+1}{=}\int\mathrm{e}^u\mathrm{d}u=\mathrm{e}^u+C=\mathrm{e}^{3x+1}+C$$

与直接计算出的结果一致.

自然的问题是:若 $\int f(u)\mathrm{d}u = F(u) + C$,则积分 $\int f[\varphi(x)]\varphi'(x)\mathrm{d}x$ 能否通过令 $u = \varphi(x)$ 化为积分 $\int f(u)\mathrm{d}u = F(u) + C$,再将 $u=\varphi(x)$ 代入换过元的积分结果中而得到原积分的结果呢?

下述定理告诉我们,上述问题的答案是肯定的.

定理 4-2-1(第一换元积分法)　设 $f(x)$ 可积,$\int f(u)\mathrm{d}u = F(u) + C, u = \varphi(x)$ 可导,则有换元积分公式

$$\int f[\varphi(x)]\varphi'(x)\mathrm{d}x \overset{u=\varphi(x)}{=} \int f(u)\mathrm{d}u = F(u) + C \quad \text{(对中间变量积分)}$$

$$= F[\varphi(x)] + C\text{(消除中间变量 } u\text{)} \tag{4-1}$$

此定理告诉我们,如果不定积分的被积表达式为 $f[\varphi(x)]\varphi'(x)\mathrm{d}x$ 的结构形式,则可通过换元 $u=\varphi(x)$,将对 x 的函数的积分化为对 u 的函数的积分

$$\int f[\varphi(x)]\varphi'(x)\mathrm{d}x = \int f[\varphi(x)]\mathrm{d}\varphi(x) = \int f(u)\mathrm{d}u$$

后者可直接求出不定积分,而原不定积分就等于后者积分结果中将 $u=\varphi(x)$ 代入即可.

由此可见,**第一换元积分法**的关键在于如何确定 $u=\varphi(x)$ 中的 $\varphi(x)$,这就要我们对被积函数凑成标准形式 $f[\varphi(x)]\varphi'(x)\mathrm{d}x$,因此**第一换元积分法**又称作**凑微分法**.

1. 常见凑微分法的类型

类型 I　$$\int f(ax+b)\mathrm{d}x \overset{u=ax+b}{=} \int f(u)\left(\frac{1}{a}\mathrm{d}u\right) = \frac{1}{a}\int f(u)\mathrm{d}u$$

【例 4-2-1】　计算不定积分 $\int (ax+b)^m \mathrm{d}x (m \neq -1)$.

解:令 $u=ax+b$,则 $\mathrm{d}u=a\mathrm{d}x, \mathrm{d}x=\frac{1}{a}\mathrm{d}u$,于是有

$$\int (ax+b)^m \mathrm{d}x = \int u^m \frac{1}{a}\mathrm{d}u = \frac{1}{a} \cdot \frac{1}{m+1}u^{m+1} + C$$

$$= \frac{1}{a(m+1)}(ax+b)^{m+1} + C \quad (m \neq -1)$$

注:当 $m=-1$ 时,$\int \frac{\mathrm{d}x}{ax+b} = \frac{1}{a}\ln|ax+b| + C$.

【例 4-2-2】　计算不定积分 $\int \cos(ax+b)\mathrm{d}x \quad (a \neq 0)$.

解:因为 $a\neq 0$,所以

$$\int \cos(ax+b)\mathrm{d}x \overset{u=ax+b}{=} \int \cos u\left(\frac{1}{a}\mathrm{d}u\right) = \frac{1}{a}\int \cos u\mathrm{d}u$$

$$= \frac{1}{a}\sin u + C = \frac{1}{a}\sin(ax+b) + C$$

注:类似地可得　$$\int \sin(ax+b)\mathrm{d}x = -\frac{1}{a}\cos(ax+b) + C$$

【例 4-2-3】　计算不定积分 $\int \mathrm{e}^{ax+b}\mathrm{d}x (a \neq 0)$.

解:因为 $a\neq 0$,所以

$$\int e^{ax+b}dx \overset{u=ax+b}{=} \int e^u\left(\frac{1}{a}du\right)=\frac{1}{a}\int e^u du$$

$$=\frac{1}{a}e^u+C=\frac{1}{a}e^{ax+b}+C$$

【例 4-2-4】 计算不定积分 $\int\frac{1}{a^2+x^2}dx(a\neq 0)$.

解:
$$\int\frac{1}{a^2+x^2}dx=\int\frac{1}{a^2\left[1+\left(\frac{x}{a}\right)^2\right]}dx=\frac{1}{a^2}\int\frac{1}{1+\left(\frac{x}{a}\right)^2}dx$$

$$\overset{u=\frac{x}{a}}{=}\frac{1}{a^2}\int\frac{1}{1+u^2}(a du)=\frac{1}{a}\int\frac{1}{1+u^2}du=\frac{1}{a}\arctan u+C$$

$$=\frac{1}{a}\arctan\frac{x}{a}+C$$

特别:
$$\int\frac{1}{9+x^2}dx=\int\frac{1}{3^2+x^2}dx=\frac{1}{3}\arctan\frac{x}{3}+C$$

类似地 当 $a>0$ 时,$\int\frac{1}{\sqrt{a^2-x^2}}dx=\arcsin\frac{x}{a}+C$

【例 4-2-5】 计算不定积分 $\int\frac{1}{ax^2+bx+c}dx(4ac-b^2>0)$.

解:
$$\int\frac{1}{ax^2+bx+c}dx=\int\frac{1}{a\left(x^2+\frac{b}{a}x+\frac{c}{a}\right)}dx=\frac{1}{a}\int\frac{1}{\left(x+\frac{b}{2a}\right)^2+\frac{4ac-b^2}{4a^2}}dx$$

$$=\frac{4a}{4ac-b^2}\int\frac{1}{1+\left[\frac{2a}{\sqrt{4ac-b^2}}\left(x+\frac{b}{2a}\right)\right]^2}dx$$

$$=\frac{2}{\sqrt{4ac-b^2}}\int\frac{1}{1+\left[\frac{2a}{\sqrt{4ac-b^2}}\left(x+\frac{b}{2a}\right)\right]^2}d\left[\frac{2a}{\sqrt{4ac-b^2}}\left(x+\frac{b}{2a}\right)\right]$$

$$=\frac{2}{\sqrt{4ac-b^2}}\arctan\left[\frac{2a}{\sqrt{4ac-b^2}}\left(x+\frac{b}{2a}\right)\right]+C$$

特例:
$$\int\frac{1}{x^2+4x+13}dx=\frac{2}{\sqrt{4\times 1\times 13-4^2}}\arctan\left[\frac{2\times 1}{\sqrt{4\times 1\times 13-4^2}}\left(x+\frac{4}{2\times 1}\right)\right]+C$$

$$=\frac{1}{3}\arctan\frac{x+2}{3}+C$$

类型Ⅱ $n\neq 0,\int x^{n-1}f(ax^n+b)dx \overset{u=ax^n+b}{=} \int f(u)\left(\frac{1}{an}du\right)=\frac{1}{an}\int f(u)du$

注:$n=1$ 时, 就是类型Ⅰ.

【例 4-2-6】 计算不定积分 $\int 4xe^{2x^2+1}dx$.

解:令 $u=2x^2+1$,则 $du=4xdx$,于是有

$$\int 4xe^{2x^2+1}dx=\int 4e^{2x^2+1}xdx \overset{u=2x^2+1}{=} \int 4e^u\left(\frac{1}{4}du\right)=\int e^u du$$

$$= e^u + C = e^{2x^2+1} + C$$

对变量替换熟练后可在计算过程中省略 $u=\varphi(x)$ 这一步，就直接把 $\varphi(x)$ 当作 u 即可.

【例 4-2-7】 计算不定积分 $\int \frac{e^{3\sqrt{x}}}{\sqrt{x}}dx$.

解：
$$\int \frac{e^{3\sqrt{x}}}{\sqrt{x}}dx = \int e^{3x^{\frac{1}{2}}}(x^{\frac{1}{2}-1})dx = \int e^{3x^{\frac{1}{2}}}\left[\frac{2}{3}d(3x^{\frac{1}{2}})\right] = \frac{2}{3}\int e^{3x^{\frac{1}{2}}}d(3x^{\frac{1}{2}})$$
$$= \frac{2}{3}e^{3x^{\frac{1}{2}}} + C$$

类似地有： $n\neq 0, a\neq 0, \int x^{n-1}\sin(ax^n+b)dx = -\frac{1}{an}\cos(ax^n+b)+C$

$$n\neq 0, a\neq 0, \int x^{n-1}\cos(ax^n+b)dx = \frac{1}{an}\sin(ax^n+b)+C$$

$$n\neq 0, a\neq 0, \int x^{n-1}(ax^n+b)^{\mu}dx = \begin{cases}\frac{(ax^n+b)^{\mu+1}}{an(\mu+1)}+C, \mu\neq -1\\ \frac{1}{an}\ln|ax^n+b|+C, \mu=-1\end{cases}$$

特别： $a\neq 0, \int \frac{x}{\sqrt{ax^2+b}}dx = \int x(ax^2+b)^{-\frac{1}{2}}dx = \frac{1}{a}\sqrt{ax^2+b}+C$

$$a\neq 0, \int x\sqrt{ax^2+b}\,dx = \int x(ax^2+b)^{\frac{1}{2}}dx = \frac{1}{3a}(ax^2+b)^{\frac{3}{2}}+C$$

类型Ⅲ
$$\int \frac{f(\ln x)}{x}dx \xlongequal{u=\ln x} \int f(u)du = \int f(u)du$$

【例 4-2-8】 计算不定积分 $\int \frac{\ln x}{x}dx$.

解： $\int \frac{\ln x}{x}dx = \int \ln x\, d(\ln x) = \frac{1}{2}\ln^2 x + C$

【例 4-2-9】 计算不定积分 $\int \frac{3\ln x+1}{x}dx$.

解：
$$\int \frac{3\ln x+1}{x}dx = \int (3\ln x+1)d(\ln x) = \int 3\ln x\, d(\ln x) + \int d(\ln x)$$
$$= \frac{3}{2}\ln^2 x + \ln x + C$$

类型Ⅳ $\int \frac{\varphi'(x)}{\varphi(x)}dx \xlongequal{u=\varphi(x)} \int \frac{1}{u}du = \ln|u|+C = \ln|\varphi(x)|+C$

【例 4-2-10】 计算不定积分 $\int \tan x\,dx$.

解：
$$\int \tan x\,dx = \int \frac{\sin x}{\cos x}dx = \int \frac{(-\cos x)'}{\cos x}dx = -\int \frac{1}{\cos x}d(\cos x)$$
$$= -\ln|\cos x|+C$$

类似地可得：
$$\int \cot x\,dx = \ln|\sin x|+C$$

【例 4-2-11】 计算不定积分 $\int \sec x\,dx$.

解: $$\int \sec x\mathrm{d}x = \int \frac{(\sec x+\tan x)'}{\sec x+\tan x}\mathrm{d}x = \ln|\sec x+\tan x|+C$$

类似地可得: $\int \csc x\mathrm{d}x = -\ln|\csc x+\cot x|+C = \ln|\csc x-\cot x|+C$

【例 4-2-12】 计算不定积分 $\int \frac{1}{ax+b}\mathrm{d}x(a\neq 0)$.

解: $$\int \frac{1}{ax+b}\mathrm{d}x = \frac{1}{a}\int \frac{(ax+b)'}{ax+b}\mathrm{d}x = \frac{1}{a}\ln|ax+b|+C$$

特别: $$\int \frac{1}{x\pm b}\mathrm{d}x = \ln|x\pm b|+C$$

【例 4-2-13】 计算不定积分 $\int \frac{1}{a^2-x^2}\mathrm{d}x(a\neq 0)$.

解: $$\int \frac{1}{a^2-x^2}\mathrm{d}x = \int \frac{(a+x)+(a-x)}{2a(a-x)(a+x)}\mathrm{d}x = \frac{1}{2a}\int\left(\frac{1}{a-x}+\frac{1}{a+x}\right)\mathrm{d}x$$

$$= \frac{1}{2a}\left[\int \frac{1}{a-x}\mathrm{d}x+\int \frac{1}{a+x}\mathrm{d}x\right] = \frac{1}{2a}\ln\left|\frac{a+x}{a-x}\right|+C$$

类型 V $$\int f(\mathrm{e}^x)\mathrm{e}^x\mathrm{d}x = \int f(\mathrm{e}^x)\mathrm{d}(\mathrm{e}^x) \overset{u=\mathrm{e}^x}{=} \int f(u)\mathrm{d}u$$

【例 4-2-14】 计算不定积分 $\int \frac{1}{\mathrm{e}^{-x}+\mathrm{e}^x}\mathrm{d}x$.

解: $$\int \frac{1}{\mathrm{e}^{-x}+\mathrm{e}^x}\mathrm{d}x = \int \frac{\mathrm{e}^x}{1+\mathrm{e}^{2x}}\mathrm{d}x = \int \frac{\mathrm{e}^x}{1+(\mathrm{e}^x)^2}\mathrm{d}x = \int \frac{1}{1+(\mathrm{e}^x)^2}\mathrm{d}(\mathrm{e}^x)$$

$$= \arctan \mathrm{e}^x+C$$

【例 4-2-15】 计算不定积分 $\int \frac{1}{1+\mathrm{e}^x}\mathrm{d}x$.

解: $$\int \frac{1}{1+\mathrm{e}^x}\mathrm{d}x = \int \frac{(1+\mathrm{e}^x)-\mathrm{e}^x}{1+\mathrm{e}^x}\mathrm{d}x = \int\left[1-\frac{\mathrm{e}^x}{1+\mathrm{e}^x}\right]\mathrm{d}x = \int \mathrm{d}x-\int \frac{\mathrm{e}^x}{1+\mathrm{e}^x}\mathrm{d}x$$

$$= x-\int \frac{1}{1+\mathrm{e}^x}\mathrm{d}(1+\mathrm{e}^x) = x-\ln(1+\mathrm{e}^x)+C$$

2. 其他凑微分法的类型

(1) $\int f(\sin x)\cos x\mathrm{d}x \overset{u=\sin x}{=} \int f(u)\mathrm{d}u$;

(2) $\int f(\cos x)\sin x\mathrm{d}x \overset{u=\cos x}{=} -\int f(u)\mathrm{d}u$;

(3) $\int f(\tan x)\sec^2 x\mathrm{d}x \overset{u=\tan x}{=} \int f(u)\mathrm{d}u$;

(4) $\int f(\cot x)\csc^2 x\mathrm{d}x \overset{u=\cot x}{=} -\int f(u)\mathrm{d}u$;

(5) $\int f(\sec x)\sec x\tan x\mathrm{d}x \overset{u=\sec x}{=} \int f(u)\mathrm{d}u$;

(6) $\int f(\csc x)\csc x\cot x\mathrm{d}x \overset{u=\csc x}{=} -\int f(u)\mathrm{d}u$;

(7) $\int f(\arcsin x)\frac{1}{\sqrt{1-x^2}}\mathrm{d}x \overset{u=\arcsin x}{=} \int f(u)\mathrm{d}u$;

(8) $\int f(\arccos x)\dfrac{1}{\sqrt{1-x^2}}\mathrm{d}x \overset{u=\arccos x}{=} -\int f(u)\mathrm{d}u$；

(9) $\int f(\arctan x)\dfrac{1}{1+x^2}\mathrm{d}x \overset{u=\arctan x}{=} \int f(u)\mathrm{d}u$；

(10) $\int f(\operatorname{arccot} x)\dfrac{1}{1+x^2}\mathrm{d}x \overset{u=\operatorname{arccot} x}{=} -\int f(u)\mathrm{d}u$.

【例 4-2-16】 计算不定积分 $\int \sin^2 x\cdot\cos^5 x\mathrm{d}x$.

解：
$$\begin{aligned}\int \sin^2 x\cdot\cos^5 x\mathrm{d}x &= \int \sin^2 x\cdot\cos^4 x\mathrm{d}(\sin x) = \int \sin^2 x\cdot(1-\sin^2 x)^2\mathrm{d}(\sin x)\\ &= \int(\sin^2 x - 2\sin^4 x+\sin^6 x)\mathrm{d}(\sin x)\\ &= \frac{1}{3}\sin^3 x-\frac{2}{5}\sin^5 x+\frac{1}{7}\sin^7 x+C\end{aligned}$$

【例 4-2-17】 计算不定积分 $\int \cos^2 x\sin^3 x\mathrm{d}x$.

解：
$$\begin{aligned}\int \cos^2 x\sin^3 x\mathrm{d}x &= \int \cos^2 x\sin^2 x\sin x\mathrm{d}x = -\int \cos^2 x(1-\cos^2 x)\mathrm{d}(\cos x)\\ &= -\int(\cos^2 x-\cos^4 x)\mathrm{d}(\cos x) = -\frac{1}{3}\cos^3 x+\frac{1}{5}\cos^5 x+C\end{aligned}$$

【例 4-2-18】 计算不定积分 $\int 8\cos^2 x\sin^4 x\mathrm{d}x$.

解：
$$\begin{aligned}\int 8\cos^2 x\sin^4 x\mathrm{d}x &= \int (2\sin x\cos x)^2 2\sin^2 x\mathrm{d}x = \int \sin^2 2x(1-\cos 2x)\mathrm{d}x\\ &= \int \frac{1-\cos 4x}{2}(1-\cos 2x)\mathrm{d}x\\ &= \frac{1}{2}\int(1-\cos 2x-\cos 4x+\cos 2x\cos 4x)\mathrm{d}x\\ &= \frac{1}{2}\int\left[1-\cos 2x-\cos 4x+\frac{1}{2}(\cos 2x+\cos 6x)\right]\mathrm{d}x\\ &= \frac{1}{2}\int\left(1-\frac{1}{2}\cos 2x-\cos 4x+\frac{1}{2}\cos 6x\right)\mathrm{d}x\\ &= \frac{x}{2}-\frac{\sin 2x}{8}-\frac{\sin 4x}{8}+\frac{\sin 6x}{24}+C\end{aligned}$$

或：
$$\begin{aligned}\int 8\cos^2 x\sin^4 x\mathrm{d}x &= \int(2\cos^2 x)(2\sin^2 x)^2\mathrm{d}x = \int(1+\cos 2x)(1-\cos 2x)^2\mathrm{d}x\\ &= \int(1-\cos^2 2x)(1-\cos 2x)\mathrm{d}x = \int\left(1-\frac{1+\cos 4x}{2}\right)(1-\cos 2x)\mathrm{d}x\\ &= \frac{1}{2}\int\left[1-\cos 2x-\cos 4x+\frac{1}{2}(\cos 2x+\cos 6x)\right]\mathrm{d}x\\ &= \frac{1}{2}\int\left(1-\frac{1}{2}\cos 2x-\cos 4x+\frac{1}{2}\cos 6x\right)\mathrm{d}x\\ &= \frac{x}{2}-\frac{\sin 2x}{8}-\frac{\sin 4x}{8}+\frac{\sin 6x}{24}+C\end{aligned}$$

注： 一般地，对于 $\int \cos^m x\sin^n x\mathrm{d}x$ 型的积分，可以分以下几种情况化简：

(1) 当 $m=2k+1$ 时,$\int \cos^m x\ \sin^n x\mathrm{d}x = \int \cos^{2k+1} x\ \sin^n x\mathrm{d}x$

$$= \int (1-\sin^2 x)^k \sin^n x\cos x\mathrm{d}x = \int (1-\sin^2 x)^k \sin^n x\mathrm{d}(\sin x)$$

(2) 当 $n=2k+1$ 时,$\int \cos^m x\ \sin^n x\mathrm{d}x = \int \cos^m x\ \sin^{2k+1} x\mathrm{d}x$

$$= \int \cos^m x\ (1-\cos^2 x)^k \sin x\mathrm{d}x = -\int \cos^m x\ (1-\cos^2 x)^k \mathrm{d}(\cos x)$$

(3) 当 m,n 同为偶数时,使用倍角公式 $\sin^2 x=\dfrac{1}{2}(1-\cos 2x)$ 和 $\cos^2 x=\dfrac{1}{2}(1+\cos 2x)$ 再用积化和差公式将被积函数化为 $\cos ax,\sin bx$ 的形式(类型Ⅰ).

【例 4-2-19】 计算不定积分 $\int \tan^3 x\ \sec^4 x\mathrm{d}x$.

解:方法一: $\int \tan^3 x\ \sec^4 x\mathrm{d}x = \int \tan^3 x\ \sec^2 x\mathrm{d}(\tan x) = \int \tan^3 x(\tan^2 x+1)\mathrm{d}(\tan x)$

$$= \int (\tan^5 x+\tan^3 x)\mathrm{d}(\tan x) = \frac{1}{6}\tan^6 x+\frac{1}{4}\tan^4 x+C$$

方法二: $\int \tan^3 x\ \sec^4 x\mathrm{d}x = \int \tan^2 x\ \sec^3 x\mathrm{d}(\sec x) = \int (\sec^2 x-1)\sec^3 x\mathrm{d}(\sec x)$

$$= \int (\sec^5 x-\sec^3 x)\mathrm{d}(\sec x) = \frac{1}{6}\sec^6 x-\frac{1}{4}\sec^4 x+C$$

【例 4-2-20】 计算不定积分 $\int \sec^6 x\mathrm{d}x$.

解: $\int \sec^6 x\mathrm{d}x = \int (\sec^2 x)^2 \cdot \sec^2 x\mathrm{d}x = \int (\tan^2 x+1)^2 \cdot \sec^2 x\mathrm{d}x$

$$= \int (\tan^2 x+1)^2 \mathrm{d}\tan x = \int (\tan^4 x+2\tan^2 x+1)\mathrm{d}\tan x$$

$$= \frac{1}{5}\tan^5 x+\frac{2}{3}\tan^3 x+\tan x+C$$

二、第二换元积分法

上面讲的第一换元法是通过凑微分的途径,把一个复杂的积分 $\int f[\varphi(x)]\varphi'(x)\mathrm{d}x$ 化成较简单的积分 $\int f(u)\mathrm{d}u$ (其中 $u=\varphi(x)$). 但是,对不定积分 $\int \sqrt{a^2-x^2}\,\mathrm{d}x(a>0)$ 就不易凑到有效的微分式;但引入变量代换 $x=a\sin t$,可将上述积分化成三角函数积分:$\int a\cos t\ \mathrm{d}(a\sin t)=a^2\int \cos^2 t\mathrm{d}t$,而后者是容易积出的. 这就自然产生了一个新问题:若积分 $\int f(x)\mathrm{d}x$ 不易积出,但作替换 $x=\varphi(t)$ 将积分化为:$\int f[\varphi(t)]\varphi'(t)\mathrm{d}t$,后者作为变量 t 的积分则容易求出不定积分,能否通过先积出 $\int f[\varphi(t)]\varphi'(t)\mathrm{d}t$ 再用 $t=\varphi^{-1}(x)$ 代入 $\int f[\varphi(t)]\varphi'(t)\mathrm{d}t$ 的积分结果中而得到积分 $\int f(x)\mathrm{d}x$ 呢? 定理 4-2-2 告诉我们,答案是肯定的.

1. 基本定理

定理 4-2-2　设 $x=\varphi(t)$是单调可微的函数,且 $\varphi'(t)\neq 0$,若 $\int f[\varphi(t)]\varphi'(t)\mathrm{d}t = F(t)+C$,则有换元公式

$$\int f(x)\mathrm{d}x = \int f[\varphi(t)]\varphi'(t)\mathrm{d}t = F(t)+C = F[\varphi^{-1}(x)]+C \tag{4-2}$$

其中,$t=\varphi^{-1}(x)$是 $x=\varphi(t)$的反函数.

证明:因为 $\int f[\varphi(t)]\varphi'(t)\mathrm{d}t = F(t)+C, t=\varphi^{-1}(x)$ 是 $x=\varphi(t)$的反函数,所以,

$$\frac{\mathrm{d}\{F[\varphi^{-1}(x)]+C\}}{\mathrm{d}x} = \frac{\mathrm{d}F(t)}{\mathrm{d}t}\cdot\frac{\mathrm{d}t}{\mathrm{d}x} = \frac{\frac{\mathrm{d}F(t)}{\mathrm{d}t}}{\frac{\mathrm{d}x}{\mathrm{d}t}} = \frac{\{f[\varphi(t)]\varphi'(t)\}}{\varphi'(t)}$$

$$= f[\varphi(t)] = f(x) \quad (x=\varphi(t))$$

由不定积分的定义有:$\int f(x)\mathrm{d}x = F[\varphi^{-1}(x)]+C$. 证毕!

2. 常见类型

类型 Ⅰ　三角代换

(a) $\int f(\sqrt{a^2-x^2})\mathrm{d}x \overset{x=a\sin t}{=} \int f(a\cos t)\mathrm{d}(a\sin t) \quad (a>0)$

(b) $\int f(\sqrt{a^2+x^2})\mathrm{d}x \overset{x=a\tan t}{=} \int f(a\sec t)\mathrm{d}(a\tan t) \quad (a>0)$

(c) $\int f(\sqrt{x^2-a^2})\mathrm{d}x \overset{x=a\sec t}{=} \int f(a\tan t)\mathrm{d}(a\sec t) \quad (a>0)$

【例 4-2-21】　计算不定积分 $\int \sqrt{a^2-x^2}\mathrm{d}x (a>0)$.

解:显然被积函数是 $f(\sqrt{a^2-x^2})$型,故用替换 $x=a\sin t\left(-\frac{\pi}{2}<t<\frac{\pi}{2}\right)$,

易得:　$\sqrt{a^2-x^2}=a\cos t, \tan t=\frac{x}{\sqrt{a^2-x^2}}, t=\arcsin\frac{x}{a}$

所以,$\int \sqrt{a^2-x^2}\mathrm{d}x \overset{x=a\sin t}{=} \int a\cos t\mathrm{d}(a\sin t) = a^2\int \cos^2 t\mathrm{d}t = a^2\int \frac{1+\cos 2t}{2}\mathrm{d}t$

$$= \frac{a^2}{2}\int(1+\cos 2t)\mathrm{d}t = \frac{a^2}{2}\left(t+\frac{1}{2}\sin 2t\right)+C = \frac{a^2}{2}(t+\sin t\cos t)+C$$

$$\overset{\text{倒代}}{=} \frac{a^2}{2}\left(\arcsin\frac{x}{a}+\frac{x}{a}\cdot\frac{\sqrt{a^2-x^2}}{a}\right)+C = \frac{a^2}{2}\arcsin\frac{x}{a}+\frac{1}{2}x\sqrt{a^2-x^2}+C$$

【例 4-2-22】　计算不定积分 $\int \frac{1}{\sqrt{a^2-x^2}}\mathrm{d}x (a>0)$.

解:由前面的内容知,我们可用第一换元法计算这个积分,但这里我们用第二换元法来计算.

显然被积函数是 $f(\sqrt{a^2-x^2})$型,故用替换 $x=a\sin t\left(-\frac{\pi}{2}<t<\frac{\pi}{2}\right)$,

$$\int \frac{1}{\sqrt{a^2-x^2}}\mathrm{d}x \xlongequal{u=a\sin t} \int \frac{1}{a\cos t}\mathrm{d}(a\sin t) = \int \mathrm{d}t = t+C$$

$$\xlongequal{\text{倒代}} \arcsin\frac{x}{a}+C$$

【例 4-2-23】 计算不定积分 $\int \frac{1}{\sqrt{a^2+x^2}}\mathrm{d}x(a>0)$.

解:因为被积函数是 $f(\sqrt{a^2+x^2})$型，故用替换 $x=a\tan t\left(-\frac{\pi}{2}<t<\frac{\pi}{2}\right)$

而 $\mathrm{d}x=a\sec^2 t\mathrm{d}t$，$\sqrt{x^2+a^2}=\sqrt{a^2\tan t^2 t+a^2}=a\sec t$，

所以 $$\int \frac{\mathrm{d}x}{\sqrt{x^2+a^2}} = \int \frac{a\sec^2 t}{a\sec t}\mathrm{d}t = \int \sec t\mathrm{d}t = \ln|\sec t+\tan t|+C_1$$

如图 4-2-1 所示，有 $\sec t=\frac{\sqrt{x^2+a^2}}{a}$，$\tan t=\frac{x}{a}$

倒代回去有：$\int \frac{\mathrm{d}x}{\sqrt{x^2+a^2}} = \ln\left|\frac{x}{a}+\frac{\sqrt{x^2+a^2}}{a}\right|+C_1 = \ln\left|x+\sqrt{x^2+a^2}\right|+C$

其中 $$C=C_1-\ln a$$

【例 4-2-24】 计算不定积分 $\int \frac{1}{a^2+x^2}\mathrm{d}x(a>0)$.

解:回顾一下，在第一换元积分法中，我们计算出：$\int \frac{1}{a^2+x^2}\mathrm{d}x = \frac{1}{a}\arctan\frac{x}{a}+C$，现在，我们用第二换元法来再计算一遍.

因为 $a^2+x^2=(\sqrt{a^2+x^2})^2$，故用替换 $x=a\tan t\left(-\frac{\pi}{2}<t<\frac{\pi}{2}\right)$

$$\int \frac{1}{a^2+x^2}\mathrm{d}x = \int \frac{1}{(a\sec t)^2}\mathrm{d}(a\tan t) = \int \frac{1}{(a\sec t)^2}(a\sec^2 t)\mathrm{d}t$$

$$= \frac{1}{a}\int \mathrm{d}t = \frac{1}{a}t+C = \frac{1}{a}\arctan\frac{x}{a}+C$$

【例 4-2-25】 计算不定积分 $\int \frac{\mathrm{d}x}{\sqrt{x^2-a^2}}(a>0)$.

解:因为被积函数是 $f(\sqrt{x^2-a^2})$型，故用替换 $x=a\sec t\left(x>a\text{ 时}, 0<t<\frac{\pi}{2}；\text{当 } x<-a\text{ 时}, \pi<t<\frac{3\pi}{2}\right)$.

由图 4-2-2 知 $\sqrt{x^2-a^2}=a\tan t$，$\mathrm{d}x=a\sec t\tan t\mathrm{d}t$

于是 $$\int \frac{\mathrm{d}x}{\sqrt{x^2-a^2}} = \int \frac{a\sec t\cdot\tan t}{a\tan t}\mathrm{d}t = \int \sec t\mathrm{d}t = \ln|\sec t+\tan t|+C_1$$

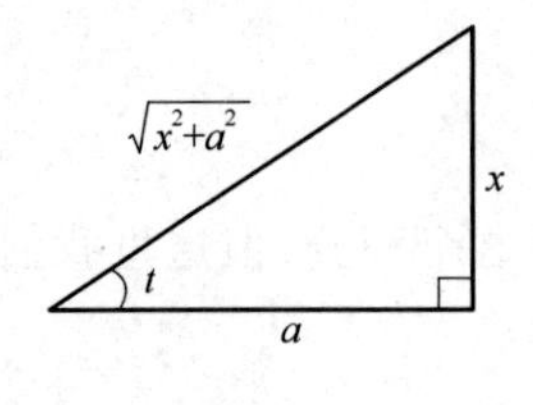

图 4-2-1

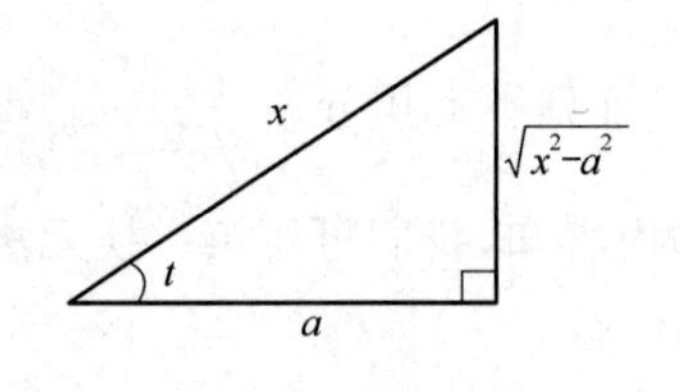

图 4-2-2

再将 $\sec t=\frac{x}{a}$，$\tan t=\frac{\sqrt{x^2-a^2}}{a}$代入上式即得：

$$\int \frac{\mathrm{d}x}{\sqrt{x^2-a^2}}=\ln\left|\frac{x}{a}+\frac{\sqrt{x^2-a^2}}{a}\right|+C_1=\ln\left|x+\sqrt{x^2-a^2}\right|+C$$

其中 $C=C_1-\ln a$.

类型Ⅱ　倒数代换

一些情况下，如被积函数是分式，分母的方幂较高时，可以使用倒数代换将计算大大简化.

【例 4-2-26】 计算不定积分 $\int \frac{1}{x(x^7+2)}\mathrm{d}x$.

解：令 $x=\frac{1}{t}$，则 $\mathrm{d}x=-\frac{1}{t^2}\mathrm{d}t$，于是

$$\begin{aligned}\int \frac{1}{x(x^7+2)}\mathrm{d}x&=\int \frac{t}{\left(\frac{1}{t}\right)^7+2}\cdot\left(-\frac{1}{t^2}\right)\mathrm{d}t=-\int \frac{t^6}{1+2t^7}\mathrm{d}t\\&=-\frac{1}{14}\int \frac{\mathrm{d}(1+2t^7)}{1+2t^7}=-\frac{1}{14}\ln|1+2t^7|+C\\&=-\frac{1}{14}\ln|2+x^7|+\frac{1}{2}\ln|x|+C\end{aligned}$$

【例 4-2-27】 计算不定积分 $\int \frac{1}{x^3\sqrt{x^4+1}}\mathrm{d}x$.

解：令 $x=\frac{1}{t}$，则 $\mathrm{d}x=-\frac{1}{t^2}\mathrm{d}t$，于是

$$\begin{aligned}\int \frac{1}{x^3\sqrt{x^4+1}}\mathrm{d}x&=\int \frac{1}{t^{-3}\sqrt{t^{-4}+1}}\left(-\frac{1}{t^2}\right)\mathrm{d}t\\&=-\int \frac{t^3}{\sqrt{1+t^4}}\mathrm{d}t=-\frac{1}{4}\int \frac{1}{\sqrt{1+t^4}}\mathrm{d}(t^4+1)\\&=-\frac{1}{2}\sqrt{1+t^4}+C=-\frac{\sqrt{x^4+1}}{2x^2}+C\end{aligned}$$

类型Ⅲ　根式代换

如果被积函数是无理式，且通过根式代换可以化为有理式，这时我们对积分作根式代换.

【例 4-2-28】 计算不定积分 $\int \frac{1}{\sqrt{x}(1+\sqrt[3]{x})}\mathrm{d}x$.

解：令 $x=t^6\ (t>0)$，则 $\mathrm{d}x=6t^5\mathrm{d}t$，于是有

$$\begin{aligned}\int \frac{1}{\sqrt{x}(1+\sqrt[3]{x})}\mathrm{d}x&=\int \frac{6t^5}{t^3(1+t^2)}\mathrm{d}t=\int \frac{6t^2}{1+t^2}\mathrm{d}t\\&=6\int \frac{t^2+1-1}{1+t^2}\mathrm{d}t=6\int\left(1-\frac{1}{1+t^2}\right)\mathrm{d}t\\&=6[t-\arctan t]+C=6[\sqrt[6]{x}-\arctan\sqrt[6]{x}]+C\end{aligned}$$

【例 4-2-29】 计算不定积分 $\int \frac{1}{\sqrt{1+\mathrm{e}^x}}\mathrm{d}x$.

解:令 $t=\sqrt{1+e^x}$,则 $e^x=t^2-1, x=\ln(t^2-1), dx=\frac{2t}{t^2-1}dt$. 于是有

$$\int \frac{1}{\sqrt{1+e^x}}dx=\int \frac{1}{t}\cdot\frac{2t}{t^2-1}dt=\int \frac{2}{t^2-1}dt=\ln\left|\frac{t-1}{t+1}\right|+C$$
$$=2\ln(\sqrt{1+e^x}-1)-x+C$$

本节的例题中,很多积分都是后面经常遇到的.它们通常被作为公式使用,为此,常用的积分公式表中,再添加以下几个常用的公式(其中常数 $a>0$).

(16) $\int \tan x dx=-\ln|\cos x|+C$

(17) $\int \cot x dx=\ln|\sin x|+C$

(18) $\int \sec x dx=\ln|\sec x+\tan x|+C$

(19) $\int \csc x dx=\ln|\csc x-\cot x|+C$

(20) $\int \frac{1}{a^2+x^2}dx=\frac{1}{a}\arctan\frac{x}{a}+C$

(21) $\int \frac{1}{x^2-a^2}dx=\frac{1}{2a}\ln\left|\frac{x-a}{x+a}\right|+C$

(22) $\int \frac{1}{\sqrt{a^2-x^2}}dx=\arcsin\frac{x}{a}+C$

(23) $\int \frac{dx}{\sqrt{x^2+a^2}}=\ln(x+\sqrt{x^2+a^2})+C$

(24) $\int \frac{dx}{\sqrt{x^2-a^2}}=\ln|x+\sqrt{x^2-a^2}|+C$

习题 4.2

1. 求下列不定积分

(1) $\int \frac{dx}{4x-3}$;

(2) $\int \frac{dx}{\sqrt{1-2x^2}}$;

(3) $\int \frac{dx}{e^x-e^{-x}}$;

(4) $\int e^{3x+2}dx$;

(5) $\int (2^x+3^x)^2dx$;

(6) $\int \frac{1}{2+5x^2}dx$;

(7) $\int \sin^5 x dx$;

(8) $\int \tan^{10}x\sec^2 x dx$;

(9) $\int \sin 5x\cos 3x dx$;

(10) $\int \cos^2 5x dx$;

(11) $\int \frac{(2x+4)dx}{(x^2+4x+5)^2}$;

(12) $\int \frac{\sin\sqrt{x}}{\sqrt{x}}dx$;

(13) $\int \frac{x^2 \mathrm{d}x}{\sqrt[4]{1-2x^3}}$；　(14) $\int \frac{1}{1-\sin x}\mathrm{d}x$；

(15) $\int \frac{\sin x+\cos x}{\sqrt[3]{\sin x-\cos x}}\mathrm{d}x$；　(16) $\int \frac{\mathrm{d}x}{(\arcsin x)^2\sqrt{1-x^2}}$；

(17) $\int \frac{\mathrm{d}x}{x^2-2x+2}$；　(18) $\int \frac{1-x}{\sqrt{9-4x^2}}\mathrm{d}x$；

(19) $\int \tan\sqrt{1+x^2}\ \frac{x}{\sqrt{1+x^2}}\mathrm{d}x$；　(20) $\int \frac{\sin x\cos x}{1+\sin^4 x}\mathrm{d}x$.

2. 求下列不定积分

(1) $\int \frac{1}{\sqrt{1+\mathrm{e}^{2x}}}\mathrm{d}x$　(2) $\int \frac{1}{x\sqrt{1+x^2}}\mathrm{d}x$

(3) $\int \frac{\arctan\sqrt{x}}{(1+x)\sqrt{x}}\mathrm{d}x$　(4) $\int \frac{\ln x+1}{(x\ln x)^2}\mathrm{d}x$

(5) $\int (x+2)^{20}(x-1)\mathrm{d}x$　(6) $\int x^2(x+1)^n\mathrm{d}x(n>0)$

(7) $\int \frac{1}{x^4\sqrt{1+x^2}}\mathrm{d}x$　(8) $\int \frac{\sqrt{x^2-9}}{x}\mathrm{d}x(x>3)$

(9) $\int \frac{1}{(1-x^2)^{\frac{3}{2}}}dx$　(10) $\int \frac{1}{(a^2+x^2)^{\frac{3}{2}}}\mathrm{d}x$

(11) $\int \frac{x-a}{\sqrt{x^2-a^2}}\mathrm{d}x$　(12) $\int \sqrt{2ax-x^2}\,\mathrm{d}x$

(13) $\int \frac{1}{1+\sqrt{2x}}\mathrm{d}x$　(14) $\int x^2(1-x)^{\frac{1}{3}}\mathrm{d}x$

(15) $\int \frac{1}{x\sqrt{x^2-1}}\mathrm{d}x(x>1)$　(16) $\int \sqrt{a^2-x^2}\,\mathrm{d}x$

(17) $\int \frac{\sqrt{a^2-x^2}}{x^4}\mathrm{d}x$　(18) $\int \frac{x^2-1+\sqrt{1-x^2}}{x^2\sqrt{1-x^2}}\mathrm{d}x$

(19) $\int \frac{x^{15}}{(x^4-1)^3}\mathrm{d}x$　(20) $\int \frac{x^{n-1}}{x^n(1+x^n)}\mathrm{d}x$

4.3　分部积分法

利用基本积分公式、不定积分性质和换元积分法我们可以计算大量的不定积分，但是下面几个非常简单的不定积分 $\int x^2\mathrm{e}^x\mathrm{d}x$，$\int x\cos x\mathrm{d}x$，$\int \ln x\mathrm{d}x$，$\int \arctan x\mathrm{d}x$ 用现有的方法也无法计算出来. 本节我们讨论另一种求不定积分的方法——分部积分法.

由于积分是求导的逆运算，因此，求导性质、求导法则会有相应的积分性质、积分方法与之对应.

我们回顾一下，求导性质：$[af(x)+bg(x)]'=af'(x)+bg'(x)$

积分性质：$\int [af(x)+bg(x)]\mathrm{d}x = a\int f(x)\mathrm{d}x+b\int g(x)\mathrm{d}x(a^2+b^2\neq 0)$

复合函数求导法则与换元积分法对应.

而二个函数乘积的求导法则：$(u\cdot v)'=u'v+uv'$

对上式两边积分得：$$uv=\int u'v\mathrm{d}x+\int uv'\mathrm{d}x$$

移项得：$$\int uv'\mathrm{d}x=uv-\int u'v\mathrm{d}x$$

对积分 $\int x\cos x\mathrm{d}x$ 我们来看看这样处理的优越性，

$$\int x\cos x\mathrm{d}x=\int x(\sin x)'\mathrm{d}x=x\sin x-\int (x)'\sin x\mathrm{d}x$$

$$=x\sin x-\int \sin x\mathrm{d}x=x\sin x+\cos x+C$$

真是：山重水复疑无路，柳暗花明又一村. 把我们原来解决不了的问题顺利地解决了. 这就是我们本节要引入的解决求被积分函数为两类特殊不同函数乘积的积分问题的最有效方法是**分部积分法**.

一、基本定理

定理 4-3-1 设函数 $u=u(x)$ 和 $v=v(x)$ 及都具有连续的导数，则有分部积分公式：

$$\int uv'\mathrm{d}x=uv-\int u'v\mathrm{d}x$$

或 $$\int u\mathrm{d}v=uv-\int v\mathrm{d}u$$

上述公式称作**分部积分公式**，对应的积分法称作**分部积分法**.

二、基本类型和计算步骤

1. 基本类型

由分部积分公式知，当积分的被积函数为两个函数乘积且能表示为 $\int u\mathrm{d}v$ 的形式，同时积分 $\int v\mathrm{d}u$ 较积分 $\int u\mathrm{d}v$ 容易求出，那么用**分部积分法**可所问题简化，因此，下面的积分是要用**分部积分法**的基本类型.

(1) $\int p_n(x)\mathrm{e}^{ax+b}\mathrm{d}x$（其中：$p_n(x)=a_nx^n+a_{n-1}x^{n-1}+\cdots+a_1x+a_0$）

(2) $\int p_n(x)\sin(ax+b)\mathrm{d}x$（其中：$p_n(x)=a_nx^n+a_{n-1}x^{n-1}+\cdots+a_1x+a_0$）

(3) $\int p_n(x)\cos(ax+b)\mathrm{d}x$（其中：$p_n(x)=a_nx^n+a_{n-1}x^{n-1}+\cdots+a_1x+a_0$）

(4) $\int \mathrm{e}^{cx+d}\sin(ax+b)\mathrm{d}x$

(5) $\int \mathrm{e}^{cx+d}\cos(ax+b)\mathrm{d}x$

(6) $\int f(x)\ln(ax+b)\mathrm{d}x\left(\text{其中：}\int f(x)\mathrm{d}x=F(x)+C,\int\frac{F(x)}{ax+b}\mathrm{d}x\text{ 易积出}\right)$

(7) $\int f(x)\arcsin x\mathrm{d}x\left(\text{其中}:\int f(x)\mathrm{d}x=F(x)+C,\int\dfrac{F(x)}{\sqrt{1-x^2}}\mathrm{d}x\text{ 易积出}\right)$

(8) $\int f(x)\arccos x\mathrm{d}x\left(\text{其中}:\int f(x)\mathrm{d}x=F(x)+C,\int\dfrac{F(x)}{\sqrt{1-x^2}}\mathrm{d}x\text{ 易积出}\right)$

(9) $\int f(x)\arctan x\mathrm{d}x\left(\text{其中}:\int f(x)\mathrm{d}x=F(x)+C,\int\dfrac{F(x)}{1+x^2}\mathrm{d}x\text{ 易积出}\right)$

(10) $\int f(x)\mathrm{arccot}\, x\mathrm{d}x\left(\text{其中}:\int f(x)\mathrm{d}x=F(x)+C,\int\dfrac{F(x)}{1+x^2}\mathrm{d}x\text{ 易积出}\right)$

2. 计算步骤

(1) 确定函数 u 及 v，将 $\int f(x)\mathrm{d}x$ 变成 $\int u\mathrm{d}v$ 的形式；

(2) 根据分部积分公式将积分转化为计算 $\int v\mathrm{d}u$；

(3) 计算出公式中的积分 $\int v\mathrm{d}u$，进而求得原积分的结果.

按**“反、对、幂、指、三”**或**“反、对、幂、三、指”**的先后顺序，在前的函数类选作 u，令 $\dfrac{f(x)}{u}=v'$，将 $\int f(x)\mathrm{d}x$ 化为 $\int u\mathrm{d}v$. 其中：

“反”——反三角函数；
“对”——对数函数；
“幂”——幂函数；
“三”——三角函数；
“指”——指数函数.

【例 4-3-1】 计算不定积分 $\int x\mathrm{e}^x\mathrm{d}x$.

解：显然积分 $\int x\mathrm{e}^x\mathrm{d}x$ 中被积函数为 $x\mathrm{e}^x$，是幂函数 x 与指数函数 e^x 的乘积，而幂函数优先于指数函数，因此，$u=x$，$v'=\dfrac{x\mathrm{e}^x}{u}=\mathrm{e}^x$，$\Rightarrow v=\mathrm{e}^x$，

所以 $\int x\mathrm{e}^x\mathrm{d}x=\int x(\mathrm{e}^x)'\mathrm{d}x=x\mathrm{e}^x-\int(x)'\mathrm{e}^x\mathrm{d}x=x\mathrm{e}^x-\int\mathrm{e}^x\mathrm{d}x=x\mathrm{e}^x-\mathrm{e}^x+C.$

或

$$\int x\mathrm{e}^x\mathrm{d}x=\int x\mathrm{d}(\mathrm{e}^x)=x\mathrm{e}^x-\int\mathrm{e}^x\mathrm{d}(x)=x\mathrm{e}^x-\int\mathrm{e}^x\mathrm{d}x=x\mathrm{e}^x-\mathrm{e}^x+C$$

注：(1) 由 $v'=\dfrac{x\mathrm{e}^x}{u}=\mathrm{e}^x$，$\Rightarrow v=\int\mathrm{e}^x\mathrm{d}x=\mathrm{e}^x+C_1$，代入分部积分公式有：

$$\begin{aligned}\int x\mathrm{e}^x\mathrm{d}x&=\int x(\mathrm{e}^x+C_1)'\mathrm{d}x=x(\mathrm{e}^x+C_1)-\int(x)'(\mathrm{e}^x+C_1)\mathrm{d}x\\&=x(\mathrm{e}^x+C_1)-\int(\mathrm{e}^x+C_1)\mathrm{d}x\\&=x(\mathrm{e}^x+C_1)-(\mathrm{e}^x+C_1x)+C=x\mathrm{e}^x-\mathrm{e}^x+C\end{aligned}$$

由此可见，v 的表达式中 C_1 取任意值都不影响最终结果，故我们在后面例题中会讨论如何适当选择 C_1 使计算简化的问题，而对上例，显然取 $C_1=0$ 时，后面计算简单.

(2) 若设 $u=\mathrm{e}^x$，$\mathrm{d}v=x\mathrm{d}x$，则

$$\int x\mathrm{e}^x\mathrm{d}x=\frac{1}{2}x^2\mathrm{e}^x-\frac{1}{2}\int x^2\mathrm{e}^x\mathrm{d}x$$

积分 $\int x^2\mathrm{e}^x\mathrm{d}x$ 比积分 $\int x\mathrm{e}^x\mathrm{d}x$ 要复杂，没有达到预期目的. 由此可见，我们给出的先后顺序选择 u,v' 就可以分部后的积分比原积分简单.

【例 4-3-2】 计算不定积分 $\int x\cos x\mathrm{d}x$.

解：显然积分 $\int x\cos x\mathrm{d}x$ 中被积函数为 $x\cos x$，是幂函数 x 与三角函数 $\cos x$ 的乘积，而幂函数优先于三角函数，因此，$u=x$，$v'=\frac{x\cos x}{u}=\cos x$，$\Rightarrow v=\sin x+C_1$，取 $C_1=0$ 并用分部积分公式得：

$$\begin{aligned}\int x\cos x\mathrm{d}x&=\int x(\sin x)'\mathrm{d}x=x\sin x-\int(x)'\sin x\mathrm{d}x=x\sin x-\int\sin x\mathrm{d}x\\&=x\sin x+\cos x+C\end{aligned}$$

类似于例 4-3-1：若令 $u=\cos x$，$v'=x$，则 $u'=-\sin x$，$v=\frac{1}{2}x^2$，于是

$$\int x\cos x\mathrm{d}x=\frac{x^2}{2}\cos x+\int\frac{x^2}{2}\sin x\mathrm{d}x$$

显然，因 u,v' 选择不当使积分更难计算.

【例 4-3-3】 计算不定积分 $\int x\arctan x\mathrm{d}x$.

解：(方法Ⅰ) 设 $u=\arctan x$，$v'=x$，则 $u'=\frac{1}{1+x^2}$，$v=\frac{1}{2}x^2+C_1$，取 $C_1=0$，有：

$$\begin{aligned}\int x\arctan x\mathrm{d}x&=\frac{1}{2}x^2\arctan x-\frac{1}{2}\int\frac{x^2}{1+x^2}\mathrm{d}x\\&=\frac{1}{2}x^2\arctan x-\frac{1}{2}\int\frac{x^2+1-1}{x^2+1}\mathrm{d}x\\&=\frac{1}{2}x^2\arctan x-\frac{1}{2}\int\left(1-\frac{1}{x^2+1}\right)\mathrm{d}x\\&=\frac{1}{2}x^2\arctan x-\frac{1}{2}(x-\arctan x)+C\\&=\frac{1}{2}(x^2+1)\arctan x-\frac{1}{2}x+C\end{aligned}$$

(方法Ⅱ) 设 $u=\arctan x$，$v'=x$，则 $u'=\frac{1}{1+x^2}$，$v=\frac{1}{2}x^2+C_1$，取 $C_1=\frac{1}{2}$，有：

$$\begin{aligned}\int x\arctan x\mathrm{d}x&=\frac{1}{2}(x^2+1)\arctan x-\frac{1}{2}\int\frac{x^2+1}{1+x^2}\mathrm{d}x\\&=\frac{1}{2}(x^2+1)\arctan x-\frac{1}{2}\int\mathrm{d}x=\frac{1}{2}(x^2+1)\arctan x-\frac{1}{2}x+C\end{aligned}$$

显然，方法Ⅱ要比方法Ⅰ简单的多，这个例子告诉我们 v 的表达式中 C_1 选取得好，可以大大简化计算，其选择原则是：

当 u' 为整式，取 $C_1=0$；当 u' 为分式，选择 C_1 使 $u'v$ 分母次数尽可能小，最好为整式.

【例 4-3-4】 计算不定积分$\int \ln x \mathrm{d}x$.

分析：此为一个函数的积分，当然不能使用凑微法、换元法积分，可是不满足两函数乘积，能否用分部积分公式呢？其实只需要将被积函数看作 $1 \cdot \ln x$ 即可. 记住 $1=x^0$ 为幂函数，在 u 选择的顺序中后于对数函数.

解：设 $u=\ln x, v'=1$，则 $u'=\dfrac{1}{x}, v=x$，于是

$$\begin{aligned}\int \ln x \mathrm{d}x &= \int \ln x \mathrm{d}x \\ &= x\ln x - \int x \cdot \frac{1}{x}\mathrm{d}x \\ &= x\ln x - x + C\end{aligned}$$

注：学习数学重要的是记忆、理解公式，更重要的是灵活应用.

【例 4-3-5】 计算不定积分$\int 2x\ln(x+1)\mathrm{d}x$.

解：显然被积函数为：$2x\ln(x+1)$，是幂函数乘以对数函数，因此 $u=\ln(x+1), v'=2x$，$\Rightarrow v=x^2+C_1$，但 $u'=[\ln(x+1)]'=\dfrac{1}{x+1}$，取 $C_1=-1$ 时，$u'v$ 最简单，这时有：

$$\begin{aligned}\int 2x\ln(x+1)\mathrm{d}x &= \int (x^2-1)'\ln(x+1)\mathrm{d}x \\ &= (x^2-1)\ln(x+1) - \int (x^2-1)[\ln(x+1)]'\mathrm{d}x \\ &= (x^2-1)\ln(x+1) - \int (x^2-1)\cdot\frac{1}{x+1}\mathrm{d}x \\ &= (x^2-1)\ln(x+1) - \int (x-1)\mathrm{d}x \\ &= (x^2-1)\ln(x+1) - \frac{1}{2}(x-1)^2 + C\end{aligned}$$

【例 4-3-6】 计算不定积分$\int x^2 \mathrm{e}^x \mathrm{d}x$.

解：设 $u=x^2, v'=\mathrm{e}^x$，则 $u'=2x, v=\mathrm{e}^x$，于是

$$\begin{aligned}\int x^2\mathrm{e}^x\mathrm{d}x &= \int x^2\mathrm{d}\mathrm{e}^x = x^2\mathrm{e}^x - 2\int x\mathrm{e}^x\mathrm{d}x \cdots\cdots \text{再次使用分部积分公式} \\ &= x^2\mathrm{e}^x - 2\left[x\mathrm{e}^x - \int \mathrm{e}^x\mathrm{d}x\right] \\ &= x^2\mathrm{e}^x - 2x\mathrm{e}^x + 2\mathrm{e}^x + C\end{aligned}$$

注：(1) 由此题可以看出，同一个题中，有时需要反复多次运用分部积分法；
(2) 在运算比较熟练以后，写出 u 及 $\mathrm{d}v$ 的过程可以省略.

【例 4-3-7】 计算不定积分$\int x^n \ln x \mathrm{d}x (n \neq -1)$.

解：

$$\begin{aligned}\int x^n\ln x\mathrm{d}x &= \int \left(\frac{x^{n+1}}{n+1}\right)'\ln x\mathrm{d}x = \frac{x^{n+1}}{n+1}\ln x - \int \frac{x^{n+1}}{n+1}(\ln x)'\mathrm{d}x \\ &= \frac{x^{n+1}}{n+1}\ln x - \int \frac{x^{n+1}}{n+1}\cdot\frac{1}{x}\mathrm{d}x = \frac{x^{n+1}}{n+1}\ln x - \frac{1}{n+1}\int x^n\mathrm{d}x \\ &= \frac{x^{n+1}}{n+1}\ln x - \frac{x^{n+1}}{(n+1)^2} + C = \frac{x^{n+1}}{n+1}\left(\ln x - \frac{1}{n+1}\right) + C\end{aligned}$$

特别：
$$\int x^3 \ln x \mathrm{d}x = \frac{x^4}{4}\left(\ln x - \frac{1}{4}\right) + C$$

三、循环积分

【例 4-3-8】 计算不定积分 $\int \mathrm{e}^x \sin x \mathrm{d}x$.

解：
$$\int \mathrm{e}^x \sin x \mathrm{d}x = \int \sin x \mathrm{d}\mathrm{e}^x = \mathrm{e}^x \sin x - \int \mathrm{e}^x \cos x \mathrm{d}x$$
$$= \mathrm{e}^x \sin x - \mathrm{e}^x \cos x - \int \mathrm{e}^x \sin x \mathrm{d}x$$

好像进入了死胡同，实则不然，令 $F(x) = \int \mathrm{e}^x \sin x \mathrm{d}x$，则上式变为：

$F(x) = \mathrm{e}^x \sin x - \mathrm{e}^x \cos x - F(x) + C_1$（同一个函数的两个原函数间差一个常数）

则：
$$2F(x) = \mathrm{e}^x \sin x - \mathrm{e}^x \cos x + C_1$$
$$F(x) = \frac{1}{2}(\mathrm{e}^x \sin x - \mathrm{e}^x \cos x) + C\left(\text{其中 } C = \frac{C_1}{2}\right)$$

所以，
$$\int \mathrm{e}^x \sin x \mathrm{d}x = \frac{1}{2}\mathrm{e}^x(\sin x - \cos x) + C$$

从上例可以看出，有些积分分部积分几次后，又回到了原被函数的积分，称作**循环积分**，处理**循环积分**的方法就是利用要求积分所满足的方程，解出要求的积分结果. 但解方程时必须注意，等式两边的不定积分，被积函数虽然相同，但积分相差一个常数.

【例 4-3-9】 计算不定积分 $I = \int \sec^3 x \mathrm{d}x$.

解：因为
$$I = \int \sec x \cdot \sec^2 x \mathrm{d}x = \int \sec x \cdot \mathrm{d}\tan x$$
$$= \sec x \tan x - \int \sec x \tan^2 x \mathrm{d}x$$
$$= \sec x \tan x - \int \sec x(\sec^2 x - 1)\mathrm{d}x$$
$$= \sec x \tan x - \int \sec^3 x \mathrm{d}x + \int \sec x \mathrm{d}x$$
$$= \sec x \tan x + \ln|\sec x + \tan x| - \int \sec^3 x \mathrm{d}x$$
$$= \sec x \tan x + \ln|\sec x + \tan x| - I + C_1$$

所以
$$\int \sec^3 x \mathrm{d}x = I = \frac{1}{2}(\sec x \tan x + \ln|\sec x + \tan x|) + C\left(C = \frac{C_1}{2}\right)$$

四、递推公式

有一类不定积分，被积分函数是两类不同函数相乘，而其中一类函数的次数为 n，因而，这类积分的结果就与 n 有关，我们用 I_n 来记，如果 $I_n = F_n(x) + h(x)I_{n-1}$，我们就称 I_n 有**递推公式**. 对这类积分，我们只要递推，就可以将问题简化，最后求出答案.

【例 4-3-10】 设 n 为正整数，求 $I_n = \int x^n \mathrm{e}^x \mathrm{d}x$ 的递推公式，并求出 I_1, I_2, I_3.

解：$I_n=\int x^n e^x dx=x^n e^x-\int nx^{n-1}e^x dx=x^n e^x-n\int x^{n-1}e^x dx=x^n e^x-nI_{n-1}$

因此可得 $I_n=\int x^n e^x dx$ 的递推公式为

$$I_n=x^n e^x-nI_{n-1}\quad (n=1,2,3,\cdots)$$

其中：$I_0=\int e^x dx=e^x+C$，那么有

$$I_1=xe^x-I_0=xe^x-e^x+C_1$$

$$I_2=x^2e^x-2I_1=x^2e^x-2xe^x+2e^x+C_2$$

$$I_3=x^3e^x-3I_2=x^3e^x-3x^2e^x+6xe^x-6e^x+C_3$$

【例 4-3-11】 求不定积分 $I_n=\int\frac{dx}{(x^2+a^2)^n}(n=1,2,\cdots)$.

解：当 $n>1$ 时，用分部积分法

设 $u=\frac{1}{(x^2+a^2)^n}$，$dv=dx$；则 $du=-\frac{2nx}{(x^2+a^2)^{n+1}}dx$，$v=x$，

于是 $$I_n=\frac{x}{(x^2+a^2)^n}+2n\int\frac{x^2}{(x^2+a^2)^{n+1}}dx=\frac{x}{(x^2+a^2)^n}+2n\int\frac{x^2+a^2-a^2}{(x^2+a^2)^{n+1}}dx$$

$$=\frac{x}{(x^2+a^2)^n}+2n\int\frac{dx}{(x^2+a^2)^n}-2na^2\int\frac{dx}{(x^2+a^2)^{n+1}}$$

$$=\frac{x}{(x^2+a^2)^n}+2nI_n-2na^2I_{n+1}$$

从而有递推公式 $$I_{n+1}=\frac{1}{2na^2}\cdot\frac{x}{(x^2+a^2)^n}+\frac{2n-1}{2n}\cdot\frac{1}{a^2}I_n$$

$$I_n=\frac{1}{2(n-1)a^2}\cdot\frac{x}{(x^2+a^2)^{n-1}}+\frac{2n-3}{2n-2}\cdot\frac{1}{a^2}I_{n-1}$$

前面我们已经计算出： $I_1=\int\frac{dx}{x^2+a^2}=\frac{1}{a}\arctan\frac{x}{a}+C$

用递推公式有：$\int\frac{1}{(x^2+a^2)^2}dx=I_2=\frac{1}{2a^2}\cdot\frac{x}{x^2+a^2}+\frac{1}{2a^3}\arctan\frac{x}{a}+C$

同样，我们可以计算出： $\int\frac{1}{(x^2+a^2)^3}dx,\int\frac{1}{(x^2+a^2)^4}dx,\cdots$

问题：对不定积分 $I_n=\int(x^2+a^2)^n dx$，能建立递推公式吗？

五、被积函数为三类不同类型函数乘积时的分部积分

有时，被积函数为三类不同类型函数乘积，这类积分大部分仍然要用分部积分法，这时 u,v 的选取就没有一般口诀，只能具体问题具体分析.

【例 4-3-12】 计算不定积分 $\int\frac{xe^x}{(1+x)^2}dx$.

解：设 $u=xe^x$，$dv=\frac{dx}{(1+x)^2}$；则 $du=(1+x)e^x$，$v=-\frac{1}{1+x}$，

于是 $$\int\frac{xe^x}{(1+x)^2}dx=\int xe^x d\left(-\frac{1}{1+x}\right)$$

$$=-\frac{xe^x}{1+x}+\int\frac{e^x(1+x)}{1+x}dx=-\frac{xe^x}{1+x}+\int e^x dx$$

$$=-\frac{xe^x}{1+x}+\int e^x dx=-\frac{xe^x}{1+x}+e^x+C$$

【例 4-3-13】 计算不定积分$\int\frac{x\arctan x}{\sqrt{1+x^2}}dx$.

解:设 $u=\arctan x, dv=\frac{xdx}{\sqrt{1+x^2}}$;则 $du=\frac{dx}{1+x^2}, v=\sqrt{1+x^2}$,

于是
$$\int\frac{x\arctan x}{\sqrt{1+x^2}}dx=\sqrt{1+x^2}\arctan x-\int\frac{dx}{\sqrt{1+x^2}}$$
$$=\sqrt{1+x^2}\arctan x-\ln(x+\sqrt{1+x^2})+C$$

注:对上面两题,通过计算可以直接检验,用其他方式来选择 u,v 都会增加计算难度,甚至会计算不出来.

【例 4-3-14】 计算不定积分$\int x^2 f'''(x)dx$.

解:设 $u=x^2, dv=f'''(x)dx$;则 $du=2xdx, v=f''(x)$,

所以$\int x^2 f'''(x)dx=x^2 f''(x)-2\int xf''(x)dx$.

又设 $u=x, dv=f'(x)dx$;则 $du=dx, v=f'(x)$,

于是
$$\int x^2 f'''(x)dx=x^2 f''(x)-2\int xf''(x)dx$$
$$=x^2 f''(x)-2\left(xf'(x)-\int f'(x)dx\right)$$
$$=x^2 f''(x)-2xf'(x)+2f(x)+C$$

【例 4-3-15】 计算不定积分$\int\frac{(\ln x)^2}{x^2}dx$.

解:设 $u=(\ln x)^2, dv=\frac{dx}{x^2}$;则 $du=2\ln x\frac{dx}{x}, v=-\frac{1}{x}$,

所以
$$\int\frac{(\ln x)^2}{x^2}dx=\int(\ln x)^2\left(-\frac{1}{x}\right)'dx=\left(-\frac{1}{x}\right)(\ln x)^2-\int\left(-\frac{1}{x}\right)[(\ln x)^2]'dx$$
$$=-\frac{1}{x}(\ln x)^2+2\int\frac{\ln x}{x^2}dx=-\frac{1}{x}(\ln x)^2+2\int\ln x\left(-\frac{1}{x}\right)'dx$$
$$=-\frac{1}{x}(\ln x)^2+2\left[\left(-\frac{1}{x}\right)\ln x-\int\left(-\frac{1}{x}\right)(\ln x)'dx\right]$$
$$=-\frac{1}{x}(\ln x)^2-\left[\frac{2}{x}\ln x+2\int\frac{1}{x^2}dx\right]$$
$$=-\frac{1}{x}(\ln x)^2-\frac{2}{x}\ln x-\frac{2}{x}+C$$

六、混合运算

在求不定积分的过程中,有时需要同时使用换元积分法和分部积分法两种方法.

【例 4-3-16】 求不定积分$\int e^{\sqrt{x}}dx$.

解：令 $\sqrt{x}=t$，则 $x=t^2$，$dx=2tdt$，于是

$$\begin{aligned}\int e^{\sqrt{x}}dx &= \int e^t 2tdt \\ &= 2\int te^t dt \\ &= 2(te^t-e^t)+C \\ &= 2e^{\sqrt{x}}(\sqrt{x}-1)+C\end{aligned}$$

【例 4-3-17】 计算不定积分 $\int \sin\ln x dx$.

解：令 $\ln x=t$，则 $x=e^t$，$dx=e^t dt$，于是

$$\begin{aligned}\int \sin\ln x dx &= \int e^t \sin t dt \\ &\xlongequal{\text{例4-3-8}} \frac{1}{2}e^t(\sin t-\cos t)+C \\ &= \frac{1}{2}x(\sin\ln x-\cos\ln x)+C\end{aligned}$$

习题 4.3

1. 求下列不定积分

(1) $\int xe^{2x}dx$；　(2) $\int x\ln(x-1)dx$；

(3) $\int x^2\sin 3x dx$；　(4) $\int \frac{x}{\sin^2 x}dx$；

(5) $\int x\cos^2 x dx$；　(6) $\int \arcsin x dx$；

(7) $\int \arctan x dx$；　(8) $\int x^2\arctan x dx$；

(9) $\int x\tan^2 x dx$；　(10) $\int \frac{\arcsin x}{\sqrt{1-x}}dx$；

(11) $\int \ln^2 x dx$；　(12) $\int x^2\ln x dx$；

(13) $\int e^{-x}\sin 5x dx$；　(14) $\int e^x\sin^2 x dx$；

(15) $\int \frac{\ln^3 x}{x^2}dx$；　(16) $\int \cos(\ln x)dx$；

(17) $\int (\arcsin x)^2 dx$；　(18) $\int \sqrt{x}e^{\sqrt{x}}dx$；

(19) $\int e^{\sqrt{x+1}}dx$；　(20) $\int \ln(x+\sqrt{1+x^2})dx$；

(21) $\int (5x+3)\sqrt{x^2+x+2}dx$；　(22) $\int (x-1)\sqrt{x^2+2x-5}dx$；

(23) $\int \frac{(x-1)\mathrm{d}x}{\sqrt{x^2+x+1}}$；　　(24) $\int \frac{(x+2)\mathrm{d}x}{\sqrt{5+x-x^2}}$.

2. 求下列不定积分的递推表达式(n 为非负整数)

(1) $I_n = \int \sin^n x\,\mathrm{d}x$；　　(2) $I_n = \int \tan^n x\,\mathrm{d}x$；

(3) $I_n = \int \frac{\mathrm{d}x}{\cos^n x}$；　　(4) $I_n = \int x^n \sin x\,\mathrm{d}x$；

(5) $I_n = \int \mathrm{e}^x \sin^n x\,\mathrm{d}x$；　　(6) $I_n = \int x^\alpha \ln^n x\,\mathrm{d}x$；

(7) $I_n = \int \frac{x^n}{\sqrt{1-x^2}}\mathrm{d}x$；　　(8) $I_n = \int \frac{\mathrm{d}x}{x^n\sqrt{1+x}}$.

4.4 有理函数的积分

前三节,我们讨论了不定积分的概念、基本积分公式、基本积分方法——换元积分法和分部积分法.在此基础上,本节将讨论某些特殊类型的不定积分,这些不定积分无论怎样复杂,原则上都可按一定的步骤把它求出来.

一、有理函数的不定积分

有理函数是指由两个多项式函数的商所表示的函数,其一般形式为

$$R(x) = \frac{P(x)}{Q(x)} = \frac{\alpha_0 x^n + \alpha_1 x^{n-1} + \cdots + \alpha_n}{\beta_0 x^m + \beta_1 x^{m-1} + \cdots + \beta_m} \tag{4-3}$$

其中,m,n 为非负整数,$\alpha_0,\alpha_1,\cdots,\alpha_n$ 与 $\beta_0,\beta_1,\cdots,\beta_m$ 都是常数,且 $\alpha_0 \neq 0,\beta_0 \neq 0$.

若 $m>n$,则称它为**真分式**;若 $m \leqslant n$,则称它为**假分式**.由多项式的除法可知,假分式总能化为一个多项式与一个真分式之和.例如:

$$\frac{x^3+x+1}{x^2+1} = x + \frac{1}{x^2+1}$$

由积分性质及基本积分公式知,多项式函数的不定积分是可以直接求得的,因此,有理函数不定积分问题最终总可以转化为求真分式函数的不定积分,故直接设有理式(4-3)为真分式.

而对真分式函数,我们按以下**步骤**将被积函数化为每个能用已学知识积出函数和的不定积分,进而将原积分求出.

第一步　对分母 $Q(x)$ 在实系数内作标准分解:

$$Q(x) = (x-a_1)^{\lambda_1}(x-a_2)^{\lambda_2}\cdots(x-a_s)^{\lambda_s}(x^2+p_1x+q_1)^{\mu_1}\cdots(x^2+p_tx+q_t)^{\mu_t} \tag{4-4}$$

其中 $\beta_0=1,\lambda_i,\mu_j\,(i=1,2,\cdots,t)$ 均为自然数,而且

$$\sum_{i=1}^{s}\lambda_i + 2\sum_{j=1}^{t}\mu_j = m;\ p_j^2 - 4q_j < 0,\ j=1,2,\cdots,t$$

第二步　将分式分拆

$$R(x)=\frac{P(x)}{Q(x)}=\frac{A_{11}}{x-a_1}+\frac{A_{12}}{(x-a_1)^2}+\cdots+\frac{A_{1\lambda_1}}{(x-a_1)^{\lambda_1}}+\frac{A_{21}}{x-a_2}+\frac{A_{22}}{(x-a_2)^2}$$

$$+\cdots+\frac{A_{2\lambda_2}}{(x-a_2)^{\lambda_2}}+\cdots+\frac{A_{s1}}{x-a_s}+\frac{A_{s2}}{(x-a_s)^2}$$

$$+\cdots+\frac{A_{s\lambda_2}}{(x-a_s)^{\lambda_2}}+\frac{B_{11}x+C_{11}}{x^2+p_1x+q_1}+\frac{B_{12}x+C_{12}}{(x^2+p_1x+q_1)^2}$$

$$+\cdots+\frac{B_{1\mu_1}x+C_{1\mu_1}}{(x^2+p_1x+q_1)^{\mu_1}}+\cdots+\frac{B_{t1}x+C_{t1}}{x^2+p_tx+q_t}+\cdots+\frac{B_{t\mu_t}x+C_{t\mu_t}}{(x^2+p_tx+q_t)^{\mu_t}}$$

注:用代数知识可以证明上面分拆是唯一的,分拆的方法一般用**待定系数法**.

第三步　用已学知识将分拆的每项积出来.

【例 4-4-1】　计算不定积分 $\int\frac{2x^4-x^3+4x^2+9x-10}{x^5+x^4-5x^3-2x^2+4x-8}dx$

解:按上述步骤依次执行如下:

$$Q(x)=x^5+x^4-5x^3-2x^2+4x-8=(x-2)(x+2)^2(x^2-x+1)$$

将分式分拆成待定形式:

$$R(x)=\frac{A_0}{x-2}+\frac{A_1}{x+2}+\frac{A_2}{(x+2)^2}+\frac{Bx+C}{x^2-x+1} \tag{4-5}$$

用 $Q(x)$ 乘上式两边,得一恒等式

$$2x^4-x^3+4x^2+9x-10\equiv A_0(x+2)^2(x^2-x+1)+A_1(x-2)(x+2)(x^2-x+1)$$
$$+A_2(x-2)(x^2-x+1)+(Bx+C)(x-2)(x+2)^2 \tag{4-6}$$

比较系数(变量对应次数的系数必相等),得到线性方程组:

$$\begin{cases}A_0+A_1+B=2,\cdots\cdots\cdots\cdots x^4\text{ 的系数}\\ 3A_0-A_1+A_2+2B+C=-1,\cdots\cdots x^3\text{ 的系数}\\ A_0-3A_1-3A_2-4B+2C=4,\cdots\cdots x^2\text{ 的系数}\\ 4A_1+3A_2-8B-4C=9,\cdots\cdots\cdots x\text{ 的系数}\\ 4A_0-4A_1-2A_2-8C=-10.\cdots\cdots\text{ 常数项}\end{cases}$$

求出它的解:$A_0=1,A_1=2,A_2=-1,B=-1,C=1$,并代入式(4-5),这便完成了 $R(x)$ 的部分分式分解:

$$R(x)=\frac{1}{x-2}+\frac{2}{x+2}-\frac{1}{(x+2)^2}-\frac{x-1}{x^2-x+1}$$

所以 $\int\frac{2x^4-x^3+4x^2+9x-10}{x^5+x^4-5x^3-2x^2+4x-8}dx=\int\left[\frac{1}{x-2}+\frac{2}{x+2}-\frac{1}{(x+2)^2}-\frac{x-1}{x^2-x+1}\right]dx$

$$=\int\frac{1}{x-2}dx+2\int\frac{1}{x+2}dx-\int\frac{1}{(x+2)^2}dx-\frac{1}{2}\int\frac{2x-1}{x^2-x+1}dx+\frac{1}{2}\int\frac{1}{x^2-x+1}dx$$

$$=\ln|x-2|+2\ln|x+2|+\frac{1}{x+2}-\frac{1}{2}\int\frac{(x^2-x+1)'}{x^2-x+1}dx+\frac{1}{2}\int\frac{1}{x^2-x+1}dx$$

$$=\ln|x-2|+2\ln|x+2|+\frac{1}{x+2}-\frac{1}{2}\ln(x^2-x+1)+\frac{1}{\sqrt{3}}\arctan\frac{2x-1}{\sqrt{3}}+C$$

注 1:上述积分过程中,我们用到 4.2 的结果 $\int\frac{1}{ax+b}dx=\ln|ax+b|+C(a\neq 0)$;

$$\int \frac{\varphi'(x)}{\varphi(x)}\mathrm{d}x = \ln|\varphi(x)| + C$$

$$\int \frac{1}{ax^2+bx+c}\mathrm{d}x = \frac{2}{\sqrt{4ac-b^2}}\arctan\left[\frac{2a}{\sqrt{4ac-b^2}}\left(x+\frac{b}{2a}\right)\right] + C \quad (4ac-b^2>0)$$

注 2:上述分拆方法称**待定系数法**.有时可用较简便的方法去替代待定系数法.例如可将 x 的某些特定值(如 $Q(x)=0$ 的根)代入式(4-6),以便得到一组较简单的方程,或直接求得某几个待定系数的值.对于上例,若分别用 $x=2$ 和 $x=-2$ 代入式(4-6),立即求得 $A_0=1$ 和 $A_2=-1$,于是式(4-6)简化成为

$$x^4-3x^3+12x-16 = A_1(x-2)(x+2)(x^2-x+1)+(Bx+C)(x-2)(x+2)^2$$

为继续求得 A_1,B,C,还可用 x 的三个简单值代入上式,如令 $x=0,1,-1$,相应得到

$\begin{cases} A_1+2C=4 \\ A_1+3B+3C=2 \\ 3A_1-B+C=8 \end{cases}$,由此易得 $A_1=2,B=-1,C=1$,这就同样确定了所有待定系数.

1. 分母为一次重因式的真分式的积分法

【例 4-4-2】 求不定积分 $\int \frac{3x^2+5}{(x+1)^3}\mathrm{d}x$.

解:令 $\frac{3x^2+5}{(x+1)^3}=\frac{A}{x+1}+\frac{B}{(x+1)^2}+\frac{C}{(x+1)^3}$

将右端通分,并比较两端分子,即 $3x^2+5\equiv A(x+1)^2+B(x+1)+C$,则得三元线性方程组

$$\begin{cases} A=3 & (x^2\text{ 的系数}) \\ 2A+B=0 & (x\text{ 的系数}) \\ A+B+C=5 & (\text{常数项}) \end{cases},\text{解得}\begin{cases} A=3 \\ B=-6 \\ C=8 \end{cases}$$

于是得

$$\frac{3x^2+5}{(x+1)^3}=\frac{3}{x+1}-\frac{6}{(x+2)^2}+\frac{8}{(x+1)^3}$$

因此,

$$\int \frac{3x^2+5}{(x+1)^3}\mathrm{d}x = \int \frac{3}{x+1}\mathrm{d}x - \int \frac{6}{(x+1)^2}\mathrm{d}x + \int \frac{8}{(x+1)^3}\mathrm{d}x$$

$$= 3\ln|x+1| + \frac{6}{x+1} - \frac{4}{(x+1)^2} + C$$

注:上面求待定系数的方法是比较两端 x 的同次项系数,也可以用下面方法来确定待定系数:根据 $3x^2+5\equiv A(x+1)^2+B(x+1)+C$,则

第一步,让 $x=-1$,得 $C=8$;

第二步,在 $3x^2+5\equiv A(x+1)^2+B(x+1)+C$ 两端关于 x 求导数,得 $6x\equiv 2A(x+1)+B$.再令 $x=-1$,得 $B=-6$;

第三步,在 $6x\equiv 2A(x+1)+B$ 两端关于 x 求导数,则得 $6=2A$,即 $A=3$.

2. 分母为不同一次因式乘积的真分式的积分法

例如求 $\int \frac{cx+d}{(x-a)(x-b)}\mathrm{d}x$,可令

$$\frac{cx+d}{(x-a)(x-b)}=\frac{A}{x-a}+\frac{B}{x-b}\,(A\text{ 和 }B\text{ 为待定系数})$$

然后根据恒等式 $cx+d\equiv A(x-b)+B(x-a)$，求出待定系数 A 和 B. 于是，

$$\int\frac{cx+d}{(x-a)(x-b)}\mathrm{d}x=\int\frac{A}{x-a}\mathrm{d}x+\int\frac{B}{x-b}\mathrm{d}x=A\ln|x-a|+B\ln|x-b|+C$$

【例 4-4-3】 求 $\int\frac{x+5}{(x-2)(x-3)}\mathrm{d}x$.

解：设 $\frac{x+5}{(x-2)(x-3)}=\frac{A}{x-2}+\frac{B}{x-3}$　（A,B 为待定常数）

得 $x+5\equiv A(x-3)+B(x-2)$，即

$$(A+B)x-(3A+2B)\equiv x+5$$

比较两端常数项和 x 的系数，则得线性方程组

$$\begin{cases}3A+2B=-5\\ A+B=1\end{cases}$$

解得 $A=-7,B=8$. 因此，

$$\frac{x+5}{(x-2)(x-3)}=\frac{-7}{x-2}+\frac{8}{x-3}$$

从而得

$$\begin{aligned}\int\frac{x+5}{(x-2)(x-3)}\mathrm{d}x&=-7\int\frac{1}{x-2}\mathrm{d}x+8\int\frac{1}{x-3}\mathrm{d}x\\&=-7\ln|x-2|+8\ln|x-3|+C\end{aligned}$$

3. 分母为二次多项式(没有实根)的真分式的积分法

例如　$\int\frac{ax+b}{x^2+px+q}\mathrm{d}x$　$(p^2-4q<0)$

(1) $a=0$，由 4.2 例 4-2-5 有：$\int\frac{b}{x^2+px+q}\mathrm{d}x=\frac{2b}{\sqrt{4q-p^2}}\arctan\frac{2x+p}{\sqrt{4q-p^2}}+C$

(2) $a\neq0$，

$$\begin{aligned}\int\frac{ax+b}{x^2+px+q}\mathrm{d}x&=a\int\frac{x+\frac{b}{a}}{x^2+px+q}\mathrm{d}x=\frac{a}{2}\int\frac{(2x+p)+(\frac{2b}{a}-p)}{x^2+px+q}\mathrm{d}x\\&=\frac{a}{2}\int\frac{\mathrm{d}(x^2+px+q)}{x^2+px+q}+\frac{2b-ap}{2}\int\frac{\mathrm{d}x}{x^2+px+q}\\&=\frac{a}{2}\ln(x^2+px+q)+\frac{2b-ap}{\sqrt{4q-p^2}}\arctan\frac{2x+p}{\sqrt{4q-p^2}}+C\end{aligned}$$

【例 4-4-4】 求不定积分 $\int\frac{x-2}{x^2+2x+3}\mathrm{d}x$.

解：　方法Ⅰ

$$\begin{aligned}\int\frac{x-2}{x^2+2x+3}\mathrm{d}x&=\int\frac{\frac{1}{2}(2x+2)-3}{x^2+2x+3}\mathrm{d}x\\&=\frac{1}{2}\int\frac{\mathrm{d}(x^2+2x+3)}{x^2+2x+3}-3\int\frac{\mathrm{d}(x+1)}{(x+1)^2+(\sqrt{2})^2}\\&=\frac{1}{2}\ln(x^2+2x+3)-\frac{3}{\sqrt{2}}\arctan\frac{x+1}{\sqrt{2}}+C\end{aligned}$$

方法Ⅱ　用公式有：注意 $a=1,b=-2,p=2,q=3,4q-p^2=8>0$

$$\int\frac{x-2}{x^2+2x+3}\mathrm{d}x=\frac{1}{2}\ln(x^2+2x+3)+\frac{2\times(-2)-1\times2}{\sqrt{4\times3-2^2}}\arctan\frac{2x+2}{\sqrt{4\times3-2^2}}+C$$

$$=\frac{1}{2}\ln(x^2+2x+3)-\frac{3}{\sqrt{2}}\arctan\frac{x+1}{\sqrt{2}}+C$$

4. 分母为二次重因式的真分式的积分法

【例 4-4-5】 求积分$\int\frac{x^3-2x^2+1}{(x^2+x+1)^2}\mathrm{d}x$.

解:先分拆,令$\frac{x^3-2x^2+1}{(x^2+x+1)^2}=\frac{Ax+B}{x^2+x+1}+\frac{Cx+D}{(x^2+x+1)^2}$用待定系数法,确定系数$A$、$B$、$C$、$D$即可;为了多介绍几种方法,我们这里依次用多项式除法:

第一步,
$$\frac{x^3-2x^2+1}{(x^2+x+1)^2}=(x-3)+\frac{2(x+2)}{(x^2+x+1)}$$

第二步,
$$\frac{x^3-2x^2+1}{(x^2+x+1)^2}=\frac{x-3}{x^2+x+1}+\frac{2(x+2)}{(x^2+x+1)^2}$$

于是,
$$\int\frac{x^3-2x^2+1}{(x^2+x+1)^2}\mathrm{d}x=\int\frac{x-3}{(x^2+x+1)}\mathrm{d}x+\int\frac{2(x+2)}{(x^2+x+1)^2}\mathrm{d}x$$

其中右端第一个积分

$$\begin{aligned}\int\frac{x-3}{x^2+x+1}\mathrm{d}x&=\frac{1}{2}\int\frac{(2x+1)-7}{x^2+x+1}\mathrm{d}x=\frac{1}{2}\int\frac{\mathrm{d}(x^2+x+1)}{x^2+x+1}-\frac{7}{2}\int\frac{\mathrm{d}x}{x^2+x+1}\\&=\frac{1}{2}\ln(x^2+x+1)-\frac{7}{2}\cdot\frac{2}{\sqrt{3}}\arctan\frac{2x+1}{\sqrt{3}}+C_1\\&=\frac{1}{2}\ln(x^2+x+1)-\frac{7}{\sqrt{3}}\arctan\frac{2x+1}{\sqrt{3}}+C_1\end{aligned}$$

而第二个积分

$$\begin{aligned}\int\frac{2(x+2)}{(x^2+x+1)^2}\mathrm{d}x&=\int\frac{(2x+1)+3}{(x^2+x+1)^2}\mathrm{d}x=\int\frac{\mathrm{d}(x^2+x+1)}{(x^2+x+1)^2}+3\int\frac{\mathrm{d}x}{(x^2+x+1)^2}\\&=-\frac{1}{x^2+x+1}+3\int\frac{1}{\left[\left(x+\frac{1}{2}\right)^2+\left(\frac{\sqrt{3}}{2}\right)^2\right]^2}\mathrm{d}x\\&=-\frac{1}{x^2+x+1}+3\int\frac{1}{\left[\left(x+\frac{1}{2}\right)^2+\left(\frac{\sqrt{3}}{2}\right)^2\right]^2}\mathrm{d}\left(x+\frac{1}{2}\right)\\&\overset{\text{递推公式}}{=}-\frac{1}{x^2+x+1}+\frac{2x+1}{x^2+x+1}+\frac{4}{\sqrt{3}}\arctan\frac{2x+1}{\sqrt{3}}+C_2\\&=\frac{2x}{x^2+x+1}+\frac{4}{\sqrt{3}}\arctan\frac{2x+1}{\sqrt{3}}+C_2\end{aligned}$$

所以
$$\begin{aligned}\int\frac{x^3-2x^2+1}{(x^2+x+1)^2}\mathrm{d}x&=\int\frac{x-3}{(x^2+x+1)}\mathrm{d}x+\int\frac{2(x+2)}{(x^2+x+1)^2}\mathrm{d}x\\&=\frac{1}{2}\ln(x^2+x+1)-\frac{7}{\sqrt{3}}\arctan\frac{2x+1}{\sqrt{3}}+C_1\\&\quad+\frac{2x}{x^2+x+1}+\frac{4}{\sqrt{3}}\arctan\frac{2x+1}{\sqrt{3}}+C_2\\&=\frac{1}{2}\ln(x^2+x+1)+\frac{2x}{x^2+x+1}-\sqrt{3}\arctan\frac{2x+1}{\sqrt{3}}+C\end{aligned}$$

5. 分母为一次因式与二次因式乘积的真分式的积分法

例如，求不定积分 $\int \frac{bx^2+cx+d}{(x-a)(x^2+px+q)}\mathrm{d}x \quad (4q-p^2>0)$

令
$$\frac{bx^2+cx+d}{(x-a)(x^2+px+q)}=\frac{A}{x-a}+\frac{Bx+D}{x^2+px+q}$$

然后根据恒等式：　$bx^2+cx+d\equiv A(x^2+px+q)+(Bx+D)(x-a)$

求出待定系数 A、B 和 D. 于是，

$$\int \frac{bx^2+cx+d}{(x-a)(x^2+px+q)}\mathrm{d}x = A\ln|x-a|+\int \frac{Bx+D}{x^2+px+q}\mathrm{d}x$$
$$=A\ln|x-a|+\frac{B}{2}\ln(x^2+px+q)+\frac{2D-Bp}{\sqrt{4q-p^2}}\arctan\frac{2x+p}{\sqrt{4q-p^2}}+C$$

【例 4-4-6】 求不定积分 $\int \frac{\mathrm{d}x}{(1+2x)(1+x^2)}$.

解：因为 $\frac{1}{(1+2x)(1+x^2)}=\frac{1}{5}\left[\frac{4}{1+2x}-\frac{2x}{1+x^2}+\frac{1}{1+x^2}\right]$，

于是
$$\int \frac{\mathrm{d}x}{(1+2x)(1+x^2)}=\frac{2}{5}\int\frac{\mathrm{d}(1+2x)}{1+2x}-\frac{1}{5}\int\frac{\mathrm{d}(1+x^2)}{1+x^2}+\frac{1}{5}\int\frac{\mathrm{d}x}{1+x^2}$$
$$=\frac{2}{5}\ln|1+2x|-\frac{1}{5}\ln(1+x^2)+\frac{1}{5}\arctan x+C$$

按步骤将有理函数分拆虽然总是可行，但不一定简便，因此要注意根据被积函数的结构寻求简便的方法.

【例 4-4-7】 求不定积分 $I=\int \frac{2x^3+2x^2+5x+5}{x^4+5x^2+4}\mathrm{d}x$.

解：
$$I=\int\frac{2x^3+5x}{x^4+5x^2+4}\mathrm{d}x+\int\frac{2x^2+5}{x^4+5x^2+4}\mathrm{d}x$$
$$=\frac{1}{2}\int\frac{\mathrm{d}(x^4+5x^2+5)}{x^4+5x^2+4}+\int\frac{(x^2+1)+(x^2+4)}{(x^2+1)(x^2+4)}\mathrm{d}x$$
$$=\frac{1}{2}\ln|x^4+5x^2+4|+\frac{1}{2}\arctan\frac{x}{2}+\arctan x+C$$

【例 4-4-8】 求不定积分 $\int \frac{x^2}{(x^2+2x+2)^2}\mathrm{d}x$.

解：
$$\int\frac{x^2}{(x^2+2x+2)^2}\mathrm{d}x=\int\frac{(x^2+2x+2)-(2x+2)}{(x^2+2x+2)^2}\mathrm{d}x$$
$$=\int\frac{\mathrm{d}x}{(x+1)^2+1}-\int\frac{\mathrm{d}(x^2+2x+2)}{(x^2+2x+2)^2}$$
$$=\arctan(x+1)+\frac{1}{x^2+2x+2}+C$$

【例 4-4-9】 求不定积分 $\int\frac{\mathrm{d}x}{x^4+1}$.

解：
$$\int\frac{\mathrm{d}x}{x^4+1}=\frac{1}{2}\int\frac{(x^2+1)-(x^2-1)}{x^4+1}\mathrm{d}x$$
$$=\frac{1}{2}\int\frac{1+\frac{1}{x^2}}{x^2+\frac{1}{x^2}}\mathrm{d}x-\frac{1}{2}\int\frac{1-\frac{1}{x^2}}{x^2+\frac{1}{x^2}}\mathrm{d}x$$

$$=\frac{1}{2}\int\frac{\mathrm{d}\left(x-\frac{1}{x}\right)}{\left(x-\frac{1}{x}\right)^2+2}-\frac{1}{2}\int\frac{\mathrm{d}\left(x+\frac{1}{x}\right)}{\left(x+\frac{1}{x}\right)^2-2}$$

$$=\frac{1}{2}\cdot\frac{1}{\sqrt{2}}\arctan\frac{1}{\sqrt{2}}\left(x-\frac{1}{x}\right)-\frac{1}{2}\cdot\frac{1}{2\sqrt{2}}\ln\left|\frac{\left(x+\frac{1}{x}\right)-\sqrt{2}}{\left(x+\frac{1}{x}\right)+\sqrt{2}}\right|+C$$

$$=\frac{1}{2\sqrt{2}}\arctan\frac{x^2-1}{\sqrt{2}x}-\frac{1}{4\sqrt{2}}\ln\left|\frac{x^2-\sqrt{2}x+1}{x^2+\sqrt{2}x+1}\right|+C(x\neq 0)$$

注:上面几题如果按照常规方法求解非常复杂,注意使用技巧.

二、可化为有理函数的不定积分

1. 三角函数有理式的积分

由 $u(x)$、$v(x)$及常数经过有限次四则运算所得到的函数称为关于 $u(x)$、$v(x)$的有理式,并用 $R(u(x),v(x))$表示.

$\int R(\sin x,\cos x)\mathrm{d}x$ 是三角函数有理式的不定积分.一般通过变换 $t=\tan\frac{x}{2}$,可把它化为有理函数的不定积分.这是因为

$$\sin x=\frac{2\sin\frac{x}{2}\cos\frac{x}{2}}{\sin^2\frac{x}{2}+\cos^2\frac{x}{2}}=\frac{2\tan\frac{x}{2}}{1+\tan^2\frac{x}{2}}=\frac{2t}{1+t^2} \tag{4-7}$$

$$\cos x=\frac{\cos^2\frac{x}{2}-\sin^2\frac{x}{2}}{\sin^2\frac{x}{2}+\cos^2\frac{x}{2}}=\frac{1-\tan^2\frac{x}{2}}{1+\tan^2\frac{x}{2}}=\frac{1-t^2}{1+t^2} \tag{4-8}$$

$$\mathrm{d}x=\frac{2}{1+t^2}\mathrm{d}t \tag{4-9}$$

所以 $\int R(\sin x,\cos x)\mathrm{d}x=\int R\left(\frac{2t}{1+t^2},\frac{1-t^2}{1+t^2}\right)\frac{2}{1+t^2}\mathrm{d}t$.

【例 4-4-10】 求 $\int\frac{1+\sin x}{\sin x(1+\cos x)}\mathrm{d}x$.

解:令 $t=\tan\frac{x}{2}$,将式(4-7)、式(4-8)、式(4-9)代入被积表达式,于是有

$$\int\frac{1+\sin x}{\sin x(1+\cos x)}\mathrm{d}x=\int\frac{1+\frac{2t}{1+t^2}}{\frac{2t}{1+t^2}\left(1+\frac{1-t^2}{1+t^2}\right)}\cdot\frac{2}{1+t^2}\mathrm{d}t$$

$$=\int\frac{1}{2}\left(t+2+\frac{1}{t}\right)\mathrm{d}t=\frac{1}{2}\left(\frac{t^2}{2}+2t+\ln|t|\right)+C$$

$$=\frac{1}{4}\tan^2\frac{x}{2}+\tan\frac{x}{2}+\frac{1}{2}\ln\left|\tan\frac{x}{2}\right|+C$$

注:上面所用的变换 $t=\tan\dfrac{x}{2}$ 对三角函数有理式的不定积分虽然总是有效的,但并不意味着在任何场合都是简便的.

(1) 若 $R(-\sin x,\cos x)=-R(\sin x,\cos x)$,则可令 $t=\cos x$;

(2) 若 $R(\sin x,-\cos x)=-R(\sin x,\cos x)$,则可令 $t=\sin x$;

(3) 若 $R(-\sin x,-\cos x)=R(\sin x,\cos x)$,则可令 $t=\tan x$.

【例 4-4-11】 求不定积分 $\displaystyle\int\frac{\sin^5 x}{\cos^4 x}\mathrm{d}x$.

解:由于 $\displaystyle\int\frac{\sin^5 x}{\cos^4 x}\mathrm{d}x=\int\frac{\sin^4 x\sin x}{\cos^4 x}\mathrm{d}x=-\int\frac{(1-\cos^2 x)^2}{\cos^4 x}\mathrm{d}(\cos x)$

故令 $t=\cos x$,于是

$$\begin{aligned}\int\frac{\sin^5 x}{\cos^4 x}\mathrm{d}x&=-\int\frac{(1-\cos^2 x)^2}{\cos^4 x}\mathrm{d}(\cos x)\\&=-\int\frac{(1-t^2)^2}{t^4}\mathrm{d}t=-\int\left(1-\frac{2}{t^2}+\frac{1}{t^4}\right)\mathrm{d}t\\&=-t-\frac{2}{t}+\frac{1}{3t^3}+C\\&=-\cos x-\frac{2}{\cos x}+\frac{1}{3\cos^3 x}+C\end{aligned}$$

【例 4-4-12】 求不定积分 $\displaystyle\int\frac{\cos^3 x-2\cos x}{1+\sin^2 x+\sin^4 x}\mathrm{d}x$.

解:因为被积函数关于 $\cos x$ 为奇函数,可令 $t=\sin x$,于是

$$\begin{aligned}\int\frac{\cos^3 x-2\cos x}{1+\sin^2 x+\sin^4 x}\mathrm{d}x&=\int\frac{(\cos^2 x-2)\cos x\mathrm{d}x}{1+\sin^2 x+\sin^4 x}\\&=-\int\frac{(\sin^2 x+1)\mathrm{d}\sin x}{1+\sin^2 x+\sin^4 x}\\&=-\int\frac{(t^2+1)\mathrm{d}t}{1+t^2+t^4}\\&=-\int\frac{1+\dfrac{1}{t^2}}{t^2+1+\dfrac{1}{t^2}}\mathrm{d}t\\&=-\int\frac{\mathrm{d}\left(t-\dfrac{1}{t}\right)}{\left(t-\dfrac{1}{t}\right)^2+3}\\&=-\frac{1}{\sqrt{3}}\arctan\frac{t-\dfrac{1}{t}}{\sqrt{3}}+C\\&=\frac{1}{\sqrt{3}}\arctan\frac{\cos^2 x}{\sqrt{3}\sin x}+C\end{aligned}$$

【例 4-4-13】 求不定积分$\int \frac{\mathrm{d}x}{a^2 \sin^2 x + b^2 \cos^2 x}(ab \neq 0)$.

解:由于$\int \frac{\mathrm{d}x}{a^2 \sin^2 x + b^2 \cos^2 x} = \int \frac{\sec^2 x}{a^2 \tan^2 x + b^2}\mathrm{d}x = \int \frac{\mathrm{d}(\tan x)}{a^2 \tan^2 x + b^2}$,

故令 $t=\tan x$,于是

$$\int \frac{\mathrm{d}x}{a^2 \sin^2 x + b^2 \cos^2 x} = \int \frac{\mathrm{d}t}{a^2 t^2 + b^2} = \frac{1}{a}\int \frac{\mathrm{d}(at)}{(at)^2 + b^2}$$
$$= \frac{1}{ab}\arctan\frac{at}{b} + C$$
$$= \frac{1}{ab}\arctan\left(\frac{a}{b}\tan x\right) + C$$

2. 某些无理根式的不定积分

被积函数为简单根式的有理式,可通过根式代换化为有理函数的积分. 如:

(1) $\int R\left(x, \sqrt[n]{\frac{ax+b}{cx+d}}\right)\mathrm{d}x$ 型不定积分$(ad-bc \neq 0)$. 对此只需令 $t = \sqrt[n]{\frac{ax+b}{cx+d}}$,就可化为有理函数的不定积分.

(2) $\int R(x, \sqrt[n]{ax+b}, \sqrt[m]{ax+b})\mathrm{d}x$ 型不定积分. 对此只需令 $t=\sqrt[p]{ax+b}$,p 为 m,n 的最小公倍数,就可化为有理函数的不定积分.

【例 4-4-14】 求不定积分$\int \frac{1}{x}\sqrt{\frac{x+2}{x-2}}\mathrm{d}x$.

解:令 $t=\sqrt{\frac{x+2}{x-2}}$,$\Rightarrow x=\frac{2(1+t^2)}{t^2-1}$,$\mathrm{d}x=-\frac{8t}{(t^2-1)^2}\mathrm{d}t$

所以
$$\int \frac{1}{x}\sqrt{\frac{x+2}{x-2}}\mathrm{d}x = \int \frac{4t^2}{(1-t^2)(1+t^2)}\mathrm{d}t = \int\left(\frac{2}{1-t^2} - \frac{2}{1+t^2}\right)\mathrm{d}t$$
$$= \ln\left|\frac{1+t}{1-t}\right| - 2\arctan t + C$$
$$= \ln\left|\frac{1+\sqrt{(x+2)/(x-2)}}{1-\sqrt{(x+2)/(x-2)}}\right| - 2\arctan\sqrt{\frac{x+2}{x-2}} + C$$

【例 4-4-15】 求不定积分$\int \frac{\mathrm{d}x}{(1+x)\sqrt{2+x-x^2}}$.

解:由于$\frac{1}{(1+x)\sqrt{2+x-x^2}}=\frac{1}{(1+x)^2}\sqrt{\frac{1+x}{2-x}}$,故令 $t=\sqrt{\frac{1+x}{2-x}}$,则有

$$x = \frac{2t^2-1}{1+t^2}, \mathrm{d}x = \frac{6t}{(1+t^2)^2}\mathrm{d}t$$

$$\int \frac{\mathrm{d}x}{(1+x)\sqrt{2+x-x^2}} = \int \frac{1}{(1+x)^2}\sqrt{\frac{1+x}{2-x}}\mathrm{d}x$$
$$= \int \frac{(1+t^2)^2}{9t^4} \cdot t \cdot \frac{6t}{(1+t^2)^2}\mathrm{d}t$$
$$= \int \frac{2}{3t^2}\mathrm{d}t = -\frac{2}{3t} + C = -\frac{2}{3}\sqrt{\frac{2-x}{1+x}} + C$$

【例 4-4-16】 求不定积分$\int \frac{dx}{\sqrt{x}+\sqrt[3]{x}}$.

解:为去掉被积函数分母中的根式,取根指数 2,3 的最小公倍数 6,若令 $x=t^6$,则有

$$\int \frac{dx}{\sqrt{x}+\sqrt[3]{x}}=\int \frac{6t^5 dt}{t^3+t^2}=6\int\left(t^2-t+1-\frac{1}{1+t}\right)dt$$

$$=6\left[\frac{1}{3}t^3-\frac{1}{2}t^2+t-\ln|1+t|\right]+C$$

$$=2\sqrt{x}-3\sqrt[3]{x}+6\sqrt[6]{x}-6\ln(1+\sqrt[6]{x})+C$$

习题 4.4

求下列不定积分

(1) $\int \frac{dx}{(x-1)(x+1)^2}$;

(2) $\int \frac{2x+3}{(x^2-1)(x^2+1)}dx$;

(3) $\int \frac{x^2}{1-x^4}dx$;

(4) $\int \frac{dx}{(x^2+1)(x^2+x+1)}$;

(5) $\int \frac{1-x^7}{x(1+x^7)}dx$;

(6) $\int \frac{x}{\sqrt{2+4x}}dx$;

(7) $\int \frac{\sqrt{x+1}-\sqrt{x-1}}{\sqrt{x+1}+\sqrt{x-1}}dx$;

(8) $\int \sqrt{\frac{x+1}{x-1}}dx$;

(9) $\int \frac{dx}{\sqrt{x(1+x)}}$;

(10) $\int \frac{dx}{x^4\sqrt{1+x^2}}$;

(11) $\int \frac{dx}{\sqrt{x}+\sqrt[4]{x}}$;

(12) $\int \sqrt[3]{\frac{(x-4)^2}{(x+1)^8}}dx$;

(13) $\int \frac{dx}{4+5\cos x}$;

(14) $\int \frac{dx}{2+\sin x}$;

(15) $\int \frac{dx}{3+\sin^2 x}$;

(16) $\int \frac{dx}{1+\sin x+\cos x}$;

(17) $\int \frac{\sin x\cos x}{\sin x+\cos x}dx$;

(18) $\int \frac{dx}{\sin^2 x\cos^2 x}$;

(19) $\int \frac{\sin^2 x}{1+\sin^2 x}dx$;

(20) $\int \frac{xe^x}{(1+x)^2}dx$;

(21) $\int \ln(1+x^2)dx$;

(22) $\int \frac{x^2\arcsin x}{\sqrt{1-x^2}}dx$;

(23) $\int \sqrt{x}\sin\sqrt{x}\,dx$;

(24) $\int \frac{x+\sin x}{1+\cos x}dx$;

(25) $\int \frac{dx}{e^x-e^{-x}}$;

(26) $\int \frac{\sqrt[3]{x}}{x(\sqrt{x}+\sqrt[3]{x})}dx$;

(27) $\int \sqrt{1-x^2}\arcsin x\,dx$;

(28) $\int \frac{dx}{(1+e^x)^2}$.

第4章综合练习题

1. 求下列不定积分

(1) $\int \frac{dx}{x^2\sqrt{x}}$;

(2) $\int (2^x+x^2)dx$;

(3) $\int \frac{3x^4+3x^2+1}{x^2+1}dx$;

(4) $\int \frac{x^2}{1+x^2}dx$;

(5) $\int \sqrt{x\sqrt{x\sqrt{x}}}\,dx$;

(6) $\int \frac{1}{x^2(1+x^2)}dx$;

(7) $\int \frac{e^{2x}-1}{e^x-1}dx$;

(8) $\int 3^x e^x dx$;

(9) $\int \cot^2 x dx$;

(10) $\int \frac{2\cdot 3^x-5\cdot 2^x}{3^x}dx$;

(11) $\int \cos^2\frac{x}{2}dx$;

(12) $\int \frac{1}{1+\cos 2x}dx$;

(13) $\int \frac{\cos 2x}{\cos x-\sin x}dx$;

(14) $\int \frac{\cos 2x}{\cos^2 x\cdot\sin^2 x}dx$;

(15) $\int \frac{1+\cos^2 x}{1+\cos 2x}dx$;

(16) $\int e^{3t}dt$;

(17) $\int (3-5x)^3 dx$;

(18) $\int \frac{1}{\sqrt[3]{5-3x}}dx$;

(19) $\int (\sin ax-e^{\frac{x}{b}})dx$;

(20) $\int \frac{\cos\sqrt{t}}{\sqrt{t}}dt$;

(21) $\int \tan^{10}x\sec^2 x dx$;

(22) $\int \frac{dx}{\sin x\cos x}$;

(23) $\int \frac{dx}{e^x+e^{-x}}$;

(24) $\int x\cos(x^2)dx$;

(25) $\int \frac{3x^3}{1-x^4}dx$;

(26) $\int \frac{\sin x}{\cos^3 x}dx$;

(27) $\int \frac{xdx}{(4-5x)^2}$;

(28) $\int \frac{x^2dx}{(x-1)^{100}}$;

(29) $\int \frac{xdx}{x^8-1}$;

(30) $\int \cos^3 x dx$;

(31) $\int \sin 2x\cos 3x dx$;

(32) $\int \sin 5x\sin 7x dx$;

(33) $\int \tan^3 x\sec x dx$;

(34) $\int \frac{10^{\arccos x}}{\sqrt{1-x^2}}dx$;

(35) $\int \frac{\sqrt{x^2-9}}{x}dx$;

(36) $\int \frac{dx}{\sqrt{(x^2+1)^3}}$;

(37) $\int \frac{dx}{\sqrt{(x^2+a^2)^3}}$;

(38) $\int \sqrt{5-4x-x^2}\,dx$;

(39) $\int e^{-2x}\sin\frac{x}{2}dx$；　　(40) $\int x\cos\frac{x}{2}dx$；

(41) $\int \ln^2 x dx$；　　(42) $\int x^n \ln x dx \quad (n\neq -1)$；

(43) $\int x^2 e^{-x}dx$；　　(44) $\int (x^2-1)\sin 2x dx$；

(45) $\int e^x \sin^2 x dx$；　　(46) $\int \frac{\ln(1+x)}{\sqrt{x}}dx$；

(47) $\int (x^2+1)e^{-x}dx$；　　(48) $\int \frac{x^3}{x+3}dx$；

(49) $\int \frac{x+1}{(x-1)^3}dx$；　　(50) $\int \frac{x^2+1}{(x+1)^2(x-1)}dx$；

(51) $\int \frac{1}{x(x^2+1)}dx$；　　(52) $\int \frac{dx}{3+\cos x}$；

(53) $\int \frac{dx}{1+\tan x}$；　　(54) $\int \frac{dx}{1+\sin x+\cos x}$；

(55) $\int \frac{dx}{1+\sqrt[3]{x+1}}$；　　(56) $\int \frac{1+(\sqrt{x})^3}{1+\sqrt{x}}dx$.

2. 求一个函数 $f(x)$，满足 $f'(x)=\frac{1}{\sqrt{1+x}}$，且 $f(0)=1$.

3. 设 $I_n=\int \tan^n x dx$，求证：$I_n=\frac{1}{n-1}\tan^{n-1}x-I_{n-2}$，并求 $\int \tan^5 x dx$.

4. 已知$\frac{\sin x}{x}$是 $f(x)$的原函数，求 $\int xf'(x)dx$.

5. 设 $f(x)$为单调连续函数，$f^{-1}(x)$为其反函数，且 $\int f(x)dx=F(x)+C$，求：$\int f^{-1}(x)dx$.

第5章　定积分及其应用

学习目标

理解定积分的概念；
掌握定积分的性质；
掌握变上限积分函数的求导公式；
熟练掌握微积分基本定理：牛顿-莱布尼茨(Newton-Leibniz)公式；
熟练掌握定积分的换元积分法和分部积分法；
了解广义积分的概念，会计算一些常见的广义积分；
了解微元法；
能够熟练运用定积分计算平面图形的面积和空间旋转体的体积.

大量科学技术和经济学的问题都最终转化为计算一个“和式的极限”的问题，定积分就是从各种“和式的极限”问题抽象出的数学概念，它与不定积分是两个不同的数学概念. 但是，微积分基本定理：牛顿-莱布尼茨(Newton-Leibniz)公式则把这两个概念联系起来，解决了“和式的极限”——定积分的计算问题，使定积分得到了广泛的应用. 本章主要介绍定积分的概念和性质、微积分基本定理、计算方法，同时简单介绍反常积分，然后应用定积分理论来分析和解决一些几何中的问题.

5.1　定积分的概念和性质

一、引例

1. 曲边梯形的面积

对矩形、三角形、梯形的面积我们已经会计算了，但由任意曲边所围成的平面图形的面积如何计算呢？我们首先从最简单的曲边梯形入手.

在直角坐标系中，设 $y=f(x)$ 在区间 $[a,b]$ 上非负、连续. 由直线 $x=a$、$x=b$、$y=0$ 及曲线 $y=f(x)$ 所围成的图形(图 5-1-1)称为曲边梯形，其中曲线弧称为曲边. 如何求出这个曲边梯形的面积呢？

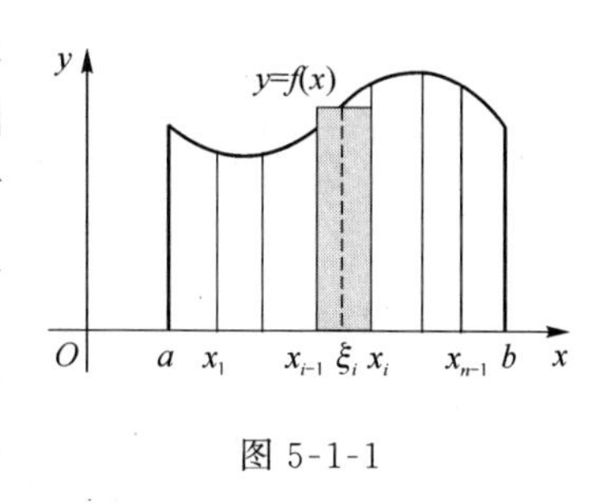

图 5-1-1

我们知道，矩形的面积可按公式：矩形面积＝高×底来计算，而曲边梯形，由于底边上各点的高 $f(x)$ 在区间$[a,b]$上是变动的，故它的面积不能直接按矩阵的面积公式来计算. 然而，由于 $f(x)$ 在$[a,b]$上连续，即曲边梯形的高是连续变化的，那么它在很小一段区间上的变化应该很小，因此，若把区间$[a,b]$划分为很多小区间，在每个小区间上用其中某一点处的高来近似代替该区间上的小曲边梯形的高，那么每个小区边梯形就可近似地看成小矩形，我们就以这些小矩形面积之和作为曲边梯形面积的近似值；并把区间$[a,b]$无限细分下去，即使每个小区间的长度都趋于零，这时所有小矩形面积之和的极限就可以定义为曲边梯形的面积. 现将这一过程详细叙述如下：

(1) **分割**：在区间$[a,b]$中任意插入 $n-1$ 个分点：

$$a = x_0 < x_1 < x_2 < \cdots < x_{n-1} < x_n = b$$

将区间$[a,b]$分成 n 个小区间：$[x_0,x_1]$，$[x_1,x_2]$，…，$[x_{n-1},x_n]$

它们的长度依次为：$\Delta x_1 = x_1 - x_0$，$\Delta x_2 = x_2 - x_1$，…，$\Delta x_n = x_n - x_{n-1}$

(2) **近似代替**：在每个小区间$[x_{i-1},x_i]$上，任取一点 $\xi_i(i=1,2,\cdots,n)$，以 Δx_i 为底，$f(\xi_i)$为高作矩形，则矩形的面积即为小区间上曲边梯形面积的近似值

$$f(\xi_i)\Delta x_i(x_{i-1} < \xi_i < x_i)(i = 1,2,\cdots,n)$$

(3) **求和**：n 个窄矩形面积之和 $\sum\limits_{i=1}^{n} f(\xi_i)\Delta x_i$ 即是曲边梯形面积的近似值；

(4) **取极限**：

设 $\lambda = \max\{\Delta x_1,\Delta x_2,\cdots,\Delta x_n\}$，曲边梯形的面积为 $A = \lim\limits_{\lambda \to 0}\sum\limits_{i=1}^{n} f(\xi_i)\Delta x_i$

2. 变速直线运动的路程

已知物体直线运动的速度 $v=v(t)$是时间 t 的连续函数，且 $v(t)\geqslant 0$，计算物体在时间段$[T_1,T_2]$内所经过的路程 S.

在匀速直线运动中，有公式：路程＝速度×时间. 但是，在本题中，速度不是常量而是随时间变化的变量，因此，所求路程 S 不能按照匀速直线运动的路程公式求解. 然而，物体运动的速度函数 $v=v(t)$是连续变化的，在很短一段时间内，速度的变化很小，近似于等速. 因此，如果把时间间隔分小，在小段时间内，以匀速运动代替变速运动，那么，就可以算出部分路程的近似值，再求和，得到整个路程的近似值；最后，通过对时间间隔无限细分的极限过程，这时所有部分路程的近似值之和的极限，就是所求变速直线运动的路程的精确值.

具体计算步骤如下：

(1) **分割**：在时间间隔$[T_1,T_2]$中任意插入 $n-1$ 个分点：

$$T_1 = t_0 < t_1 < t_2 < \cdots < t_{n-1} < t_n = T_2$$

将$[T_1,T_2]$分成 n 个小时段：$[t_0,t_1]$，$[t_1,t_2]$，…，$[t_{n-1},t_n]$

各小时段的长依次为：$\Delta t_1 = t_1 - t_0$，$\Delta t_2 = t_2 - t_1$，…，$\Delta t_n = t_n - t_{n-1}$

(2) **近似代替**：在每个小时段$[t_{i-1},t_i]$上，任取一个时刻 $\tau_i(i=1,2,\cdots,n)$，以 τ_i 时的速

度 $v(\tau_i)$ 来代替 $[t_{i-1},t_i]$ 上各个时刻的速度,得到该时段的路程近似值

即: $$v(\tau_i)\Delta t_i(t_{i-1}<\tau_i<t_i) \quad (i=1,2,\cdots,n)$$

(3) **求和**:n 段部分路程的近似值之和 $\sum_{i=1}^{n}v(\tau_i)\Delta t_i$ 就是所求变速直线运动路程 S 的近似值;

(4) **取极限**:

设 $\lambda=\max\{\Delta t_1,\Delta t_2,\cdots,\Delta t_n\}$,变速直线运动的路程为 $S=\lim\limits_{\lambda\to 0}\sum_{i=1}^{n}v(\tau_i)\Delta t_i$

从上面两个例子可以看到,所研究问题的实际意义虽然不同,前者是几何问题,后者是物理问题;但是它们的计算方法和步骤却是相同的,都归结于跟一个函数及其自变量的变化区间有关的且具有相同结构的一种特定和的极限.我们抛开这些问题的实际意义,抓住它们在数量关系上共同的本质与特性加以概括,我们就可以抽象出定积分的定义.

二、定积分定义

定义 5-1-1 设函数 $f(x)$ 在 $[a,b]$ 上有界,在 $[a,b]$ 中任意插入若干个分点

$$a=x_0<x_1<x_2<\cdots<x_{n-1}<x_n=b$$

把区间 $[a,b]$ 分成 n 个小区间:$[x_0,x_1]$,$[x_1,x_2]$,$\cdots$,$[x_{n-1},x_n]$,各个小区间的长度依次为:

$$\Delta x_1=x_1-x_0,\Delta x_2=x_2-x_1,\cdots,\Delta x_n=x_n-x_{n-1}$$

在每个小区间 $[x_{i-1},x_i]$ 上任取一点 $\xi_i(x_{i-1}\leqslant\xi_i\leqslant x_i)$,作函数值 $f(\xi_i)$ 与小区间长度 Δx_i 的乘积 $f(\xi_i)x_i(i=1,2,\cdots,n)$,并作和 $S_n=\sum_{i=1}^{n}f(\xi_i)\Delta x_i$.

记 $\lambda=\max\{\Delta x_1,\Delta x_2,\cdots,\Delta x_n\}$,若极限 $\lim\limits_{\lambda\to 0}S_n=\lim\limits_{\lambda\to 0}\sum_{i=1}^{n}f(\xi_i)\Delta x_i$,如果不论对 $[a,b]$ 怎样划分,也不论在小区间 $[x_{i-1},x_i]$ 上点 ξ_i 怎样选取,只要当 $\lambda\to 0$ 时,和 S_n 总趋于确定的极限 A,那么称这个极限 A 为函数 $f(x)$ 在区间 $[a,b]$ 上的**定积分**,记作 $\int_a^b f(x)\mathrm{d}x$,即

$$\int_a^b f(x)\mathrm{d}x=A=\lim_{\lambda\to 0}\sum_{i=1}^{n}f(\xi_i)\Delta x_i.$$

其中:$f(x)$ 称作**积分函数**,$f(x)\mathrm{d}x$ 称作**被积表达式**,x 称作**积分变量**,a 称作**积分下限**,b 称作**积分上限**,$[a,b]$ 称作**积分区间**.

根据定积分的定义,可知前面讨论的两个实际问题可表示为:

曲边梯形的面积为:$A=\int_a^b f(x)\mathrm{d}x$,变速直线运动的路程为:$S=\int_{T_1}^{T_2}v(t)\mathrm{d}t$

关于定积分的定义提醒大家注意两点:

(1) 定积分是特殊结构的和式的极限,它表示一个数;它和不定积分有质的不同,不定积分是一簇函数构成的函数集合;

(2) 定积分的值只与被积函数及积分区间有关,而与积分变量的记法无关.

$$\int_a^b f(x)\mathrm{d}x=\int_a^b f(t)\mathrm{d}t=\int_a^b f(u)\mathrm{d}u$$

注意:如果函数 $f(x)$ 在区间 $[a,b]$ 上的定积分存在,则称 $f(x)$ 在区间 $[a,b]$ 上可积.

在上面的定义中和式的极限不一定存在，即是说 $f(x)$ 在 $[a,b]$ 上的定积分不一定存在，那么函数 $f(x)$ 在 $[a,b]$ 上满足怎样的条件才存在定积分呢？这个问题我们不作深入讨论，而只给出以下两个充分条件.

定理 5-1-1　设 $f(x)$ 在区间 $[a,b]$ 上连续，则 $f(x)$ 在 $[a,b]$ 上**可积**.

定理 5-1-2　如果函数 $f(x)$ 在区间 $[a,b]$ 上有界，且只有有限个间断点，则 $f(x)$ 在 $[a,b]$ 上可积.

下面讨论定积分的**几何意义**，由定义我们知道，在 $[a,b]$ 上 $f(x)\geqslant 0$ 时，定积分 $\int_a^b f(x)\mathrm{d}x$ 在几何上表示由曲线 $y=f(x)$、两条直线 $x=a$、$x=b$ 与 x 轴所围成的曲边梯形的面积；在 $[a,b]$ 上 $f(x)\leqslant 0$ 时，由曲线 $y=f(x)$、两条直线 $x=a$、$x=b$ 与 x 轴所围成的曲边梯形位于 x 轴的下方，定积分 $\int_a^b f(x)\mathrm{d}x$ 在几何上表示上述曲边梯形面积的负值；在 $[a,b]$ 上 $f(x)$ 既取得正值又取得负值时，函数 $f(x)$ 的图形（图 5-1-2）某些部分在 x 轴的上方，而其他部分在 x 轴下方，此时定积分 $\int_a^b f(x)\mathrm{d}x$ 表示 x 轴上方图形面积减去 x 轴下方图形面积所得之差.

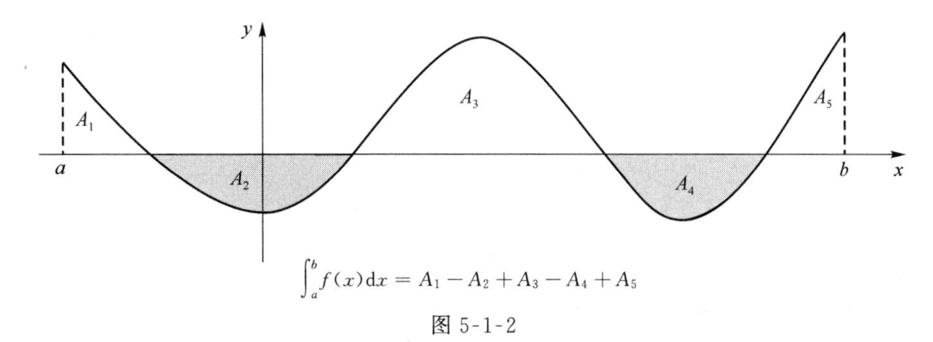

$$\int_a^b f(x)\mathrm{d}x = A_1 - A_2 + A_3 - A_4 + A_5$$

图 5-1-2

由定积分的定义和几何意义，我们可以求出一些比较简单的定积分，但是如果被积函数比较复杂，按照定义求定积分运算量比较大，也很麻烦，为了寻求更好的求解方法，我们首先来研究定积分的性质.

三、定积分的性质

为了以后计算及应用方便，对定积分作以下两点补充规定：

(1) 当 $a=b$ 时，$\int_a^b f(x)\mathrm{d}x = 0$；

(2) 当 $a>b$ 时，$\int_a^b f(x)\mathrm{d}x = -\int_b^a f(x)\mathrm{d}x$.

也就是说，交换定积分的上下限，定积分的值变成原来的相反数.

下面讨论定积分的性质.

性质 1　若 $f(x)$，$g(x)$ 在 $[a,b]$ 上可积，则 $f(x)\pm g(x)$ 在 $[a,b]$ 上也可积，且

$$\int_a^b [f(x)\pm g(x)]\mathrm{d}x = \int_a^b f(x)\mathrm{d}x \pm \int_a^b g(x)\mathrm{d}x$$

证明：

$$\int_a^b [f(x)\pm g(x)]\mathrm{d}x = \lim_{\lambda\to 0}\sum_{i=1}^{n}[f(\xi_i)\pm g(\xi_i)]\Delta x_i$$

$$= \lim_{\lambda \to 0} \sum_{i=1}^{n} f(\xi_i)\Delta x_i \pm \lim_{\lambda \to 0} \sum_{i=1}^{n} g(\xi_i)\Delta x_i$$

$$= \int_a^b f(x)\mathrm{d}x \pm \int_a^b g(x)\mathrm{d}x$$

性质 1 对于任意有限个函数都是成立的,类似地,可以证明:

性质 2 $\int_a^b kf(x)\mathrm{d}x = k\int_a^b f(x)\mathrm{d}x \quad (k \text{ 是常数})$

性质 3(积分的区间可加性) 设 $f(x)$是可积函数,$c\in[a,b]$,则

$$\int_a^b f(x)\mathrm{d}x = \int_a^c f(x)\mathrm{d}x + \int_c^b f(x)\mathrm{d}x$$

性质 4 若在区间$[a,b]$上 $f(x)\equiv 1$,则$\int_a^b 1\mathrm{d}x = \int_a^b \mathrm{d}x = b-a$.

性质 5 如果在区间$[a,b](a<b)$上 $f(x)\geqslant 0$,则$\int_a^b f(x)\mathrm{d}x \geqslant 0$.

证明:因为在区间$[a,b]$上 $f(x)\geqslant 0$,故 $f(\xi_i)\geqslant 0(i=1,2,\cdots,n)$,

又由于 $\Delta x_i>0(i=1,2,\cdots,n)$,所以 $f(x)$的积分和 $\sum_{i=1}^{n} f(\xi_i)\Delta x_i \geqslant 0$,

令 $\lambda\to 0$,取极限就得到$\int_a^b f(x)\mathrm{d}x \geqslant 0$.

推论:若 $f(x),g(x)$在$[a,b](a<b)$上可积,且 $f(x)\leqslant g(x)$,

则
$$\int_a^b f(x)\mathrm{d}x \leqslant \int_a^b g(x)\mathrm{d}x$$

证明:因为 $g(x)-f(x)\geqslant 0$,由性质 5 得:$\int_a^b [g(x)-f(x)]\mathrm{d}x \geqslant 0$,

再利用性质 1,便得到要证的不等式.

性质 6 设 M 及 m 分别是 $f(x)$在$[a,b]$上的最大值与最小值,且 $f(x)$在$[a,b](a<b)$上可积,则

$$m(b-a) \leqslant \int_a^b f(x)\mathrm{d}x \leqslant M(b-a) \quad (a<b)$$

证明:因为 $m\leqslant f(x)\leqslant M$,所以由性质 5 推论,得$\int_a^b m\mathrm{d}x \leqslant \int_a^b f(x)\mathrm{d}x \leqslant \int_a^b M\mathrm{d}x$ 再利用性质 2 及性质 4,即得所要证的不等式.

性质 7(积分中值定理) 若函数 $f(x)$在积分区间$[a,b]$上连续,则在$[a,b]$上至少存在一个点 ξ,使得$\int_a^b f(x)\mathrm{d}x = f(\xi)(b-a)$.

证明:因为 $f(x)$在$[a,b]$上连续,所以 $f(x)$在$[a,b]$上可积,且有最小值 m 和最大值 M,由性质 6,得到 $m(b-a) \leqslant \int_a^b f(x)\mathrm{d}x \leqslant M(b-a)$,即 $m \leqslant \frac{\int_a^b f(x)\mathrm{d}x}{b-a} \leqslant M$,根据连续函数的介值定理,至少存在一点 $\xi\in[a,b]$,使 $f(\xi) = \frac{\int_a^b f(x)\mathrm{d}x}{b-a}$,两端乘以 $b-a$ 即得积分中值公式.

积分中值定理的几何意义是:由曲线 $y=f(x)$,x 轴和直线 $x=a$,$x=b$ 所围成的曲边梯

形面积等于同一底边而高为 $f(\xi)$ 的一个矩形的面积(图 5-1-3).

按积分中值公式所得 $f(\xi)=\dfrac{1}{b-a}\int_a^b f(x)\mathrm{d}x$ 称为函数 $f(x)$ 在区间 $[a,b]$ 上的平均值.

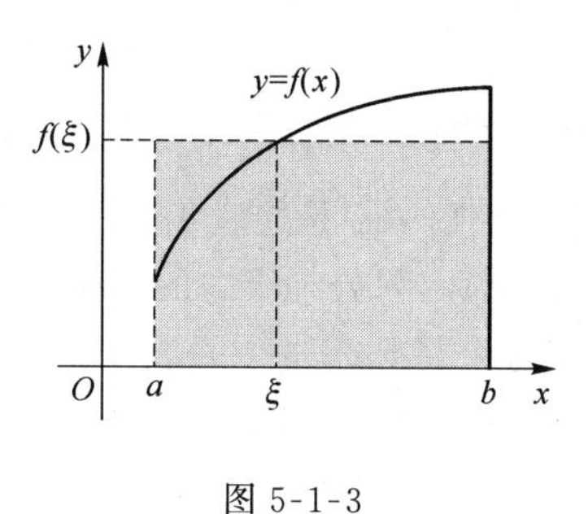

图 5-1-3

习题 5.1

1. 用定积分的定义计算 $\int_0^{10}(1+x)\mathrm{d}x$.

2. 设 $f(x)=\begin{cases}x^2, & x>0\\ 1, & x=0\end{cases}$,利用定积分定义求 $\int_0^1 f(x)\mathrm{d}x$.

3. 利用定积分的几何意义求

(1) $\int_{-\frac{\pi}{2}}^{\frac{\pi}{2}}\sin x\mathrm{d}x$;　　(2) $\int_0^1\sqrt{1-x^2}\,\mathrm{d}x$.

4. 由定积分的性质,比较下列各组中积分的大小

(1) $\int_0^1 x\mathrm{d}x$ 与 $\int_0^1\sin x\mathrm{d}x$;　　(2) $\int_0^1 \mathrm{e}^x\mathrm{d}x$ 与 $\int_0^1(1+x)\mathrm{d}x$;

(3) $\int_e^{2e}\ln x\mathrm{d}x$ 与 $\int_e^{2e}(\ln x)^2\mathrm{d}x$;　　(4) $\int_0^{\frac{\pi}{4}}\sin^4 x\mathrm{d}x$ 与 $\int_0^{\frac{\pi}{4}}\sin^2 x\mathrm{d}x$.

5. 求极限 $\lim\limits_{n\to\infty}\int_n^{n+p}\dfrac{\sin x}{x}\mathrm{d}x$, p,n 为自然数.

5.2　微积分基本公式

在上节课中我们介绍了定积分的概念,如果直接利用定义计算定积分,一般来说是很困难的,因此,我们必须寻求一种计算定积分的简便而有效的方法. 由牛顿和莱布尼茨提出的微积分基本定理则把定积分与不定积分两个不同的概念联系起来,解决了定积分的计算问题.

我们先从实际问题中寻找解决问题的思路.

一、位置函数与速度函数之间的联系

假设物体从某定点开始作直线运动,在 t 时刻物体所在的位置为 $s(t)$,速度为 $v=$

$v(t)=s'(t)(v(t)\geqslant 0)$,则由5.1节知道,在时间间隔$[T_1,T_2]$内物体所经过的路程可以用速度函数$v(t)$在$[T_1,T_2]$上的定积分表示为:$\int_{T_1}^{T_2}v(t)\mathrm{d}t$;另一方面,这段路程又可以通过位置函数$s(t)$在区间$[T_1,T_2]$上的增量:$s(T_2)-s(T_1)$来表达.所以,位置函数$s(t)$与速度函数$v(t)$之间有如下关系:$\int_{T_1}^{T_2}v(t)\mathrm{d}t=s(T_2)-s(T_1)$.

我们知道$s'(t)=v(t)$,即位置函数$s(t)$是速度函数$v(t)$的原函数,所以,上述关系式表示速度函数$v(t)$在区间$[T_1,T_2]$上的定积分等于它的原函数$s(t)$在区间$[T_1,T_2]$上的增量.

上述从变速直线运动的路程这个特殊问题中得出来的关系在一定条件下具有普遍性,接下来我们将证明:如果函数$f(x)$在区间$[a,b]$上连续,那么$f(x)$在$[a,b]$上的定积分等于$f(x)$在$[a,b]$上的原函数$F(x)$在$[a,b]$上的增量$F(b)-F(a)$.这就把定积分的计算化为求原函数增量的问题,从而为定积分找到一个有效、简便的计算方法.

二、积分上限的函数及其导数

设函数$f(x)$在区间$[a,b]$上连续,x是区间$[a,b]$上任意一点,因而函数$f(t)$在$[a,x]$上连续,则定积分$\int_a^x f(t)\mathrm{d}t$存在.对每一个$x\in[a,b]$,都有一个确定的值$\int_a^x f(t)\mathrm{d}t$与之对应,因此它是定义在区间$[a,b]$上的函数,记作$\Phi(x)$,即

$$\Phi(x)=\int_a^x f(t)\mathrm{d}t \quad (a\leqslant x\leqslant b)$$

函数$\Phi(x)$称作$f(x)$的**积分上限函数或变上限积分函数**.

对这个**积分上限函数**$\Phi(x)$,有下列重要性质.

定理 5-2-1 若$f(x)$在区间$[a,b]$上连续,则积分上限的函数$\Phi(x)=\int_a^x f(t)\mathrm{d}t$是$f(x)$在$[a,b]$上的一个原函数.

证明:对于任意的$x,x+h\in[a,b]$,代入函数$\Phi(x)$表达式得:

$$\frac{\Phi(x+h)-\Phi(x)}{h}=\frac{1}{h}\left[\int_a^{x+h}f(t)\mathrm{d}t-\int_a^x f(t)\mathrm{d}t\right]$$

利用积分中值定理得到等式:

$$\frac{\Phi(x+h)-\Phi(x)}{h}=\frac{1}{h}\int_x^{x+h}f(t)\mathrm{d}t=f(\xi)\quad (x\leqslant\xi\leqslant x+h)$$

因为$f(x)$在区间$[a,b]$上连续,而$\Delta x\to 0$时,必有$\xi\to x$,所以$\lim\limits_{\Delta x\to 0}f(\xi)=f(x)$.从而有$\Phi'(x)=\lim\limits_{h\to 0}\frac{\Phi(x+h)-\Phi(x)}{h}=f(x)$.所以结论成立.

这个定理肯定了连续函数的原函数是存在的,另一方面初步揭示了积分学中的定积分与原函数的联系,因此我们就有可能通过原函数来计算定积分.

定理 5-2-2(牛顿-莱布尼茨公式) 如果函数$f(x)$在区间$[a,b]$上连续,函数$F(x)$是$f(x)$在$[a,b]$上的一个原函数,则:

$$\int_a^b f(x)\mathrm{d}x=F(b)-F(a)$$

证明:设$\Phi(x)=\int_a^x f(t)\mathrm{d}t$,根据条件及定理5-2-1可知,$F(x)$与$\Phi(x)=\int_a^x f(t)\mathrm{d}t$都是

函数 $f(x)$ 的原函数，所以，它们之间相差一个常数 C，即

$$F(x)-\Phi(x)=C \quad (a\leqslant x\leqslant b)$$

在上式中，令 $x=a$，则有 $F(a)-\Phi(a)=C$，由于 $\Phi(a)=\int_a^a f(t)\mathrm{d}t=0$，故，得到

$$C=F(a), F(x)-\Phi(x)=F(a)$$

令 $x=b$，则有 $F(b)-\Phi(b)=F(a)$，得 $\Phi(b)=F(b)-F(a)$，

即
$$\int_a^b f(x)\mathrm{d}x=\Phi(b)=F(b)-F(a)$$

为了方便起见，可把 $F(b)-F(a)$ 记成 $[F(x)]_a^b$，于是

$$\int_a^b f(x)\mathrm{d}x=[F(x)]_a^b=F(b)-F(a)$$

牛顿-莱布尼茨公式揭示了定积分与被积函数的原函数或不定积分之间的联系，因此也被称为**微积分基本公式**. 这个公式给定积分的计算提供了一个有效而简便的方法.

下面我们先举几个应用牛顿-莱布尼茨公式计算定积分的简单例子.

【例 5-2-1】 计算 $\int_{-2}^{-1}\frac{1}{x}\mathrm{d}x$.

解：因为 $\ln|x|$ 是 $\frac{1}{x}$ 的一个原函数，所以，根据牛顿-莱布尼茨公式，有

$$\int_{-2}^{-1}\frac{1}{x}\mathrm{d}x=[\ln|x|]_{-2}^{-1}=\ln 1-\ln 2=-\ln 2$$

【例 5-2-2】 计算 $\int_a^b \mathrm{e}^x\mathrm{d}x$.

解：由于 e^x 是 e^x 的一个原函数，所以，利用牛顿-莱布尼茨公式，有

$$\int_a^b \mathrm{e}^x\mathrm{d}x=[\mathrm{e}^x]_a^b=\mathrm{e}^b-\mathrm{e}^a$$

【例 5-2-3】 计算 $\int_{-1}^{1}\frac{1}{1+x^2}\mathrm{d}x$.

解：由于 $\arctan x$ 是 $\frac{1}{1+x^2}$ 的一个原函数，所以，根据牛顿-莱布尼茨公式，有

$$\begin{aligned}\int_{-1}^{1}\frac{1}{1+x^2}\mathrm{d}x&=[\arctan x]_{-1}^{1}=\arctan 1-\arctan(-1)\\&=\frac{\pi}{4}-\left(-\frac{\pi}{4}\right)=\frac{\pi}{2}\end{aligned}$$

【例 5-2-4】 计算 $\int_0^1(x+\sin x-\mathrm{e}^x)\mathrm{d}x$.

解：由于 $\left(\frac{x^2}{2}\right)'=x$，$(-\cos x)'=\sin x$ $(\mathrm{e}^x)'=\mathrm{e}^x$，所以，用牛顿-莱布尼茨公式，有

$$\begin{aligned}\int_0^1(x+\sin x-\mathrm{e}^x)\mathrm{d}x&=\int_0^1 x\mathrm{d}x+\int_0^1\sin x\mathrm{d}x-\int_0^1\mathrm{e}^x\mathrm{d}x\\&=\left[\frac{x^2}{2}\right]_0^1+[-\cos x]_0^1-[\mathrm{e}^x]_0^1\\&=\frac{5}{2}-\cos 1-\mathrm{e}\end{aligned}$$

【例 5-2-5】 求$\int_0^1 |x(2x-1)|\mathrm{d}x$.

解:令 $x(2x-1)=0$,得到 $x=0,x=\frac{1}{2}$

当$0\leqslant x\leqslant\frac{1}{2}$时, $x(2x-1)\leqslant 0$

当$\frac{1}{2}\leqslant x\leqslant 1$时, $x(2x-1)\geqslant 0$

由定积分的区间可加性,有:

$$\begin{aligned}\int_0^1 |x(2x-1)|\mathrm{d}x &= -\int_0^{\frac{1}{2}} x(2x-1)\mathrm{d}x + \int_{\frac{1}{2}}^1 x(2x-1)\mathrm{d}x \\ &= -\int_0^{\frac{1}{2}} (2x^2-x)\mathrm{d}x + \int_{\frac{1}{2}}^1 (2x^2-x)\mathrm{d}x \\ &= -\left[\frac{2}{3}x^3-\frac{1}{2}x^2\right]_0^{\frac{1}{2}} + \left[\frac{2}{3}x^3-\frac{1}{2}x^2\right]_{\frac{1}{2}}^1 \\ &= \frac{1}{4}\end{aligned}$$

注:如果被积函数中包含有绝对值,应该分区间将绝对值符号去掉后,再利用牛顿-莱布尼茨公式.

【例 5-2-6】 设 $f(x)$连续,$u_1(x)$,$u_2(x)$可导,证明:

$$\frac{\mathrm{d}}{\mathrm{d}x}\int_{u_1(x)}^{u_2(x)} f(t)\mathrm{d}t = f[u_2(x)]\cdot u'_2(x) - f[u_1(x)]\cdot u'_1(x)$$

证明:设 $F(x)$为 $f(x)$的一个原函数,则有

$$\int_{u_1(x)}^{u_2(x)} f(t)\mathrm{d}t = F[u_2(x)] - F[u_1(x)]$$

于是,利用复合函数求导法则,对等式两边求导:

$$\begin{aligned}\frac{\mathrm{d}}{\mathrm{d}x}\int_{u_1(x)}^{u_2(x)} f(t)\mathrm{d}t &= F'[u_2(x)]\cdot u'_2(x) - F'[u_1(x)]\cdot u'_1(x) \\ &= f[u_2(x)]\cdot u'_2(x) - f[u_1(x)]\cdot u'_1(x)\end{aligned}$$

【例 5-2-7】 设 $f(x)=\int_{3x}^2 \mathrm{e}^{t^2}\mathrm{d}t$,求 $f'(x)$.

解:利用例 5-2-6 的结论直接代入表达式,得:

$$f'(x) = 0 - \mathrm{e}^{(3x)^2}\cdot(3x)' = -3\mathrm{e}^{9x^2}$$

【例 5-2-8】 求$\lim\limits_{x\to 0}\frac{1}{x^2}\int_0^x \ln(1+t)\mathrm{d}t$.

解:当 $x\to 0$ 时,此极限是"$\frac{0}{0}$"型未定式,利用洛必达法则计算,得

$$\begin{aligned}\lim_{x\to 0}\frac{\int_0^x \ln(1+t)\mathrm{d}t}{x^2} &= \lim_{x\to 0}\frac{\ln(1+x)}{2x} = \lim_{x\to 0}\frac{[\ln(1+x)]'}{(2x)'} \\ &= \lim_{x\to 0}\frac{1}{2(1+x)} = \frac{1}{2}\end{aligned}$$

【例 5-2-9】 下面运算是否正确？为什么？

$$\int_{-1}^{1}\frac{1}{x^2}\mathrm{d}x=\left[-\frac{1}{x}\right]_{-1}^{1}=-1-\left(-\frac{1}{-1}\right)=-2$$

解：运算不正确，因为，

当 $x\neq 0$ 时，$\frac{1}{x^2}>0$，所以应有：$\int_{-1}^{1}\frac{1}{x^2}\mathrm{d}x>0>-2$

注：从上例可以看出，用牛顿-莱布尼茨公式时，被积函数的连续性是必不可少的条件.

习题 5.2

1. 设 $x+y^2=\int_0^{y-x}\cos^2 t\mathrm{d}t$ 确定了隐函数 $y=y(x)$，求$\frac{\mathrm{d}y}{\mathrm{d}x}$.

2. 计算下列各导数

(1) $\frac{\mathrm{d}}{\mathrm{d}x}\int_0^x\ln(3t^2+1)\mathrm{d}t$；

(2) $\frac{\mathrm{d}}{\mathrm{d}x}\int_{\sin x}^{\cos x}\cos(\pi t^2)\mathrm{d}t$；

(3) $\frac{\mathrm{d}}{\mathrm{d}x}\int_{x^2}^{x^3}\frac{1}{\sqrt{2+t^2}}\mathrm{d}t$；

(4) $\frac{\mathrm{d}}{\mathrm{d}x}\int_0^{x^2}x\mathrm{e}^{t^2}\mathrm{d}t$.

3. 计算下列各积分

(1) $\int_0^a(3x^2-x+1)\mathrm{d}x$；

(2) $\int_1^2\left(x^2+\frac{1}{x^4}\right)\mathrm{d}x$；

(3) $\int_{\frac{1}{\sqrt{3}}}^{\sqrt{3}}\frac{1}{1+x^2}\mathrm{d}x$；

(4) $\int_0^{\sqrt{3}a}\frac{\mathrm{d}x}{a^2+x^2}\mathrm{d}x$；

(5) $\int_{-\pi}^{\pi}\sin^2 mx\mathrm{d}x$；

(6) $\int_{-\pi}^{\pi}\sin^3 x\mathrm{d}x$；

(7) $\int_1^3|t^2-3t+2|\mathrm{d}t$；

(8) $\int_0^2 f(x)\mathrm{d}x$，其中 $f(x)=\begin{cases}x+1, & x\leqslant 1\\ \frac{1}{2}x^2, & x>1\end{cases}$.

4. 设 $F(x)=\int_0^x\frac{\sin t}{t}\mathrm{d}t$，求 $F'(0)$.

5.3　定积分的换元法和分部积分法

通过上节课的学习，我们知道利用牛顿-莱布尼茨公式求出定积分，首先要求出被积函数的一个原函数，然后求出它在积分上下限的增量即可，所以关键问题是求出被积函数的一个原函数；在第 4 章中，我们学习了用换元积分法与分部积分法求已知函数的原函数，因此，在某些条件下换元积分法与分部积分法也可以用来计算定积分.

一、定积分的换元积分法

定理 5-3-1　设函数 $f(x)$在区间$[a,b]$上连续，函数 $x=\varphi(t)$满足条件：

(1) $\varphi(t)$在$[\alpha,\beta]$(或$[\beta,\alpha]$)上具有连续导数;

(2) $\varphi(\alpha)=a,\varphi(\beta)=b$,且$\varphi([\alpha,\beta])=([a,b])$,则有

$$\int_a^b f(x)\mathrm{d}x=\int_\alpha^\beta f[\phi(t)]\phi'(t)\mathrm{d}t \tag{5-1}$$

公式(5-1)称为定积分的**换元积分法**.

证明:由假设可知,上式两边的被积函数都是连续的,因此两边的定积分都存在,被积函数的原函数也都存在,所以,等式两边的定积分都可以应用牛顿-莱布尼茨公式.

假设$F(x)$是函数$f(x)$的一个原函数,则$\int_a^b f(x)\mathrm{d}x=F(b)-F(a)$;

另一方面,记$\Phi(t)=F[\varphi(t)]$,它是由$F(x)$与$x=\varphi(t)$复合而成的函数.由复合函数求导法则,得

$$\Phi'(t)=\frac{\mathrm{d}F}{\mathrm{d}x}\frac{\mathrm{d}x}{\mathrm{d}t}=f(x)\cdot\varphi'(t)=f[\varphi(t)]\cdot\varphi'(t)$$

结果表明$\Phi(t)$是$f[\varphi(t)]\cdot\varphi'(t)$的一个原函数.

因此有$\int_\alpha^\beta f[\phi(t)]\cdot\phi'(t)\mathrm{d}t=\Phi(\beta)-\Phi(\alpha)$

又有$\Phi(t)=F[\varphi(t)]$及$\varphi(\alpha)=a,\varphi(\beta)=b$,可知

$$\Phi(\beta)-\Phi(\alpha)=F[\varphi(\beta)]-F[\varphi(\alpha)]=F(b)-F(a)$$

所以
$$\int_a^b f(x)\mathrm{d}x=F(b)-F(a)=\Phi(\beta)-\Phi(\alpha)=\int_\alpha^\beta f[\phi(t)]\phi'(t)\mathrm{d}t$$

等式成立.

在应用定积分的换元积分公式时应注意以下两点:

(1) 换元必换积分限,用$x=\varphi(t)$把原来变量x代换成新变量t时,积分限也要换成相应于新变量t的积分限;

(2) 求出$f[\varphi(t)]\cdot\varphi'(t)$的一个原函数$\Phi(t)$后,不必像计算不定积分那样再把$\Phi(t)$变换成原来变量$x$的函数,而只要把新变量$t$的上、下限分别代入$\Phi(t)$中然后相减就行了.

【例 5-3-1】 计算$\int_0^a\sqrt{a^2-x^2}\,\mathrm{d}x(a>0)$.

解:设$x=a\sin t$,则$\mathrm{d}x=a\cos t\mathrm{d}t$

当$x=0$时,$t=0$;当$x=a$时,$t=\frac{\pi}{2}$;则

$$\int_0^a\sqrt{a^2-x^2}\,\mathrm{d}x=a^2\int_0^{\frac{\pi}{2}}\cos^2 t\mathrm{d}t=\frac{a^2}{2}\int_0^{\frac{\pi}{2}}(1+\cos 2t)\mathrm{d}t$$
$$=\frac{a^2}{2}\left[t+\frac{1}{2}\sin 2t\right]_0^{\frac{\pi}{2}}=\frac{\pi a^2}{4}$$

【例 5-3-2】 计算$\int_0^1\frac{x}{\sqrt{4-3x}}\mathrm{d}x$.

解:设$t=\sqrt{4-3x}$,则$x=\frac{4-t^2}{3}$,$\mathrm{d}x=-\frac{2}{3}t\mathrm{d}t$,

当$x=0$时,$t=2$;当$x=1$时,$t=1$;则

$$\int_0^1\frac{x}{\sqrt{4-3x}}\mathrm{d}x=\int_2^1\frac{\frac{4-t^2}{3}}{t}\cdot\left(-\frac{2}{3}t\right)\mathrm{d}t=\frac{2}{9}\int_1^2(4-t^2)\mathrm{d}t$$

$$= \left[\frac{2}{9}\left(4t-\frac{t^3}{3}\right)\right]_1^2 = \frac{10}{27}$$

【例 5-3-3】 计算 $\int_0^8 \frac{1}{1+\sqrt[3]{x}}\mathrm{d}x$.

解:设 $x=t^3$,则 $\mathrm{d}x=3t^2\mathrm{d}t$,

当 $x=0$ 时,$t=0$;当 $x=8$ 时,$t=2$;则

$$\int_0^8 \frac{1}{1+\sqrt[3]{x}}\mathrm{d}x = \int_0^2 \frac{1}{1+t}\cdot 3t^2\mathrm{d}t = 3\int_0^2 \frac{t^2-1+1}{1+t}\mathrm{d}t = 3\int_0^2 (t-1)\mathrm{d}t + 3\int_0^2 \frac{1}{1+t}\mathrm{d}t$$

$$= 3\left[\frac{t^2}{2}-t\right]_0^2 + 3\ln(1+t)\big|_0^2 = 3\ln 3$$

【例 5-3-4】 计算 $\int_0^{\frac{\pi}{2}} \cos^5 x\sin x\mathrm{d}x$.

解:设 $t=\cos x$,则 $\mathrm{d}t=-\sin x\mathrm{d}x$,

当 $x=0$ 时,$t=1$;当 $x=\frac{\pi}{2}$时,$t=0$;则

$$\int_0^{\frac{\pi}{2}} \cos^5 x\sin x\mathrm{d}x = -\int_1^0 t^5\mathrm{d}t = \int_0^1 t^5\mathrm{d}t = \left[\frac{t^6}{6}\right]_0^1 = \frac{1}{6}$$

在例 5-3-4 中,如果我们不明显地写出新变量 t,那么定积分的上、下限就不需要变更,现在用这种记法写出计算过程如下:

$$\int_0^{\frac{\pi}{2}} \cos^5 x\sin x\mathrm{d}x = -\int_0^{\frac{\pi}{2}} \cos^5 x\mathrm{d}\cos x = -\left[\frac{1}{6}\cos^6 x\right]_0^{\frac{\pi}{2}} = \frac{1}{6}$$

注意:换元一定要换积分限,不换元积分限不变.

【例 5-3-5】 设函数 $f(x)$在区间$[-a,a]$上连续,证明 $\int_{-a}^a f(x)\mathrm{d}x = \int_0^a [f(x)+f(-x)]\mathrm{d}x$,且

(1) 当 $f(x)$为奇函数时,$\int_{-a}^a f(x)\mathrm{d}x = 0$;

(2) 当 $f(x)$为偶函数时,$\int_{-a}^a f(x)\mathrm{d}x = 2\int_0^a f(x)\mathrm{d}x$.

证明:由定积分的区间可加性,有

$$\int_{-a}^a f(x)\mathrm{d}x = \int_{-a}^0 f(x)\mathrm{d}x + \int_0^a f(x)\mathrm{d}x \tag{5-2}$$

对于等号右端的第一项,令 $x=-t$,则 $\mathrm{d}x=-\mathrm{d}t$. 且当 $x=-a$ 时,$t=a$;当 $x=0$ 时,$t=0$,于是

$$\int_{-a}^0 f(x)\mathrm{d}x = -\int_a^0 f(-t)\mathrm{d}t = \int_0^a f(-t)\mathrm{d}t = \int_0^a f(-x)\mathrm{d}x$$

所以等式(5-2)可化为:$\int_{-a}^a f(x)\mathrm{d}x = \int_0^a f(-x)\mathrm{d}x + \int_0^a f(x)\mathrm{d}x = \int_0^a [f(x)+f(-x)]\mathrm{d}x$

即结论成立.

(1) 当 $f(x)$为奇函数时,$f(-x)=-f(x)$,等式右端被积函数为 0,则

$$\int_{-a}^a f(x)\mathrm{d}x = \int_0^a 0\mathrm{d}x = 0$$

(2) 当 $f(x)$为偶函数时,$f(-x)=f(x)$,$f(-x)+f(x)=2f(x)$,则

$$\int_{-a}^{a} f(x)\mathrm{d}x = 2\int_{0}^{a} f(x)\mathrm{d}x$$

【例 5-3-6】 计算 $\int_{-1}^{1} \frac{x^2}{1+\mathrm{e}^x}\mathrm{d}x$.

解:利用例 5-3-5 的结论,

$$\int_{-1}^{1} \frac{x^2}{1+\mathrm{e}^x}\mathrm{d}x = \int_{0}^{1}\left[\frac{x^2}{1+\mathrm{e}^x}+\frac{(-x)^2}{1+\mathrm{e}^{-x}}\right]\mathrm{d}x = \int_{0}^{1} x^2\left[\frac{1}{1+\mathrm{e}^x}+\frac{\mathrm{e}^x}{1+\mathrm{e}^x}\right]\mathrm{d}x = \int_{0}^{1} x^2\mathrm{d}x = \frac{1}{3}$$

二、定积分的分部积分法

设函数 $u(x)$,$v(x)$在区间$[a,b]$上具有连续导数 $u'(x)$,$v'(x)$,则

$$(uv)' = u'v + uv'$$

移项,得

$$uv' = (uv)' - u'v$$

等式两端在区间$[a,b]$上积分得

$$\int_{a}^{b} uv'\mathrm{d}x = [uv]_a^b - \int_{a}^{b} u'v\mathrm{d}x \tag{5-3}$$

$$\int_{a}^{b} u\mathrm{d}v = [uv]_a^b - \int_{a}^{b} v\mathrm{d}u \tag{5-4}$$

公式(5-3)和公式(5-4)都称为定积分的分部积分公式.

注:在使用定积分的分部积分公式时,关键仍然是 $u(x)$,$v(x)$的选取,选取的方法与不定积分的分部积分方法是一致的.

【例 5-3-7】 计算 $\int_{0}^{\frac{1}{2}} \arcsin x\mathrm{d}x$.

解:设 $u=\arcsin x$,$\mathrm{d}v=\mathrm{d}x$,代入公式(5-4),便得到

$$\int_{0}^{\frac{1}{2}} \arcsin x\mathrm{d}x = [x\arcsin x]_0^{\frac{1}{2}} - \int_{0}^{\frac{1}{2}} \frac{x\mathrm{d}x}{\sqrt{1-x^2}}$$

$$= \frac{\pi}{12} + \frac{1}{2}\int_{0}^{\frac{1}{2}} (1-x^2)^{-\frac{1}{2}}\mathrm{d}(1-x^2)$$

$$= \frac{\pi}{12} + \left[\sqrt{1-x^2}\right]_0^{\frac{1}{2}} = \frac{\pi}{12} + \frac{\sqrt{3}}{2} - 1$$

【例 5-3-8】 计算 $\int_{0}^{1} \mathrm{e}^{\sqrt{x}}\mathrm{d}x$.

解:令 $t=\sqrt{x}$,则 $x=t^2$,$\mathrm{d}x=2t\mathrm{d}t$,且当 $x=0$ 时,$t=0$;当 $x=1$ 时,$t=1$

则 $\int_{0}^{1} \mathrm{e}^{\sqrt{x}}\mathrm{d}x = 2\int_{0}^{1} t\mathrm{e}^t\mathrm{d}t$

设 $u=t$,$\mathrm{d}v=\mathrm{d}\mathrm{e}^t$,代入公式(5-4),便得到

$$\int_{0}^{1} \mathrm{e}^{\sqrt{x}}\mathrm{d}x = 2\int_{0}^{1} t\mathrm{e}^t\mathrm{d}t = 2\int_{0}^{1} t\mathrm{d}\mathrm{e}^t$$

$$= 2\left([t\mathrm{e}^t]_0^1 - \int_{0}^{1} \mathrm{e}^t\mathrm{d}t\right) = 2(\mathrm{e} - [\mathrm{e}^t]_0^1) = 2[\mathrm{e} - (\mathrm{e}-1)] = 2$$

本例中,在应用定积分的分部积分法之前,先应用了定积分的换元法.

【例 5-3-9】 (1) 设 n 为自然数,证明:$\int_0^{\frac{\pi}{2}} \sin^n x\,dx = \int_0^{\frac{\pi}{2}} \cos^n x\,dx$;

(2) 证明:$I_n = \int_0^{\frac{\pi}{2}} \sin^n x\,dx = \int_0^{\frac{\pi}{2}} \cos^n x\,dx = \frac{n-1}{n} I_{n-2} \quad (n \geqslant 2)$.

证明:(1) 因为,n 为自然数,所以

$$\int_0^{\frac{\pi}{2}} \sin^n x\,dx \overset{x=\frac{\pi}{2}-t}{=} \int_{\frac{\pi}{2}}^0 \sin^n\left(\frac{\pi}{2}-t\right) d\left(\frac{\pi}{2}-t\right)$$

$$= \int_0^{\frac{\pi}{2}} \cos^n t\,dt = \int_0^{\frac{\pi}{2}} \cos^n x\,dx$$

结论成立;

$$(2) I_n = \int_0^{\frac{\pi}{2}} \sin^n x\,dx = \int_0^{\frac{\pi}{2}} \cos^n x\,dx = \int_0^{\frac{\pi}{2}} \cos^{n-1} x \cos x\,dx = \int_0^{\frac{\pi}{2}} \cos^{n-1} x\,d(\sin x)$$

$$= [\sin x \cos^{n-1} x]_0^{\frac{\pi}{2}} - \int_0^{\frac{\pi}{2}} \sin x\,d(\cos^{n-1} x) = (n-1) \int_0^{\frac{\pi}{2}} \cos^{n-2} x \sin^2 x\,dx$$

$$= (n-1) \int_0^{\frac{\pi}{2}} \cos^{n-2} x (1-\cos^2 x)\,dx$$

$$= (n-1) \int_0^{\frac{\pi}{2}} \cos^{n-2} x\,dx - (n-1) \int_0^{\frac{\pi}{2}} \cos^n x\,dx = (n-1) I_{n-2} - (n-1) I_n$$

所以,

$$I_n = \frac{n-1}{n} I_{n-2} \quad (n \geqslant 2)$$

证毕.

注:利用 $I_0 = \int_0^{\frac{\pi}{2}} \sin^0 x\,dx = \frac{\pi}{2}$,$I_1 = \int_0^{\frac{\pi}{2}} \sin x\,dx = 1$ 和递推公式 $I_n = \frac{n-1}{n} I_{n-2}$,我们可以计算出任意的 $I_n = \int_0^{\frac{\pi}{2}} \sin^n x\,dx = \int_0^{\frac{\pi}{2}} \cos^n x\,dx$ (n 为自然数).

【例 5-3-10】 计算 $\int_0^2 x^2 \sqrt{4-x^2}\,dx$.

解:令 $x = 2\sin t$,则 $dx = 2\cos t\,dt$

$$\int_0^2 x^2 \sqrt{4-x^2}\,dx = \int_0^{\frac{\pi}{2}} 4\sin^2 t \cdot 2\cos t \cdot 2\cos t\,dt$$

$$= 16 \int_0^{\frac{\pi}{2}} (\sin^2 t - \sin^4 t)\,dt = 16(I_2 - I_4)$$

$$= 16\left(\frac{1}{2} \cdot \frac{\pi}{2} - \frac{3}{4} \cdot \frac{1}{2} \cdot \frac{\pi}{2}\right) = \pi$$

【例 5-3-11】 设 $f(x)$ 在区间 $[a,b]$ 上具有连续的二阶导数,并且 $f(a) = f(b) = 0$,试证

$$\int_a^b f(x)\,dx = \frac{1}{2} \int_a^b (x-a)(x-b) f''(x)\,dx$$

证明:由假设知 $f(x)$ 在区间 $[a,b]$ 上具有连续的二阶导数,则 $f(x)$ 在区间 $[a,b]$ 上具有一阶导数;利用定积分的分部积分法,整理并化简等式右端:

$$\frac{1}{2} \int_a^b (x-a)(x-b) f''(x)\,dx = \frac{1}{2} \int_a^b (x-a)(x-b)\,df'(x)$$

$$= \frac{1}{2}[(x-a)(x-b)f'(x)]_a^b - \frac{1}{2}\int_a^b f'(x)(2x-a-b)\mathrm{d}x$$

$$= -\frac{1}{2}\int_a^b (2x-a-b)\mathrm{d}f(x)$$

$$= -\frac{1}{2}[(2x-a-b)f(x)]_a^b + \int_a^b f(x)\mathrm{d}x = \int_a^b f(x)\mathrm{d}x$$

习题 5.3

1. 计算下列定积分

(1) $\int_{\frac{\pi}{6}}^{\frac{\pi}{3}} \sin\left(x+\frac{\pi}{6}\right)\mathrm{d}x$；　　(2) $\int_0^{\frac{\pi}{2}} \sin x\cos^2 x\mathrm{d}x$；

(3) $\int_{-2}^{-1} \frac{1}{(11+5x)^3}\mathrm{d}x$；　　(4) $\int_0^1 \frac{x\mathrm{d}x}{x^2+3x+2}$.

2. 计算下列定积分

(1) $\int_0^1 x\mathrm{e}^{2x}\mathrm{d}x$；　　(2) $\int_1^2 x\ln\sqrt{x}\,\mathrm{d}x$；

(3) $\int_0^1 x\arctan x\mathrm{d}x$；　　(4) $\int_0^{\pi} x\cos 2x\mathrm{d}x$.

3. 设 $f(x)$在区间$[a,b]$上连续，且$\int_a^b f(x)\mathrm{d}x = 1$，求$\int_a^b f(a+b-x)\mathrm{d}x$.

4. 证明$\int_0^1 x^m(1-x)^n\mathrm{d}x = \int_0^1 x^n(1-x)^m\mathrm{d}x$.

5.4 反常积分

前面几节我们讨论了积分区间有限和函数有界的定积分问题.但是在实际问题中，常会遇到积分区间为无穷区间，或者被积函数为无界函数的积分，本节将把定积分的定义推广，介绍两种特殊的定积分——**无穷限积分**和**瑕积分**，统称为**反常积分**.

一、无穷限的反常积分

定义 5-4-1　设函数 $f(x)$在区间$[a,+\infty)$上连续，取 $b>a$，如果极限 $\lim\limits_{b\to+\infty}\int_a^b f(x)\mathrm{d}x$ 存在，则称此极限为 $f(x)$在无穷区间$[a,+\infty)$上的**反常积分**，记作$\int_a^{+\infty} f(x)\mathrm{d}x$，即

$$\int_a^{+\infty} f(x)\mathrm{d}x = \lim_{b\to+\infty}\int_a^b f(x)\mathrm{d}x \tag{5-5}$$

这时也称反常积分$\int_a^{+\infty} f(x)\mathrm{d}x$ **收敛**；如果上述极限不存在，则函数 $f(x)$在无穷区间$[a,+\infty)$上的反常积分$\int_a^{+\infty} f(x)\mathrm{d}x$ 就没有意义，习惯上称为反常积分$\int_a^{+\infty} f(x)\mathrm{d}x$ **发散**.

类似地,可以定义函数 $f(x)$ 在区间 $(-\infty,b]$ 和 $(-\infty,+\infty)$ 上的无穷限积分:

$$\int_{-\infty}^{b} f(x)\mathrm{d}x = \lim_{a\to-\infty}\int_{a}^{b} f(x)\mathrm{d}x \tag{5-6}$$

$$\int_{-\infty}^{+\infty} f(x)\mathrm{d}x = \lim_{a\to-\infty}\int_{a}^{0} f(x)\mathrm{d}x + \lim_{b\to+\infty}\int_{0}^{b} f(x)\mathrm{d}x \tag{5-7}$$

在等式(5-6)中,如果等式右端极限存在,则称无穷限积分 $\int_{-\infty}^{b} f(x)\mathrm{d}x$ **收敛**,否则,就称无穷限积分 $\int_{-\infty}^{b} f(x)\mathrm{d}x$ **发散**.

在等式(5-7)中,如果等式右端两个极限都存在,则称无穷限积分 $\int_{-\infty}^{+\infty} f(x)\mathrm{d}x$ **收敛**,否则,就称无穷限积分 $\int_{-\infty}^{+\infty} f(x)\mathrm{d}x$ **发散**.

上述积分统称为**无穷限的反常积分**.

由反常积分的定义和**牛顿-莱布尼茨公式**,可以得到反常积分的计算方法.

设 $F(x)$ 是 $f(x)$ 在 $[a,+\infty)$ 上的一个原函数,若 $\lim\limits_{x\to+\infty}F(x)$ 存在,则反常积分

$$\begin{aligned}\int_{a}^{+\infty} f(x)\mathrm{d}x &= \lim_{b\to+\infty}\int_{a}^{b} f(x)\mathrm{d}x = \lim_{b\to+\infty}[F(x)]_{a}^{b} \\ &= \lim_{b\to+\infty}F(b) - F(a) = \lim_{x\to+\infty}F(x) - F(a)\end{aligned}$$

若 $\lim\limits_{x\to+\infty}F(x)$ 不存在,则反常积分 $\int_{a}^{+\infty} f(x)\mathrm{d}x$ **发散**.

也可以简单记为 $\int_{a}^{+\infty} f(x)\mathrm{d}x = [F(x)]_{a}^{+\infty} = \lim\limits_{x\to+\infty}F(x) - F(a)$

类似地,可以计算函数 $f(x)$ 在区间 $(-\infty,b]$ 和 $(-\infty,+\infty)$ 上的无穷限积分:

$$\int_{-\infty}^{b} f(x)\mathrm{d}x = [F(x)]_{-\infty}^{b} = F(b) - \lim_{x\to-\infty}F(x)$$

$$\int_{-\infty}^{+\infty} f(x)\mathrm{d}x = [F(x)]_{-\infty}^{+\infty} = \lim_{x\to+\infty}F(x) - \lim_{x\to-\infty}F(x)$$

【例 5-4-1】 计算反常积分 $\int_{1}^{+\infty}\dfrac{\mathrm{d}x}{x(x^2+1)}$.

解:

$$\begin{aligned}\int_{1}^{+\infty}\frac{\mathrm{d}x}{x(x^2+1)} &= \int_{1}^{+\infty}\frac{x^2+1-x^2}{x(x^2+1)}\mathrm{d}x \\ &= \int_{1}^{+\infty}\left(\frac{1}{x}-\frac{x}{x^2+1}\right)\mathrm{d}x = \left[\ln x - \frac{1}{2}\ln(x^2+1)\right]_{1}^{+\infty} \\ &= \lim_{x\to+\infty}\frac{1}{2}\ln\frac{x^2}{x^2+1} + \frac{1}{2}\ln 2 = \frac{1}{2}\ln 2\end{aligned}$$

【例 5-4-2】 判断无穷限积分 $\int_{0}^{+\infty}\sin x\mathrm{d}x$ 的收敛性.

解:

$$\int_{0}^{+\infty}\sin x\mathrm{d}x = [-\cos x]_{0}^{+\infty} = 1 - \lim_{x\to+\infty}\cos x$$

因为 $\lim\limits_{x\to+\infty}\cos x$ 不存在,所以根据定义,无穷限积分 $\int_{0}^{+\infty}\sin x\mathrm{d}x$ **发散**.

【例 5-4-3】 证明无穷限积分 $\int_{a}^{+\infty}\dfrac{\mathrm{d}x}{x^p}(a>0)$ 当 $p>1$ 时收敛,当 $p\leqslant 1$ 时发散.

证明:当 $p=1$ 时, $\int_{a}^{+\infty}\dfrac{\mathrm{d}x}{x^p} = \int_{a}^{+\infty}\dfrac{\mathrm{d}x}{x} = [\ln x]_{a}^{+\infty} = +\infty$

当 $p\neq1$ 时，$$\int_a^{+\infty}\frac{\mathrm{d}x}{x^p}=\left[\frac{x^{1-p}}{1-p}\right]_a^{+\infty}=\begin{cases}+\infty, & p<1\\ \dfrac{a^{1-p}}{p-1}, & p>1\end{cases}$$

因此，当 $p>1$ 时，此反常积分收敛，其值为$\dfrac{a^{1-p}}{p-1}$；当 $p\leqslant1$ 时，此反常积分发散.

二、无界函数的反常积分

另一类反常积分是无界函数的反常积分.

如果函数 $f(x)$在点 a 的任一邻域内都无界，那么点 a 称为函数 $f(x)$的**瑕点**(也称为无界间断点). 无界函数的反常积分又称为**瑕积分**.

定义 5-4-2 设函数 $f(x)$在区间$(a,b]$上连续，点 a 为 $f(x)$的**瑕点**，取 $t>a$，如果极限 $\lim\limits_{t\to a^+}\int_t^b f(x)\mathrm{d}x$ 存在，则称此极限为函数 $f(x)$在区间$(a,b]$上的**反常积分**，即

$$\int_a^b f(x)\mathrm{d}x=\lim_{t\to a^+}\int_t^b f(x)\mathrm{d}x$$

在反常积分的定义式中，如果极限是存在的，则称此**反常积分收敛**；否则称此**反常积分发散**.

类似地，函数 $f(x)$在区间$[a,b)$上(b 为瑕点)的反常积分定义为

$$\int_a^b f(x)\mathrm{d}x=\lim_{t\to b^-}\int_a^t f(x)\mathrm{d}x$$

函数 $f(x)$在区间$[a,c)\cup(c,b]$上(c 为瑕点)的反常积分定义为

$$\int_a^b f(x)\mathrm{d}x=\lim_{t\to c^-}\int_a^t f(x)\mathrm{d}x+\lim_{t\to c^+}\int_t^b f(x)\mathrm{d}x$$

下面我们讨论无界函数反常积分的计算方法.

设 $x=a$ 为 $f(x)$的瑕点，$F(x)$是 $f(x)$在$(a,b]$上的一个原函数，若 $\lim\limits_{x\to a^+}F(x)$存在，则反常积分

$$\begin{aligned}\int_a^b f(x)\mathrm{d}x&=\lim_{t\to a^+}\int_t^b f(x)\mathrm{d}x=\lim_{t\to a^+}[F(x)]_t^b\\&=F(b)-\lim_{t\to a^+}F(t)=F(b)-\lim_{x\to a^+}F(x)\end{aligned}$$

若 $\lim\limits_{x\to a^+}F(x)$不存在，则反常积分 $\int_a^b f(x)\mathrm{d}x$ **发散**.

也可以简单记为 $$\int_a^b f(x)\mathrm{d}x=[F(x)]_a^b=F(b)-\lim_{x\to a^+}F(x)$$

对于函数 $f(x)$在区间$[a,b)$上(b 为瑕点)的反常积分，函数 $f(x)$在区间$[a,c)\cup(c,b]$上(c 为瑕点)的反常积分，也有类似的计算公式，这里不再详述.

【例 5-4-4】 计算反常积分 $\int_0^a\dfrac{1}{\sqrt{a^2-x^2}}\mathrm{d}x$.

解：因为 $\lim\limits_{x\to a^-}\dfrac{1}{\sqrt{a^2-x^2}}=+\infty$，所以点 a 为被积函数的瑕点，于是

$$\int_0^a\frac{1}{\sqrt{a^2-x^2}}\mathrm{d}x=\left[\arcsin\frac{x}{a}\right]_0^a=\lim_{x\to a^-}\arcsin\frac{x}{a}-0=\frac{\pi}{2}$$

这个反常积分值的几何意义是:位于曲线 $y=\dfrac{1}{\sqrt{a^2-x^2}}$ 之下,x 轴之上,直线 $x=0,x=a$ 之间的图形面积为 $\dfrac{\pi}{2}$.

【例 5-4-5】 讨论反常积分 $\int_0^1 \dfrac{1}{x^\alpha}dx$ 的收敛性.

解: 当 $\alpha=1$ 时，
$$\int_0^1 \frac{1}{x^\alpha}dx=[\ln x]_0^1=\ln 1-\lim_{x\to 0^+}\ln x=+\infty$$

当 $\alpha\neq 1$ 时，
$$\int_0^1 \frac{1}{x^\alpha}dx=\left.\frac{x^{1-\alpha}}{1-\alpha}\right|_0^1=\begin{cases}+\infty, & \alpha>1\\ \dfrac{1}{1-\alpha}, & \alpha<1\end{cases}$$

因此,反常积分 $\int_0^1 \dfrac{1}{x^\alpha}dx$ 当 $\alpha\geqslant 1$ 时发散,当 $\alpha<1$ 时收敛.

【例 5-4-6】 计算反常积分 $\int_0^1 \dfrac{dx}{\sqrt{x-x^2}}$.

解: 点 $x=0,x=1$ 为被积函数的瑕点
$$\begin{aligned}\int_0^1 \frac{dx}{\sqrt{x-x^2}}&=\int_0^1 \frac{dx}{\sqrt{x}\sqrt{1-x}}\\&=2\int_0^1 \frac{d\sqrt{x}}{\sqrt{1-(\sqrt{x})^2}}=[2\arcsin\sqrt{x}]_0^1\\&=2\lim_{x\to 1^-}\arcsin\sqrt{x}-2\lim_{x\to 0^+}\arcsin\sqrt{x}\\&=\pi\end{aligned}$$

习题 5.4

1. 计算下列积分

(1) $\int_0^{+\infty} \dfrac{x\ln x}{(1+x^2)^2}dx$;　　(2) $\int_0^{+\infty} \dfrac{x^2+1}{x^4+1}dx$;

(3) $\int_{-\infty}^{+\infty} \dfrac{1}{1+x^2}dx$;　　(4) $\int_{-\infty}^{+\infty} \sin x dx$;

(5) $\int_0^2 \dfrac{dx}{x^2-4x+3}$;　　(6) $\int_0^2 \ln x dx$.

2. 判断无穷积分 $\int_2^{+\infty} \dfrac{1}{x(\ln x)^\alpha}dx$ 的敛散性.

5.5　定积分的几何应用

本节中我们将应用前面学过的定积分理论来分析和解决一些几何问题,在引例曲边梯形面积的求解中,我们严格按照定积分的定义中所说的步骤解决,过程比较烦琐,在实际应

用过程中,人们抓住定积分的实质,将其过程简化,形成了简单有效的“元素法”. 这一节首先介绍什么是元素法,然后介绍定积分在几何方面的应用.

一、定积分的元素法

设函数 $y=f(x)\geqslant 0$ 在区间$[a,b]$上连续,则积分上限函数 $A(x)=\int_a^x f(t)\mathrm{d}t$ 表示以$[a,x]$为底的曲边梯形的面积(图 5-5-1).

此时,微分 $\mathrm{d}A=f(x)\mathrm{d}x$ 表示点 x 处以 $\mathrm{d}x$ 为宽的小曲边梯形面积的近似值 $\Delta A\approx f(x)\mathrm{d}x$,其中 $f(x)\mathrm{d}x$ 称为曲边梯形的**面积元素**.

以$[a,b]$为底的曲边梯形的面积 A 就是以面积元素 $f(x)\mathrm{d}x$ 为被积表达式,以$[a,b]$为积分区间的定积分.

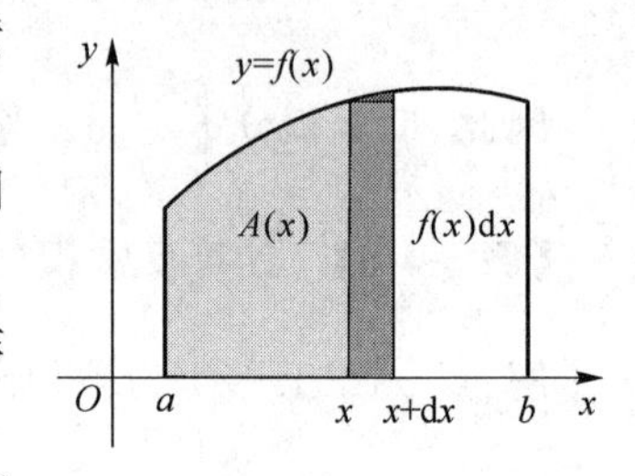

图 5-5-1

一般地,如果某一实际问题中的所求量 U 符合下列条件:

(1) U 是一个与变量 x 的变化区间$[a,b]$有关的量,记作 $U[a,b]$;

(2) $U[a,b]$对于区间$[a,b]$具有可加性,即对任意 $a\leqslant c<d<e\leqslant b$,有

$$U[c,e]=U[c,d]+U[d,e]$$

(3) 部分量 $U[x,x+\mathrm{d}x]=f(x)\mathrm{d}x+0(\mathrm{d}x)$,则 $U[a,b]=\int_a^b f(x)\mathrm{d}x$.

通常写出这个量 U 的积分表达式的**步骤**是:

(1) 根据问题的具体情况,选取一个变量例如 x 为积分变量,并确定它的变化区间$[a,b]$;

(2) 在区间$[a,b]$中任取一小区间$[x,x+\mathrm{d}x]$,求出相应于这个小区间的部分量 $U[x,x+\mathrm{d}x]$的近似值. 如果 $U[x,x+\mathrm{d}x]$能表示为$[a,b]$上的一个连续函数在 x 处的值 $f(x)$与 $\mathrm{d}x$ 的乘积加上 $\mathrm{d}x$ 的高阶无穷小,就把 $f(x)\mathrm{d}x$ 称为量 U 的元素且记作 $\mathrm{d}U$,即 $\mathrm{d}U=f(x)\mathrm{d}x$;

(3) 以所求量 U 的元素 $\mathrm{d}U=f(x)\mathrm{d}x$ 为被积表达式,在区间$[a,b]$上作定积分就是我们要求出的量 $U[a,b]$,即 $U[a,b]=\int_a^b f(x)\mathrm{d}x$.

这个方法通常称作**元素法**. 下面我们将应用这个方法来讨论几何中一些问题.

二、平面图形的面积

1. 直角坐标情形

在前面的学习中,我们知道,由曲线 $y=f(x)$($f(x)\geqslant 0$)及直线 $x=a$,$x=b$($a<b$)与 x 轴所围成的曲边梯形的面积 A 是定积分

$$A=\int_a^b f(x)\mathrm{d}x$$

其中被积表达式 $f(x)\mathrm{d}x$ 就是直角坐标下的面积元素,它表示高为 $f(x)$、底为 $\mathrm{d}x$ 的一个矩形面积.

应用定积分,不但可以计算曲边梯形面积,还可以计算一些比较复杂的平面图形的面积(图 5-5-2 和图 5-5-3).

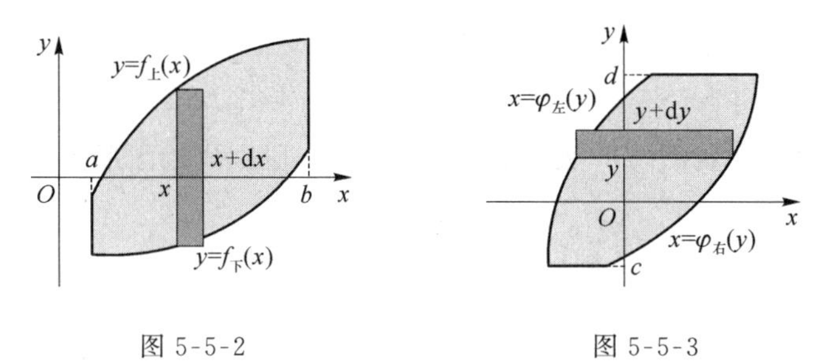

图 5-5-2　　　　图 5-5-3

设平面图形由上下两条曲线 $y=f_{上}(x)$ 与 $y=f_{下}(x)$ 及左右两条直线 $x=a,x=b$ 所围成,则

面积元素为

$$dA=[f_{上}(x)-f_{下}(x)]dx$$

平面图形的面积为

$$A=\int_a^b[f_{上}(x)-f_{下}(x)]dx \tag{5-8}$$

设平面图形由左右两条曲线 $x=\varphi_{左}(y)$ 与 $x=\varphi_{右}(y)$ 及上下两条直线 $y=d,y=c$ 所围成,则:面积元素为

$$dA=[\varphi_{右}(y)-\varphi_{左}(y)]dy$$

平面图形的面积为

$$A=\int_c^d[\phi_{右}(y)-\phi_{左}(y)]dy \tag{5-9}$$

【例 5-5-1】 计算抛物线 $y^2=x$ 与 $y=x^2$ 所围成的图形的面积.

分析 要想用公式(5-8)来计算面积,关键是确定上下限和被积函数.

解:(1) 画图;

(2) 确定在 x 轴上的投影区间[0,1];

(3) 确定上下曲线 $f_{上}(x)=\sqrt{x},f_{下}(x)=x^2$

利用公式(5-8),面积元素为

$$dA=(\sqrt{x}-x^2)dx$$

(4) 计算积分

$$A=\int_0^1(\sqrt{x}-x^2)dx=\left[\frac{2}{3}x^{\frac{3}{2}}-\frac{1}{3}x^3\right]_0^1=\frac{1}{3}$$

【例 5-5-2】 求在区间[0,2π]上曲线 $y=\cos x$ 与 $y=\sin x$ 所围成的平面图形的面积.

分析 要想用公式(5-8)来计算面积,关键是确定上下限和被积函数.

解:(1) 画图;

(2) 确定在 x 轴上的投影区间 $\left[\frac{\pi}{4},\frac{3\pi}{4}\right]$;

(3) 确定上下曲线,分两种情况讨论

在区间 $\left[\frac{\pi}{4},\frac{3\pi}{4}\right]$ 上,$f_{上}(x)=\sin x,f_{下}(x)=\cos x$

(4) 计算积分

$$A=\int_{\frac{\pi}{4}}^{\frac{3\pi}{4}}(\sin x-\cos x)\mathrm{d}x$$

$$=[-\cos x-\sin x]_{\frac{\pi}{4}}^{\frac{3\pi}{4}}=2\sqrt{2}$$

【例 5-5-3】 计算抛物线 $y^2=2x$ 与直线 $y=x-4$ 所围成的图形的面积.

解:(1) 画图;

(2) 确定在 y 轴上的投影区间$[-2,4]$;

(3) 确定左右曲线

$$\varphi_{左}(y)=\frac{1}{2}y^2,\varphi_{右}(y)=y+4$$

利用公式(5-9),面积元素为

$$\mathrm{d}A=\left(y+4-\frac{y^2}{2}\right)\mathrm{d}y$$

(4) 计算积分

$$A=\int_{-2}^{4}\left(y+4-\frac{y^2}{2}\right)\mathrm{d}y=\left[\frac{y^2}{2}+4y-\frac{y^3}{6}\right]_{-2}^{4}=18$$

2. 极坐标情形

某些平面图形,用极坐标来计算它们的面积比较方便.

设有曲线 $\rho=\varphi(\theta)$ 及射线 $\theta=\alpha,\theta=\beta$ 围成的曲边扇形,其中 $\varphi(\theta)\geqslant 0$ 且在$[\alpha,\beta]$上连续,则

曲边扇形的面积元素为 $\mathrm{d}A=\frac{1}{2}[\varphi(\theta)]^2\mathrm{d}\theta$

曲边扇形的面积为 $A=\int_{\alpha}^{\beta}\frac{1}{2}[\phi(\theta)]^2\mathrm{d}\theta$

【例 5-5-4】 计算心形线 $\rho=a(1+\cos\theta)(a>0)$所围成的图形的面积.

解:利用心形图形的对称性,所求面积为:

$$A=2\int_{0}^{\pi}\frac{1}{2}[a(1+\cos\theta)]^2\mathrm{d}\theta=a^2\int_{0}^{\pi}(1+2\cos\theta+\cos^2\theta)\mathrm{d}\theta$$

$$=a^2\int_{0}^{\pi}\left(1+2\cos\theta+\frac{1+\cos 2\theta}{2}\right)\mathrm{d}\theta=\frac{a^2}{2}\int_{0}^{\pi}(3+4\cos\theta+\cos 2\theta)\mathrm{d}\theta$$

$$=\frac{a^2}{2}\left[3\theta+4\sin\theta+\frac{1}{2}\sin 2\theta\right]_{0}^{\pi}=\frac{3\pi}{2}a^2$$

由上面的例题可总结出若干条曲线围成的平面图形面积的步骤:

(1) 画图:在相应的坐标系中,画出有关曲线,确定各曲线所围成的平面区域;

(2) 求各曲线交点的坐标:适当地选择积分变量,确定在其坐标轴上的投影区间,即确定积分的上、下限;

(3) 计算积分:确定面积元素,列式计算出平面图形的面积.

三、空间立体的体积

1. 旋转体的体积

旋转体就是由一个平面图形绕这个平面内一条直线(称作**旋转轴**)旋转一周而成的立体.

讨论由连续函数 $y=f(x)$、直线 $x=a,x=b(a<b)$及 x 轴所围成的曲边梯形绕 x 轴旋转一周而成的立体的体积(图 5-5-4).

考虑旋转体内点 x 处垂直于 x 轴的厚度为 $\mathrm{d}x$ 的切片,用圆柱体的体积 $\pi[f(x)]^2\mathrm{d}x$ 作为切片体积的近似值,于是得到体积元素:

$$\mathrm{d}V=\pi[f(x)]^2\mathrm{d}x$$

于是得**旋转体体积公式**:

$$V=\int_a^b\pi[f(x)]^2\mathrm{d}x$$

类似地,由连续函数 $x=\varphi(y)$、直线 $y=c,y=d(c<d)$及 y 轴所围成的曲边梯形绕 y 轴旋转一周而成的立体的体积为:

$$V=\int_c^d\pi[\varphi(y)]^2\mathrm{d}y$$

【例 5-5-5】 求椭圆$\frac{x^2}{a^2}+\frac{y^2}{b^2}=1$分别绕 x 轴和 y 轴旋转产生的旋转体的体积(图 5-5-5).

解:将椭圆方程表示成 y 是 x 的函数,在第一象限的部分为:

$$y=\frac{b}{a}\sqrt{a^2-x^2}$$

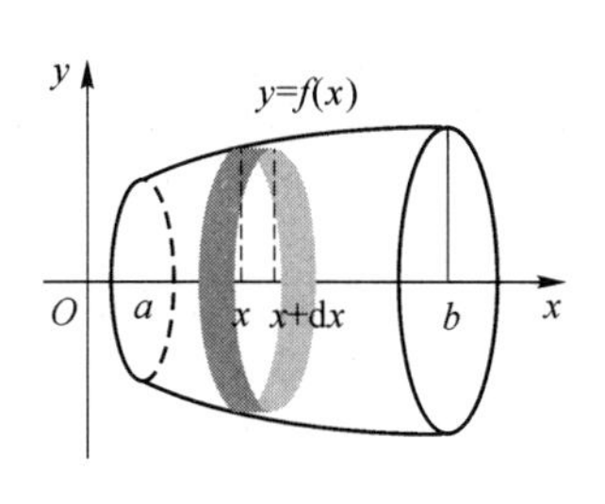

图 5-5-4

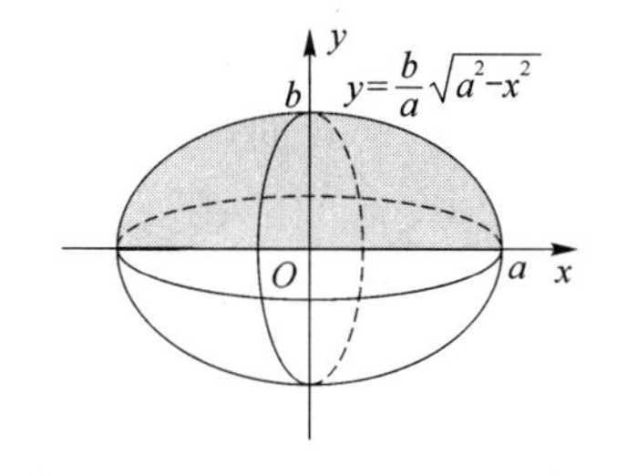

图 5-5-5

将其绕 x 轴旋转得到半个椭球体,将其绕故绕 x 轴旋转所得椭球体体积为:

$$V=2\int_0^a\pi y^2\mathrm{d}x=2\pi\int_0^a\frac{b^2}{a^2}(a^2-x^2)\mathrm{d}x=2\pi\cdot\frac{b^2}{a^2}\left[a^2x-\frac{x^3}{3}\right]_0^a=\frac{4}{3}\pi ab^2$$

同理可得,绕 y 轴旋转所得椭球体体积为:

$$V=2\int_0^b\pi x^2\mathrm{d}y=2\pi\int_0^b\frac{a^2}{b^2}(b^2-y^2)\mathrm{d}y=2\pi\cdot\frac{a^2}{b^2}\left[b^2y-\frac{y^3}{3}\right]_0^b=\frac{4}{3}\pi ba^2$$

特殊情况,当 $a=b$ 时,得到球体体积为$\frac{4}{3}\pi a^3$.

【例 5-5-6】 计算由摆线$\begin{cases}x=a(t-\sin t)\\y=a(1-\cos t)\end{cases}$的一拱,直线 $y=0$ 所围成的图形分别绕 x 轴

和 y 轴旋转一周所产生的旋转体体积.

解:图 5-5-6 所给图形绕 x 轴旋转而成的旋转体的体积为:

$$V=\int_{0}^{2\pi a}\pi y^{2}\mathrm{d}x=\pi\int_{0}^{2\pi}a^{2}(1-\cos t)^{2}\cdot a(1-\cos t)\mathrm{d}t$$

$$=\pi a^{3}\int_{0}^{2\pi}(1-3\cos t+3\cos^{2}t-\cos^{3}t)\mathrm{d}t=5\pi^{2}a^{3}$$

设曲线左半边为 $x=x_1(y)$,右半边为 $x=x_2(y)$.

图 5-5-7 所给图形绕 y 轴旋转而成的旋转体的体积为:

$$V=\int_{0}^{2a}\pi[x_2(y)]^{2}\mathrm{d}y-\int_{0}^{2a}\pi[x_1(y)]^{2}\mathrm{d}y$$

$$=\pi\int_{2\pi}^{\pi}a^{2}(t-\sin t)^{2}\cdot a\sin t\mathrm{d}t-\pi\int_{0}^{\pi}a^{2}(t-\sin t)^{2}\cdot a\sin t\mathrm{d}t$$

$$=-\pi a^{3}\int_{0}^{2\pi}(t-\sin t)^{2}\sin t\mathrm{d}t=6\pi^{3}a^{3}$$

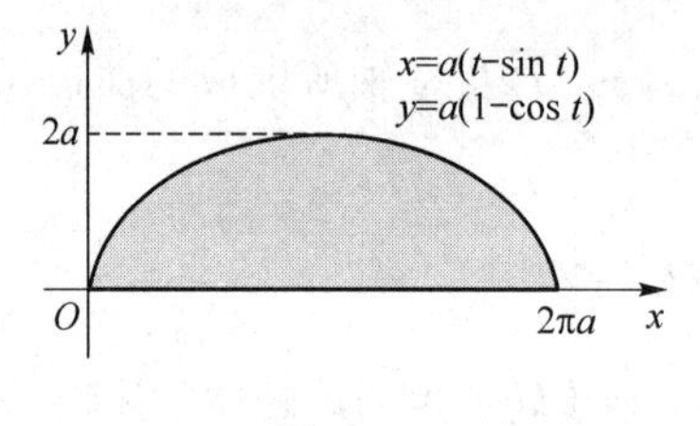

图 5-5-6

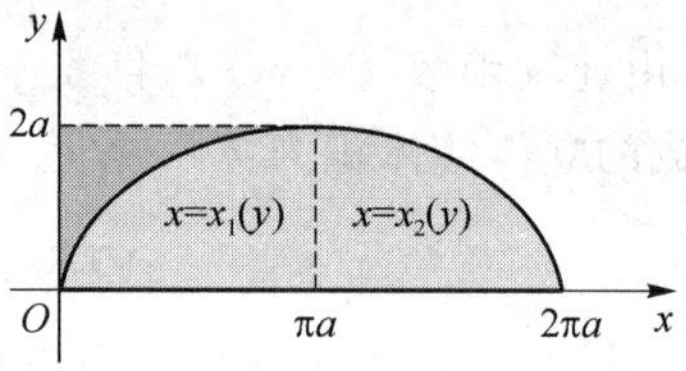

y
2a
x=x₁(y)
x=x₂(y)
O
πa
2πa
x

图 5-5-7

2. 平行截面面积为已知的立体的体积

设空间某立体夹在垂直于 x 轴的两平面 $x=a,x=b(a<b)$ 之间,以 $A(x)$ 表示过 $x(a<x<b)$ 且垂直于 x 轴的截面面积. 若 $A(x)$ 为已知的连续函数,则相应于 $[a,b]$ 的任一子区间 $[x,x+\mathrm{d}x]$ 上的薄片的体积近似于底面积为 $A(x)$,高为 $\mathrm{d}x$ 的柱体体积,从而得到该立体的体积元素:$\mathrm{d}V=A(x)\mathrm{d}x$.

以 $A(x)\mathrm{d}x$ 为被积表达式,在闭区间 $[a,b]$ 上作定积分,便得所求立体的体积(图 5-5-8)

$$V=\int_{a}^{b}A(x)\mathrm{d}x$$

【例 5-5-7】 一平面经过半径为 R 的圆柱体的底圆中心,并与底面交成角 α,计算这平面截圆柱所得立体的体积.

解:建立坐标系如图 5-5-9 所示,则底圆的方程为 $x^2+y^2=R^2$.

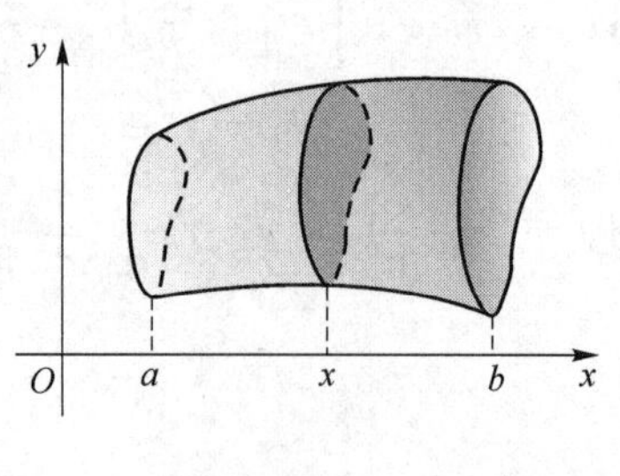

图 5-5-8

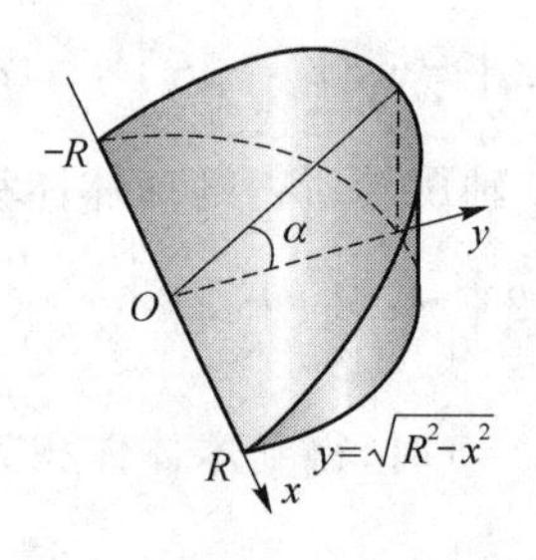

图 5-5-9

立体中过点且 x 垂直于 x 轴的截面为直角三角形，其面积为

$$A(x)=\frac{1}{2}(R^2-x^2)\tan\alpha$$

所求立体的体积为

$$V=\int_{-R}^{R}\frac{1}{2}(R^2-x^2)\tan\alpha\mathrm{d}x$$

$$=\frac{1}{2}\tan\alpha\left[R^2x-\frac{1}{3}x^3\right]_{-R}^{R}=\frac{2}{3}R^3\tan\alpha$$

四、平面曲线的弧长

定义 5-5-1　设 A,B 是曲线弧的两个端点，若在弧 $\overset{\frown}{AB}$ 上依次任取分点

$$A=M_0,M_1,M_2,\cdots,M_{i-1},M_i,\cdots,M_{n-1},M_n=B$$

并依次连接相邻的分点得一折线，当分点的数目无限增加且每个小段，折线的最大边长 $\lambda\to 0$ 时，折线的长度趋向于一个确定的极限，则称此极限为曲线弧 $\overset{\frown}{AB}$ 的**弧长**，即 $s=\lim\limits_{\lambda\to 0}\sum\limits_{i=1}^{n}|M_{i-1}M_i|$，并称此曲线弧是**可求长的**.

对于光滑的曲线弧，有如下结论：

定理 5-5-1　任意光滑曲线弧都是可求长的.

由于光滑曲线弧度是可求长的，故可应用定积分来计算弧长，下面我们利用定积分的元素法来讨论平面曲线弧长的计算公式(图 5-5-10).

根据元素法的定义，如果要求出曲线弧的长度，首先求出弧长元素. 在曲线弧上任一小区间 $[x,x+\mathrm{d}x]$ 的小弧度的长度 $\mathrm{d}s$ 近似等于对应的弦的长度 $\sqrt{(\mathrm{d}x)^2+(\mathrm{d}y)^2}$，即弧长元素为

$$\mathrm{d}s=\sqrt{(\mathrm{d}x)^2+(\mathrm{d}y)^2}$$

设曲线弧由参数方程 $\begin{cases}x=\varphi(t)\\y=\psi(t)\end{cases}$ $(\alpha\leqslant t\leqslant\beta)$ 给出，其中 $\varphi(t)$，$\psi(t)$ 在区间 $[\alpha,\beta]$ 上具有连续导数，且 $\varphi'(t)$，$\psi'(t)$ 不同时为零，则弧长元素为

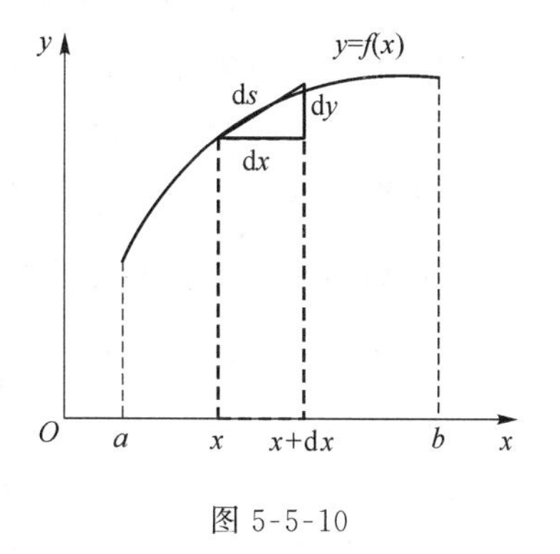

图 5-5-10

$$\mathrm{d}s=\sqrt{\varphi'^2(t)+\psi'^2(t)}\,\mathrm{d}t$$

于是所求弧长为

$$s=\int_{\alpha}^{\beta}\sqrt{\phi'^2(t)+\psi'^2(t)}\,\mathrm{d}t$$

当曲线弧由直角坐标方程 $y=f(x)(a\leqslant x\leqslant b)$ 给出，其中 $f(x)$ 在 $[a,b]$ 上具有一阶连续导数，此时可以把直角坐标下函数方程转化为参数方程

$$\begin{cases}x=x\\y=f(x)\end{cases}\quad(a\leqslant x\leqslant b)$$

所以所求弧长为

$$s=\int_{a}^{b}\sqrt{1+y'^2(x)}\,\mathrm{d}x$$

同理,当曲线弧由极坐标方程 $\rho=\rho(\theta)(\alpha\leqslant\theta\leqslant\beta)$ 给出,其中 $\rho(\theta)$ 在$[\alpha,\beta]$上具有连续导数,则有直角坐标与极坐标的关系,可以将极坐标方程转化为参数方程

$$\begin{cases} x=\rho(\theta)\cos\theta \\ y=\rho(\theta)\sin\theta \end{cases} (\alpha\leqslant\theta\leqslant\beta)$$

于是,所有弧长为
$$s=\int_\alpha^\beta\sqrt{\rho^2(\theta)+\rho'^2(\theta)}\,d\theta$$

【例 5-5-8】 求星形线$\begin{cases} x=a\cos^3\theta \\ y=b\sin^3\theta \end{cases}(a>0,0\leqslant\theta\leqslant 2\pi)$的全长.

解:有图形的对称性,星形线的全长是它在第一象限部分弧长的 4 倍,

弧长元素为 $ds=\sqrt{[(a\cos^3\theta)']^2+[(a\sin^3\theta)']^2}\,d\theta=3a\sqrt{\sin^2\theta\cos^2\theta}\,d\theta$

故,弧长为 $s=4\int_0^{\frac{\pi}{2}}3a\sqrt{\sin^2\theta\cos^2\theta}\,d\theta=\int_0^{\frac{\pi}{2}}12a\sin\theta\cos\theta d\theta=6a$

习题 5.5

1. 求下列曲线所围成的图形的面积

(1) $y=\dfrac{1}{x}$与直线 $y=x$ 及 $x=2$;

(2) $\sqrt{x}+\sqrt{y}=1$ 与两坐标轴;

(3) $y=\ln x$ 与两直线 $y=(e+1)-x$ 及 $y=0$;

(4) $y=x^2$ 与直线 $y=2-x$.

2. 求抛物线 $y=x^2-x-2$ 以及它与 x 轴交点处的切线所围成的图形的面积.

3. 求抛物线 $y^2=2px$ 及其在点$\left(\dfrac{p}{2},p\right)$处的法线所围成的图形的面积.

4. 计算下列各立体的体积:

(1) 抛物线 $y^2=3x$ 与直线 $x=3$ 围成的图形绕 x 轴旋转所得的旋转体;

(2) 圆 $x^2+(y-5)^2\leqslant 16$ 绕 x 轴旋转所得的旋转体.

5. 求心形线 $\rho=a(1+\cos\theta)$的全长.

第 5 章综合练习题

1. 填空题

(1) $\int_0^1(e^x+e^{-x})dx=$ ______.

(2) 已知 $f(x)$在$(-\infty,+\infty)$上连续,且 $f(0)=2$,设 $F(x)=\int_{\sin x}^{x^2}f(t)dt$,则$F'(0)=$ ______.

(3) 设 $f(x)=\begin{cases}x, & 0\leqslant x\leqslant 1\\ 1, & 1\leqslant x\leqslant 2\end{cases}$,则 $\int_0^2 f(x)\mathrm{d}x=$ ______.

(4) 若 y 是方程 $\int_0^y \mathrm{e}^t\mathrm{d}t+\int_0^x \cos t\mathrm{d}t=0$ 所确定的 x 的函数,则 $\dfrac{\mathrm{d}y}{\mathrm{d}x}=$ ______.

(5) $\lim\limits_{x\to 0}\dfrac{\int_0^x \sin t^2\mathrm{d}t}{x^3}=$ ______.

2. 单项选择题

(1) 已知 $f(x)$ 在 $[a,b]$ 上可积,那么定积分 $\int_a^b f(x)\mathrm{d}x$ 是(　　).

(A) 一个常数　　(B) $f(x)$ 的一个原函数

(C) 一个函数族　　(D) 一个非负函数

(2) 若 $f(x)$ 在区间 $[a,b]$ 上连续,则 $f(x)$ 在区间 $[a,b]$ 上的平均值是(　　).

(A) $\dfrac{f(a)+f(b)}{2}$　　(B) $\int_a^b f(x)\mathrm{d}x$

(C) $\dfrac{1}{2}\int_a^b f(x)\mathrm{d}x$　　(D) $\dfrac{1}{b-a}\int_a^b f(x)\mathrm{d}x$

(3) 若函数 $y=\int_0^{x^2}\dfrac{\mathrm{d}t}{(1+t)^2}$,则 $y''(1)=$(　　).

(A) $-\dfrac{1}{2}$　　(B) $-\dfrac{1}{4}$　　(C) $\dfrac{1}{4}$　　(D) $\dfrac{1}{2}$

(4) 若 $\int_{-\infty}^{+\infty}\dfrac{A}{x^2+1}\mathrm{d}x=1$,则 $A=$(　　).

(A) π　　(B) $\dfrac{1}{\pi}$　　(C) $\dfrac{\pi}{2}$　　(D) $\dfrac{2}{\pi}$

(5) 下列无穷限积分收敛的是(　　).

(A) $\int_{\mathrm{e}}^{+\infty}\dfrac{x}{\ln x}\mathrm{d}x$　　(B) $\int_{\mathrm{e}}^{+\infty}\dfrac{1}{x\ln x}\mathrm{d}x$

(C) $\int_{\mathrm{e}}^{+\infty}\dfrac{1}{x(\ln x)^2}\mathrm{d}x$　　(D) $\int_{\mathrm{e}}^{+\infty}\dfrac{1}{x(\ln x)^{\frac{1}{2}}}\mathrm{d}x$

3. 计算下列定积分

(1) $\int_1^2 \dfrac{x^2}{1+x^2}\mathrm{d}x$;　　(2) $\int_1^{\mathrm{e}^2}\dfrac{1+\ln x}{x}\mathrm{d}x$;

(3) $\int_0^{\pi}\cos^2\dfrac{x}{2}\mathrm{d}x$;　　(4) $\int_0^1 \dfrac{x}{\sqrt{x^2+1}}\mathrm{d}x$;

(5) $\int_0^{\frac{\pi}{2}}\sin^3 x\cos x\mathrm{d}x$;　　(6) $\int_0^1 x\mathrm{e}^{x^2}\mathrm{d}x$;

(7) $\int_0^1 \dfrac{\mathrm{d}x}{\mathrm{e}^x+\mathrm{e}^{-x}}$;　　(8) $\int_0^{\frac{\pi}{2}} x\cos x\mathrm{d}x$;

(9) $\int_0^{\sqrt{\ln 2}} x^3\mathrm{e}^{x^2}\mathrm{d}x$;　　(10) $\int_1^{\mathrm{e}}(\ln x)^3\mathrm{d}x$.

4. 计算下列反常积分

(1) $\int_{-\infty}^{+\infty}\frac{\mathrm{d}x}{x^2+2x+5}$;　　(2) $\int_0^{+\infty}\frac{\sin x}{\sqrt{x^3}}\mathrm{d}x$;

(3) $\int_{-1}^{1}\frac{\mathrm{d}x}{\sqrt{1-x^2}}$;　　(4) $\int_0^{\frac{\pi}{2}}\ln\sin x\mathrm{d}x$.

5. 求下列曲线所围成的图形的面积

(1) $y=\sqrt{x}$ 和直线 $y=0, x=1, x=2$;

(2) $y=x^3$ 和直线 $y=2x$;

(3) $y=\sin x$ 和 x 轴,在区间$[0,\pi]$;

(4) $y=-x^2$ 和 $x-y=2$.

6. 证明:如果 $f(x)$在区间$[0,1]$上连续,则 $\int_0^{\frac{\pi}{2}}f(\sin x)\mathrm{d}x=\int_0^{\frac{\pi}{2}}f(\cos x)\mathrm{d}x$.

7. 设 $f(x)$为连续函数,证明 $\int_0^x f(t)(x-t)\mathrm{d}t=\int_0^x\left(\int_0^t f(u)\mathrm{d}u\right)\mathrm{d}t$.

8. 求 $\int_0^2 f(x-1)\mathrm{d}x$,其中 $f(x)=\begin{cases}\dfrac{1}{1+x}, & x\geqslant 0\\ \dfrac{1}{1+\mathrm{e}^x}, & x<0\end{cases}$.

第6章　微分方程

学习目标

理解微分方程的概念；
了解微分方程初始条件与初值问题的概念；
了解微分方程的阶、解、通解、特解等概念；
掌握可分离变量方程的解法；
掌握齐次方程的解法；
熟练掌握一阶线性微分方程的解法；
了解二阶线性微分方程解的结构；
熟练掌握二阶线性常系数微分方程的解法；
会求解一些简单的实际问题.

我们在研究客观事物的内部联系和其规律性时，往往要寻求有关变量之间的函数关系，再利用函数的微分和积分可以对客观事物的规律性作出定量的研究.但是，有时这种直接的函数关系不容易建立，我们只能建立含有要找的函数及其导数间的关系式.这样的关系式就是所谓**微分方程**.微分方程建立以后，对它进行研究，找出未知函数来，这就是**解微分方程**.

6.1　微分方程的基本概念

为了说明微分方程的概念，我们先举两个例子.

【例 6-1-1】　已知直角坐标系中的一条曲线通过点(1,2)，且在该曲线上任一点 $P(x,y)$ 处的切线斜率为 $2x$，求曲线方程.

解：设所求曲线的方程为 $y=y(x)$，根据导数的几何意义及本题所给出的条件，得

$$\frac{\mathrm{d}y}{\mathrm{d}x}=2x$$

上式两端积分，得

$$y=\int 2x\mathrm{d}x \quad 即 \quad y=x^2+C$$

其中 C 是任意常数.

此外,未知函数 $y=y(x)$ 还应满足下列条件:

$$x=1\text{ 时},y=2$$

所以

$$2=1^2+C$$

由此定出 $C=1$,于是所求曲线方程为

$$y=x^2+1$$

【例 6-1-2】 列车在平直路上以 20 m/s(相当于 72 km/h)的速度行驶;当制动时列车获得加速度 $-0.4\ \mathrm{m/s^2}$. 问开始制动后多少时间列车才能停住以及列车在这段时间里行驶了多少路程?

解:设列车在开始制动后 t 秒时行驶了 s 米. 根据题意,反映制动阶段列车运动规律的函数 $s=s(t)$ 应满足关系式

$$s''=-0.4$$

此外,未知函数 $s=s(t)$ 还应满足下列条件:

$$t=0\text{ 时},s=0,v=s'=20$$

把等式 $s''=-0.4$ 两端积分一次,得

$$v=s'=-0.4t+C_1$$

再积分一次,得

$$s=-0.2t^2+C_1t+C_2$$

这里 C_1,C_2 都是任意常数.

由 $t=0$ 时,$s'=20$ 得 $C_1=20$,故

$$s'=-0.4t+20$$

由 $t=0$ 时,$s=0$ 得 $C_2=0$,故

$$s=-0.2t^2+20t$$

令 $s'=0$,得到列车从开始制动到完全停止所需时间

$$t=\frac{20}{0.4}=50(\mathrm{s})$$

所以列车在制动阶段行驶的路程

$$s=-0.2\times50^2+20\times50=500(\mathrm{m})$$

上述两个例子中满足已知条件的关系式都含有未知函数的导数,它们都是微分方程.

定义 6-1-1 凡表示未知函数、未知函数的导数(或微分)与自变量之间的关系的方程,称为**微分方程**,有时简称为方程. 未知函数是一元函数的微分方程称作**常微分方程**,未知函数是多元函数的微分方程称作**偏微分方程**. 本课程我们仅讨论常**微分方程**,简称为**微分方程**.

例如,下列方程都是微分方程(其中 y 为未知函数):

(1) $y'=kx$,k 为常数;

(2) $(y-2xy)\mathrm{d}x+x^2\mathrm{d}y=0$;

(3) $y''=\frac{1}{a}\sqrt{1+y'^2}$.

微分方程中出现的未知函数最高阶导数的阶数，称为**微分方程的阶**.

例如，方程(1)、(2)为一阶微分方程，方程(3)为二阶微分方程.

一般的，n 阶微分方程的形式为

$$F(x,y,y',\cdots,y^{(n)}) = 0$$

其中 x 是自变量，y 是未知函数；$F(x,y,y',\cdots,y^{(n)})$是已知函数，而且一定含有 $y^{(n)}$. 本章主要研究几种特殊类型的一阶和二阶微分方程.

由前面的例子我们看到，在研究某些实际问题时，首先要建立微分方程，然后找出满足微分方程的函数(解微分方程).

定义 6-1-2　任何代入微分方程后使其成为恒等式的函数，都称作该方程的**解**.

不难验证，函数 $y=x^2$，$y=x^2+1$ 及 $y=x^2+C$(C 为任意常数)都是方程 $y'=2x$ 的解. 若微分方程的解含有任意常数的个数与方程的阶数相同，且任意常数之间不能合并，则称此解为该方程的**通解**(或**一般解**). 当通解中的各任意常数都取特定值时所得到的解，称为方程的**特解**.

例如，方程 $y'=2x$ 的解 $y=x^2+C$ 中含有一个任意常数且与该方程的阶数相同，因此，这个解是方程的通解；如果求满足条件 $y(0)=0$ 的解，代入通解 $y=x^2+C$ 中，得 $C=0$，那么 $y=x^2$ 就是微分方程 $y'=2x$ 的特解.

用来确定通解中的任意常数的附加条件一般称为**初始条件**. 通常一阶微分方程的初始条件是

$$y\big|_{x=x_0} = y_0，即\ y(x_0) = y_0$$

由此可以确定通解中的一个任意常数；二阶微分方程的初始条件是

$$y\Big|_{x=x_0} = y_0\ 及\ y'\Big|_{x=x_0} = y_1，即\ y(x_0) = y_0\ 及\ y'(x_0) = y_1$$

由此可以确定通解中的两个任意常数.

一个微分方程与其初始条件构成的问题称为**初值问题**. 求解某初值问题，就是求方程的特解.

【例 6-1-3】　验证方程 $y'=\dfrac{2y}{x}$的通解为 $y=Cx^2$(C 为任意常数)，并求满足初始条件 $y\Big|_{x=1}=2$ 的特解.

解：由 $y=Cx^2$ 得

$$y' = 2Cx$$

将 y 及 y'代入原方程的左边，有左边 $y'=2Cx$；而右边$\dfrac{2y}{x}=2Cx$，所以函数 $y=Cx^2$ 满足原方程. 又因为该函数含有一个任意常数，所以 $y=Cx^2$ 是一阶微分方程 $y'=\dfrac{2y}{x}$的通解.

将初始条件$y\Big|_{x=1}=2$ 代入通解，得

$$C = 2$$

故所求特解为

$$y = 2x^2$$

【例 6-1-4】　验证函数

$$x = C_1 \cos kt + C_2 \sin kt$$

是微分方程

$$\frac{d^2 x}{dt^2} + k^2 x = 0$$

的解.并求满足初始条件

$$x\Big|_{t=0} = A, \frac{dx}{dt}\Big|_{t=0} = 0$$

的特解.

解:求出所给函数的导数

$$\frac{dx}{dt} = -kC_1 \sin kt + kC_2 \cos kt$$

$$\begin{aligned}\frac{d^2 x}{dt^2} &= -k^2 C_1 \cos kt - k^2 C_2 \sin kt \\ &= -k^2 (C_1 \cos kt + C_2 \sin kt) \\ &= -k^2 x\end{aligned}$$

等价于

$$\frac{d^2 x}{dt^2} + k^2 x = 0$$

所以函数 $x = C_1 \cos kt + C_2 \sin kt$ 是微分方程 $\frac{d^2 x}{dt^2} + k^2 x = 0$ 的解.

将条件 $x\Big|_{t=0} = A$ 代入 $x = C_1 \cos kt + C_2 \sin kt$,得

$$C_1 = A$$

将条件 $\frac{dx}{dt}\Big|_{t=0} = 0$ 代入 $\frac{dx}{dt} = -kC_1 \sin kt + kC_2 \cos kt$,得

$$C_2 = 0$$

把 C_1, C_2 的值代入函数 $x = C_1 \cos kt + C_2 \sin kt$,得所求特解为

$$x = A\cos kt$$

习题 6.1

1. 试说出下列各微分方程的阶数

(1) $x(y')^2 - 2yy' + x = 0$;

(2) $x^2 y'' - 2xy' + y = 0$;

(3) $y''' - 2yy' + x^2 y = 0$;

(4) $(3x - 5y)dx + (x + y)dy = 0$;

(5) $(y''')^2 - e^{-2x} y'' = 0$;

(6) $L\frac{d^2 Q}{dt^2} + R\frac{dQ}{dt} + \frac{Q}{C} = 0$.

2. 指出下列各题中的函数是否为所给微分方程的解

(1) $xy' = 2y, y = 2x^2$;

(2) $y'' + y = 0, y = \sin x - 3\cos x$;

(3) $y'' - 2y' + y = 0, y = x^2 e^x$.

6.2 可分离变量的微分方程

定义 6-2-1 形如

$$y' = f(x)g(y)$$

的微分方程，称为**可分离变量方程**. 其中 $f(x)$，$g(y)$分别是变量 x，y 的已知函数，且 $g(y)\neq 0$. 这类方程的特点是：经过适当的运算，可以将两个不同变量的函数与微分分离，得到一个等式左边为一个变量的微分式，而右边为另一个变量的微分式的微分方程，进而可以解出该方程. 其具体解法如下：

(1) 分离变量

将方程整理为

$$\frac{1}{g(y)}\mathrm{d}y = f(x)\mathrm{d}x$$

的形式，使方程各边只含一个变量.

(2) 两边积分

两边同时积分，得

$$\text{左边} = \int \frac{1}{g(y)}\mathrm{d}y$$

$$\text{右边} = \int f(x)\mathrm{d}x$$

故，方程通解为

$$\int \frac{1}{g(y)}\mathrm{d}y = \int f(x)\mathrm{d}x + C$$

我们约定在微分方程这一章中不定积分式表示被积函数的一个原函数，而把积分所带来的任意常数明确地写上.

【例 6-2-1】 求方程 $y'=(\sin x-\cos x)\sqrt{1-y^2}$ 的通解.

解：分离变量，得

$$\frac{\mathrm{d}y}{\sqrt{1-y^2}} = (\sin x - \cos x)\mathrm{d}x$$

两边积分，得

$$\arcsin y = -(\cos x + \sin x) + C$$

这就是所求方程的通解.

【例 6-2-2】 求方程 $y'=-\dfrac{y}{x}$的通解.

解：分离变量，得

$$\frac{\mathrm{d}y}{y} = -\frac{1}{x}\mathrm{d}x$$

两边积分，得

$$\ln|y| = \ln\left|\frac{1}{x}\right| + C_1$$

化简得

$$|y| = e^{C_1} \cdot \left|\frac{1}{x}\right|$$

所以

$$y = \pm e^{C_1} \cdot \frac{1}{x}$$

令 $C_2 = \pm e^{C_1} \neq 0$,则

$$y = C_2 \frac{1}{x}, C_2 \neq 0$$

另外,我们看出 $y=0$,它也是方程的解,可认为是解 $y=C_2 \frac{1}{x}$ 中 $C_2=0$ 所对应的解,因此,方程的通解是

$$y = \frac{C}{x} \quad (C\text{为任意常数})$$

【例 6-2-3】 求方程 $dx + xydy = y^2 dx + ydy$ 满足初始条件 $y(0)=2$ 的特解.

解:将方程整理得

$$y(x-1)dy = (y^2-1)dx$$

分离变量,得

$$\frac{y}{y^2-1}dy = \frac{dx}{x-1}$$

两边积分,得

$$\frac{1}{2}\ln|y^2-1| = \ln|x-1| + \frac{1}{2}\ln|C|$$

化简,得

$$y^2 - 1 = C(x-1)^2$$

即

$$y^2 = C(x-1)^2 + 1$$

为所求之通解.将初始条件 $y(0)=2$ 代入,得 $C=3$,故所求特解为

$$y^2 = 3(x-1)^2 + 1$$

【例 6-2-4】 求方程 $\frac{dy}{dx} = -ky(y-a)$ 的通解(其中 k 与 a 均是正的常数).

解:分离变量,得

$$\frac{dy}{y(y-a)} = -kdx$$

即

$$\left(\frac{1}{y-a} - \frac{1}{y}\right)dy = -kadx$$

两边积分,得

$$\ln\left|\frac{y-a}{y}\right| = -kax + \ln|C|$$

经整理,得方程的通解为

$$y = \frac{a}{1-Ce^{-kax}}$$

注:$y=0$ 显然是方程的解,但不包含在通解内.

习题 6.2

1. 求下列各微分方程的通解

(1) $xy'-y\ln y=0$;　　　　(2) $3x^2+5x-5y'=0$;

(3) $(1+y)\mathrm{d}x-(1-x)\mathrm{d}y=0$;　　　　(4) $y\mathrm{d}x+(x^2-4x)\mathrm{d}y=0$.

2. 求下列微分方程满足所给初始条件的特解

(1) $y'=\mathrm{e}^{2x-y},y\Big|_{x=0}=0$;

(2) $\cos x\sin y\mathrm{d}y=\cos y\sin x\mathrm{d}x,y\Big|_{x=0}=\dfrac{\pi}{4}$;

(3) $x\mathrm{d}y+2y\mathrm{d}x=0,y\Big|_{x=2}=1$;

(4) $\dfrac{x}{1+y}\mathrm{d}x-\dfrac{y}{1+x}\mathrm{d}y=0,y\Big|_{x=1}=0$.

3. 一曲线经过点(2,3),它在两坐标轴之间的任一切线线段均被切点所平分,求该曲线方程.

6.3　齐次微分方程

定义 6-3-1　如果一阶微分方程

$$\frac{\mathrm{d}y}{\mathrm{d}x}=f(x,y)$$

中的函数 $f(x,y)$ 可写成 $\dfrac{y}{x}$ 的函数,即 $f(x,y)=\varphi(\dfrac{y}{x})$,则称这方程为**齐次微分方程**.例如

$$(x^2-xy)\mathrm{d}x-(2xy-y^2)\mathrm{d}y=0$$

就是齐次方程,因为它可以化成

$$\frac{\mathrm{d}y}{\mathrm{d}x}=\frac{x^2-xy}{2xy-y^2}$$

即

$$\frac{\mathrm{d}y}{\mathrm{d}x}=\frac{1-\dfrac{y}{x}}{2\left(\dfrac{y}{x}\right)-\left(\dfrac{y}{x}\right)^2}$$

在齐次方程

$$\frac{\mathrm{d}y}{\mathrm{d}x}=\varphi\left(\frac{y}{x}\right)$$

中,引进新的未知函数

$$u=\frac{y}{x}$$

就可以将它化为可分离变量的方程.这是因为由上式可得 $y=ux$,两边对 x 求导得

$$\frac{\mathrm{d}y}{\mathrm{d}x}=u+x\frac{\mathrm{d}u}{\mathrm{d}x}$$

代入齐次方程,便得方程

$$u+x\frac{\mathrm{d}u}{\mathrm{d}x}=\varphi(u)$$

移项,得

$$x\frac{\mathrm{d}u}{\mathrm{d}x}=\varphi(u)-u$$

分离变量,得

$$\frac{\mathrm{d}u}{\phi(u)-u}=\frac{\mathrm{d}x}{x}$$

两端积分,得

$$\int\frac{\mathrm{d}u}{\phi(u)-u}=\int\frac{\mathrm{d}x}{x}+C$$

求出该积分,再以 $\frac{y}{x}$ 代替 u,便得所给齐次方程的通解.

【例 6-3-1】 求齐次方程

$$y^2+x^2\frac{\mathrm{d}y}{\mathrm{d}x}=xy\frac{\mathrm{d}y}{\mathrm{d}x}$$

的通解.

解:原方程可写成

$$\frac{\mathrm{d}y}{\mathrm{d}x}=\frac{y^2}{xy-x^2}=\frac{\left(\frac{y}{x}\right)^2}{\frac{y}{x}-1}$$

令 $u=\frac{y}{x}$,则

$$y=ux,\frac{\mathrm{d}y}{\mathrm{d}x}=u+x\frac{\mathrm{d}u}{\mathrm{d}x}$$

于是原方程变为

$$u+x\frac{\mathrm{d}u}{\mathrm{d}x}=\frac{u^2}{u-1}$$

即

$$x\frac{\mathrm{d}u}{\mathrm{d}x}=\frac{u}{u-1}$$

分离变量,得

$$\left(1-\frac{1}{u}\right)\mathrm{d}u=\frac{\mathrm{d}x}{x}$$

两端积分,得

$$u-\ln|u|+C=\ln|x|$$

或写为

$$\ln|xu|=u+C$$

以 $\frac{y}{x}$ 代替上式中的 u,便得所给齐次方程的通解为

$$\ln|y|=\frac{y}{x}+C$$

【例 6-3-2】 求齐次方程

$$(y^2-2xy)\mathrm{d}x+x^2\mathrm{d}y=0$$

满足初值条件 $y(1)=2$ 的特解.

解:将原方程化为

$$\frac{\mathrm{d}y}{\mathrm{d}x}=\frac{-y^2+2xy}{x^2}=-\left(\frac{y}{x}\right)^2+2\frac{y}{x}$$

令 $u=\frac{y}{x}$,则原方程可化为

$$u+x\frac{\mathrm{d}u}{\mathrm{d}x}=-u^2+2u$$

即

$$\frac{\mathrm{d}u}{\mathrm{d}x}=\frac{-u^2+u}{x}$$

分离变量,得

$$\frac{\mathrm{d}u}{-u^2+u}=\frac{\mathrm{d}x}{x}$$

两端积分,得

$$\ln\left|\frac{u}{u-1}\right|=\ln|Cx|$$

将 u 换成$\frac{y}{x}$,得到原方程的解

$$y=Cx(y-x)$$

由初值条件 $y(1)=2$,可得 $C=2$,故所求特解为:$y=2x(y-x)$.

【例 6-3-3】 设 L 是一条平面曲线,其上任意一点 $P(x,y)(x>0)$到坐标原点的距离恒等于该点处的切线在 y 轴上的截距,且 L 过点$(1,0)$,求曲线 L 的方程.

解:点 $P(x,y)$处的切线方程为

$$Y-y=y'(X-x)$$

令 $X=0$,得在 y 轴上的截距为 $y-xy'$,由题设可得

$$\sqrt{x^2+y^2}=y-xy'$$

令 $u=\frac{y}{x}$,则方程可化为

$$\frac{\mathrm{d}u}{\sqrt{1+u^2}}=-\frac{\mathrm{d}x}{x}$$

两端积分,得

$$\ln(u+\sqrt{1+u^2})=-\ln x+\ln C$$

即

$$u+\sqrt{1+u^2}=\frac{C}{x}$$

将 u 换成$\frac{y}{x}$,得到原方程的通解为

$$y+\sqrt{x^2+y^2}=C$$

由 L 过点$(1,0)$,可得 $C=1$,故所求曲线 L 的方程为

$$y+\sqrt{x^2+y^2}=1$$

即
$$y=\frac{1-x^2}{2}$$

习题 6.3

1. 求下列齐次方程的通解

(1) $xy'-x\sin\frac{y}{x}-y=0$；　　(2) $x\frac{\mathrm{d}y}{\mathrm{d}x}=y\ln\frac{y}{x}$；

(3) $(x^2+y^2)\mathrm{d}x-xy\mathrm{d}y=0$；　　(4) $y'=\frac{y}{y-x}$.

2. 求下列齐次方程满足所给初始条件的特解

(1) $(y^2-3x^2)\mathrm{d}y+2xy\mathrm{d}x=0, y\Big|_{x=0}=1$；

(2) $y'=\frac{x}{y}+\frac{y}{x}, y\Big|_{x=1}=2$.

6.4 一阶线性微分方程

定义 6-4-1 具有如下形式的微分方程

$$y'+P(x)y=Q(x) \tag{6-1}$$

称为**一阶线性微分方程**,简称**一阶线性方程**.其中 $P(x)$,$Q(x)$都是自变量 x 的已知连续函数.它的特点是:右边是已知函数,左边的每项中仅含 y 或 y',且均为一次项.

若 $Q(x)\equiv 0$,则方程成为

$$y'+P(x)y=0 \tag{6-2}$$

称为**一阶线性齐次微分方程,简称一阶线性齐次方程**.

若 $Q(x)\neq 0$,则称方程(6-1)为**一阶线性非齐次微分方程,简称一阶线性非齐次方程**.通常方程(6-2)称为方程(6-1)所对应的线性齐次方程.

下面依次讨论一阶线性齐次方程与一阶线性非齐次方程的求解方法.

一、一阶线性齐次方程的解法

不难看出,一阶线性齐次方程

$$y'+P(x)y=0$$

是可分离变量方程.分离变量,得

$$\frac{\mathrm{d}y}{y}=-P(x)\mathrm{d}x$$

两边积分,得

$$\ln y=-\int P(x)\mathrm{d}x+\ln C$$

所以,方程的通解公式为

$$y = Ce^{-\int P(x)dx}$$

【例 6-4-1】 求方程 $y'+(\sin x)y=0$ 的通解.

解:所给方程是一阶线性齐次方程,且 $P(x)=\sin x$,得出

$$-\int P(x)dx = -\int \sin x dx = \cos x$$

由通解公式即可得到方程的通解为

$$y = Ce^{\cos x}$$

【例 6-4-2】 求方程 $(y-2xy)dx+x^2dy=0$ 满足初始条件 $y\Big|_{x=1}=e$ 的特解.

解:将所给方程化为如下形式

$$\frac{dy}{dx} + \frac{1-2x}{x^2}y = 0$$

这是一个线性齐次方程,且 $P(x)=\dfrac{1-2x}{x^2}$,算出

$$-\int P(x)dx = \int\left(\frac{2}{x} - \frac{1}{x^2}\right)dx = \ln x^2 + \frac{1}{x}$$

由通解公式即可得到该方程的通解

$$y = Cx^2 e^{\frac{1}{x}}$$

将初始条件 $y\Big|_{x=1}=e$ 代入通解,得 $C=1$,故所求特解为

$$y = x^2 e^{\frac{1}{x}}$$

二、一阶线性非齐次方程的解法

一阶线性非齐次方程

$$y' + P(x)y = Q(x)$$

与其对应的线性齐次方程

$$y' + P(x)y = 0$$

的差异,在于自由项 $Q(x)\neq 0$.因此,我们可以设想它们的通解之间会有一定的联系.设 $y=y_1(x)$是线性齐次方程的解,则当 C 为常数时,$y=Cy_1(x)$(简记 $y=Cy_1$)仍是该方程的解,它不可能满足线性非齐次方程.如果我们把 C 看作 x 的函数,并将 $y=C(x)y_1$ 代入线性非齐次方程中会有怎样的结果呢?我们可以试算一下.

设 $y=C(x)y_1$ 是非齐次方程的解,将 $y=C(x)y_1$ 及其导数 $y'=C'(x)y_1+C(x)y'_1$ 代入方程

$$y' + P(x)y = Q(x)$$

则有

$$C'(x)y_1 + C(x)y'_1 + P(x)C(x)y_1 = Q(x)$$

即

$$C'(x)y_1 + C(x)[y'_1 + P(x)y_1] = Q(x)$$

因 y_1 是对应的线性齐次方程的解,故 $y'_1+P(x)y_1=0$,因此有

$$C'(x)y_1 = Q(x)$$

其中 y_1 与 $Q(x)$均为已知函数,所以可以通过积分求得

$$C(x)=\int\frac{Q(x)}{y_1}\mathrm{d}x+C$$

代入 $y=C(x)y_1$ 中,得

$$y=Cy_1+y_1\int\frac{Q(x)}{y_1}\mathrm{d}x$$

容易验证,上式给出的函数满足线性非齐次方程

$$y'+P(x)y=Q(x)$$

且含有一个任意常数.所以它是一阶线性非齐次方程

$$y'+P(x)y=Q(x)$$

的通解.

在运算过程中,我们取线性齐次方程的一个解为

$$y_1=\mathrm{e}^{-\int P(x)\mathrm{d}x}$$

于是,一阶线性非齐次方程的通解,也可写成如下的公式:

$$y=\mathrm{e}^{-\int P(x)\mathrm{d}x}\left[\int Q(x)\mathrm{e}^{\int P(x)\mathrm{d}x}\mathrm{d}x+C\right]$$

上述讨论中所用的方法,是将常数 C 变为待定函数 $C(x)$,再通过确定 $C(x)$ 而求得方程解的方法,称为**常数变易法**.

【例 6-4-3】 求方程 $2y'-y=\mathrm{e}^x$ 的通解.

解:运用通解公式将原方程化为 $y'-\frac{1}{2}y=\frac{1}{2}\mathrm{e}^x$,

则 $P(x)=-\frac{1}{2}$,$Q(x)=\frac{1}{2}\mathrm{e}^x$,

算出

$$-\int P(x)\mathrm{d}x=\int\frac{1}{2}\mathrm{d}x=\frac{x}{2},\quad \mathrm{e}^{-\int P(x)\mathrm{d}x}=\mathrm{e}^{\frac{x}{2}}$$

$$\int Q(x)\mathrm{e}^{\int P(x)\mathrm{d}x}\mathrm{d}x=\int\frac{1}{2}\mathrm{e}^x\mathrm{e}^{-\frac{x}{2}}\mathrm{d}x=\mathrm{e}^{\frac{x}{2}}$$

代入通解公式,得原方程的通解为

$$y=(C+\mathrm{e}^{\frac{x}{2}})\mathrm{e}^{\frac{x}{2}}=C\mathrm{e}^{\frac{x}{2}}+\mathrm{e}^x$$

也可以用常数变易法求解,请读者自己动手练习.

【例 6-4-4】 求解初值问题:$\begin{cases}xy'+y=\cos x\\ y(\pi)=1\end{cases}$.

解:使用常数变异法求解,将原方程化为

$$y'+\frac{1}{x}y=\frac{1}{x}\cos x$$

此方程的自由项 $Q(x)=\frac{1}{x}\cos x$,与其对应的线性齐次方程为

$$y'+\frac{1}{x}y=0$$

求得该线性齐次方程的通解为

$$y=\frac{C}{x}$$

设所给线性非齐次方程的通解为

$$y=\frac{C(x)}{x}$$

将 y 及 y' 代入该方程，得

$$C'(x)\frac{1}{x}=\frac{1}{x}\cos x$$

于是有

$$C(x)=\int\cos x\mathrm{d}x=\sin x+C$$

因此，原方程的通解为

$$y=(\sin x+C)\frac{1}{x}=\frac{C}{x}+\frac{\sin x}{x}$$

将初始条件 $y(\pi)=1$ 代入，得 $C=\pi$，所以，所求的特解即初值问题的解为

$$y=\frac{\pi}{x}+\frac{\sin x}{x}$$

注：读者也可以直接用公式法求解.

【例 6-4-5】　求方程 $y^2\mathrm{d}x+(x-2xy-y^2)\mathrm{d}y=0$ 的通解.

解：所给方程中含有 y^2，因此，如果我们仍把 x 看作自变量，把 y 看作未知函数，则它不是线性方程. 对于这样的一阶微分方程，我们可试着把 x 看作是 y 的函数，然后再分析. 将原方程改写为

$$\frac{\mathrm{d}x}{\mathrm{d}y}+\frac{1-2y}{y^2}x=1$$

这是一个关于未知函数 $x=x(y)$ 的一阶线性非齐次方程，其中

$$P(y)=\frac{1-2y}{y^2}$$

且它的自由项

$$Q(y)=1$$

代入一阶线性非齐次方程的通解公式，有

$$\begin{aligned}x&=\mathrm{e}^{-\int\frac{1-2y}{y^2}\mathrm{d}y}\left[C+\int\mathrm{e}^{\int\frac{1-2y}{y^2}\mathrm{d}y}\mathrm{d}y\right]\\&=y^2\mathrm{e}^{\frac{1}{y}}(C+\mathrm{e}^{-\frac{1}{y}})=y^2(1+C\mathrm{e}^{\frac{1}{y}})\end{aligned}$$

即所求通解为

$$x=y^2(1+C\mathrm{e}^{\frac{1}{y}})$$

【例 6-4-6】　设跳伞员开始跳伞后所受的空气阻力与他下落的速度成正比（比例系数 $k>0$ 为常数），起跳时的速度为 0，求下落的速度与时间之间的函数关系.

解：这是一个运动问题，我们可以利用牛顿第二定律 $F=ma$ 建立微分方程，首先，设下落的速度为 $v(t)$，则加速度 $a=v'(t)$. 再分析运动物体所受的外力，跳伞者只受重力和阻力这两个力的作用，重力的大小为 mg，方向与速度方向一致；阻力大小为 kv，方向与速度方向相反. 因此，所受的外力为

$$F=mg-kv$$

于是，由牛顿第二定律可得到速度 $v(t)$ 应满足的微分方程为

$$kv' = mg - kv$$

又因为假设起跳时的速度为0,所以,其初始条件为

$$v\Big|_{t=0} = 0$$

至此,我们已将这个运动问题化为一个初值问题

$$\begin{cases} mv' = mg - kv \\ v(0) = 0 \end{cases}$$

这是一个一阶线性非齐次微分方程,但由于 v,v' 的系数及自由项均为常数,故也可按可分离变量方程来求解.

分离变量得: $$\frac{-k\mathrm{d}v}{mg-kv} = -\frac{k}{m}\mathrm{d}t$$

解得: $$mg-kv = C\mathrm{e}^{-\frac{k}{m}t}$$

将初始条件 $v(0)=0$ 代入,得 $C=mg$,所以,所求特解为

$$v = \frac{mg}{k}(1-\mathrm{e}^{-\frac{k}{m}t})$$

即为所求的函数关系.

从上式可以看出,当 t 充分大时,速度 v 近似为常量$\frac{mg}{k}$,也就是说,跳伞之初是加速运动,但加速度慢慢地趋向于零,速度慢慢地趋向于匀速运动.正因为如此,跳伞者才得以安全着落.

习题 6.4

1. 求下列微分方程的通解

(1) $y'-y=2x\mathrm{e}^x$; (2) $xy'+y=x^2+3x+2$;

(3) $y'+y\cos x=\mathrm{e}^{-\sin x}$; (4) $(x^2-1)y'+2xy=\cos x$;

(5) $(y^2-6x)\mathrm{d}y+2y\mathrm{d}x=0$; (6) $y\ln y\mathrm{d}x+(x-\ln y)\mathrm{d}y=0$.

2. 求下列微分方程满足所给初始条件的特解

(1) $y'-y\tan x=\sec x, y\Big|_{x=0}=0$;

(2) $y'+\frac{y}{x}=\frac{\sin x}{x}, y\Big|_{x=\pi}=1$;

(3) $y'+3y=8, y\Big|_{x=0}=2$;

(4) $y'+\frac{2-3x^2}{x^3}y=1, y\Big|_{x=1}=0$.

3. 已知一曲线过原点,且它在任意点(x,y)处的切线斜率都等于 $2x+y$,求该曲线的方程.

6.5　二阶线性微分方程

一、二阶线性微分方程的概念

定义 6-5-1　具有如下形式的方程

$$y''+p(x)y'+q(x)y=f(x)$$

称为**二阶线性微分方程**,简称**二阶线性方程**. $f(x)$称为**自由项**,当 $f(x)\neq 0$ 时,称为**二阶线性非齐次微分方程**,简称**二阶线性非齐次方程**. 当 $f(x)$恒为 0 时,称为**二阶线性齐次微分方程**,简称**二阶线性齐次方程**. 方程中的 $p(x)$、$q(x)$及 $f(x)$都是自变量 x 的已知函数.

这类方程的特点是:右边是已知函数或零,左边每一项仅含 y''、y'或 y,且每项均为 y''、y'或 y 的一次项.

例如,$y''+xy'+y=x^2$ 是二阶线性非齐次方程,而 $y''+x(y')^2+y=x^2$ 就不是二阶线性方程了.

二、二阶线性微分方程解的结构

我们先讨论二阶线性齐次方程

$$y''+p(x)y'+q(x)y=0$$

的解的结构. 有如下两个定理.

定理 6-5-1　如果函数 $y_1(x)$与 $y_2(x)$是二阶线性齐次方程的两个解,则函数

$$y=C_1y_1(x)+C_2y_2(x)$$

仍为该方程的解,其中 C_1,C_2 是任意常数.

证明:因为 $y_1(x)$与 $y_2(x)$(简记为 y_1 与 y_2)是方程 $y''+p(x)y'+q(x)y=0$ 的两个解,所以有

$$y''_1+p(x)y'_1+q(x)y_1=0$$

与

$$y''_2+p(x)y'_2+q(x)y_2=0$$

再由 $y=C_1y_1+C_2y_2$ 可得

$$y'=C_1y'_1+C_2y'_2,y''=C_1y''_1+C_2y''_2$$

于是有

$$\begin{aligned}&y''+p(x)y'+q(x)y\\=&C_1y''_1+C_2y''_2+p(x)(C_1y'+C_2y'_2)+q(x)(C_1y_1+C_2y_2)\\=&C_1(y''_1+p(x)y'_1+q(x)y_1)+C_2(y''_2+p(x)y'_2+q(x)y_2)\\=&0\end{aligned}$$

所以 $y=C_1y_1(x)+C_2y_2(x)$是 $y''+p(x)y'+q(x)y=0$ 的解.

定理 6-5-1 表明,线性齐次方程的解具有叠加性,当我们已知线性齐次方程的两个解 y_1,y_2 时,容易写出含有两个任意常数的解 $C_1y_1+C_2y_2$. 如果解中的 C_1 和 C_2 可以合并成一

个任意常数,那么这时并不是二阶线性齐次微分方程的通解.

例如,$y_1=\mathrm{e}^x$,$y_2=\mathrm{e}^{x+1}$均为 $y''-y=0$ 的解,由定理 6-5-1 知 $y=C_1\mathrm{e}^x+C_2\mathrm{e}^{x+1}$也是该方程的解,但是

$$\begin{aligned}y&=C_1\mathrm{e}^x+C_2\mathrm{e}^{x+1}\\&=(C_1+C_2\mathrm{e})\mathrm{e}^x\\&=C\mathrm{e}^x\end{aligned}$$

其中 $C=C_1+C_2\mathrm{e}$,所以事实上仍是一个任意常数,因而它不是二阶线性齐次微分方程 $y''-y=0$ 的通解.那么怎样才能使形如 $C_1y_1+C_2y_2$ 的解含有两个任意常数,从而能表示二阶线性齐次微分方程的通解呢?为此,需要介绍一个新的概念:线性相关与线性无关.

定义 6-5-2 设函数 $y_1(x)$和 $y_2(x)$是定义在某区间 I 上的两个函数,如果存在两个不全为零的常数 k_1 和 k_2,使

$$k_1y_1(x)+k_2y_2(x)=0$$

在区间 I 上恒成立.则称函数 $y_1(x)$与 $y_2(x)$在区间 I 上**线性相关**,否则称为**线性无关**.

例如,函数 $y_1=x$ 和 $y_2=2x$ 在整个实数轴上是线性相关的,因为只要取 $k_1=2$,$k_2=-1$,就恒有 $k_1y_1+k_2y_2=0$;又如函数 $y_1=0$,则对于任意函数 y_2,在整个实数轴上都有 y_1 与 y_2 线性相关,因为只要取 $k_1\neq0$,$k_2=0$ 就必有 $k_1y_1+k_2y_2=0$;但是,函数 $y_1=\mathrm{e}^x$ 和 $y=x$ 在任何区间上都是线性无关的,因为当 k_1、k_2 不全为 0 时,曲线 $y_1=k_1\mathrm{e}^x$ 与直线 $y=-k_2x$ 至多有两个交点,即 $k_1\mathrm{e}^x+k_2x=0$ 至多有两个实根,故在任何区间上都不可能恒等于 0.

考查两个函数是否线性相关,我们往往采用另一种简单易行的方法,即看它们的比是否为一个常数,事实上,当 $y_1(x)$与 $y_2(x)$线性相关时,有 $k_1y_1+k_2y_2=0$,其中 k_1,k_2 不全为 0,不失一般性,设 $k_1\neq0$,则$\dfrac{y_1}{y_2}=-\dfrac{k_2}{k_1}$,即 y_1 与 y_2 之比为常数,反之若 y_1 与 y_2 之比为常数,设$\dfrac{y_1}{y_2}=\lambda$,则 $y_1=\lambda y_2$,即 $y_1-\lambda y_2=0$,所以 y_1 与 y_2 线性相关.因此,如果两个函数之比是常数,它们线性相关;如果不是常数,则它们线性无关.例如函数 $y_1=\mathrm{e}^x$,$y_2=\mathrm{e}^{-x}$,而$\dfrac{y_1}{y_2}\neq$常数,所以,它们是线性无关的.

定理 6-5-2 如果函数 y_1 与 y_2 是二阶线性齐次方程 $y''+p(x)y'+q(x)y=0$ 的两个线性无关的特解,则

$$y=C_1y_1+C_2y_2$$

是该方程的通解,其中 C_1,C_2 为任意常数.

证明:因为 y_1 与 y_2 是方程 $y''+p(x)y'+q(x)y=0$ 的解,所以,由定理 6-5-1 知 $y=C_1y_1+C_2y_2$ 也是该方程的解.又因为 y_1 与 y_2 线性无关,即 y_1 与 y_2 之比不为常数,所以它们中任一个都不能用另一个(形如 $y_1=ky_2$ 或 $y_2=ky_1$)来表示.故 C_1 和 C_2 不能合并成一个常数.因此,$y=C_1y_1+C_2y_2$ 是二阶线性齐次方程的通解.

下面再讨论二阶线性非齐次方程.

在第 6.4 节中我们已经看到,一阶线性非齐次微分方程的通解由两部分构成:一部分是对应的齐次方程的通解;另一部分是非齐次方程本身的一个特解.实际上,不仅一阶线性非齐次微分方程的通解具有这样的结构,而且二阶以及更高阶的线性非齐次微分方程的通解

都有同样的结构.

定理 6-5-3　如果函数 y^* 是二阶线性非齐次方程

$$y'' + p(x)y' + q(x)y = f(x)$$

的一个特解,Y 是该方程所对应的线性齐次方程的通解,则

$$y = Y + y^*$$

是二阶线性非齐次方程的通解.

证明:因为 y^* 与 Y 分别是线性非齐次方程 $y''+p(x)y'+q(x)y=f(x)$ 和线性齐次方程 $y''+p(x)y'+q(x)y=0$ 的解. 所以有

$$(y^*)'' + p(x)(y^*)' + q(x)y^* = f(x)$$
$$Y'' + p(x)Y' + q(x)Y = 0$$

又因为

$$y' = Y' + (y^*)', y'' = Y'' + (y^*)''$$

于是有

$$\begin{aligned} & y'' + p(x)y' + q(x)y \\ =& [Y'' + (y^*)''] + p(x)[Y' + (y^*)'] + q(x)(Y + y^*) \\ =& [Y'' + p(x)Y' + q(x)Y] + [(y^*)'' + p(x)(y^*)' + q(x)y^*] \\ =& 0 + [(y^*)'' + p(x)(y^*)' + q(x)y^*] \\ =& f(x) \end{aligned}$$

这说明函数 $y=Y+y^*$ 是二阶线性非齐次方程的解,Y 是二阶线性齐次方程的通解,它含有两个任意常数,故 $y=Y+y^*$ 中含有两个任意常数. 即 $y=Y+y^*$ 是二阶线性非齐次方程 $y''+p(x)y'+q(x)y=f(x)$ 的通解.

根据以上讨论,求二阶线性非齐次方程通解的一般步骤为:

(1) 求线性齐次方程 $y''+p(x)y'+q(x)y=0$ 的线性无关的两个特解 y_1 与 y_2,得该方程的通解 $Y=C_1y_1+C_2y_2$;

(2) 求线性非齐次方程 $y''+p(x)y'+q(x)y=f(x)$ 的一个特解 y^*,那么,线性非齐次方程的通解为 $y=Y+y^*$.

上述结论也适用于一阶线性非齐次方程,还可推广到二阶以上的线性非齐次方程.

定理 6-5-4　设二阶线性非齐次方程为

$$y'' + p(x)y' + q(x)y = f_1(x) + f_2(x) \tag{6-3}$$

且 $y_1{}^*$ 与 $y_2{}^*$ 分别是

$$y'' + p(x)y' + q(x)y = f_1(x) \tag{6-4}$$

和

$$y'' + p(x)y' + q(x)y = f_2(x) \tag{6-5}$$

的特解,则 $y_1^* + y_2^*$ 是方程(6-3)的特解.

证明:因为 y_1^* 与 y_2^* 分别是方程(6-4)与方程(6-5)的特解,所以有

$$y_1^{*}{}'' + p(x)y_1^{*}{}' + q(x)y_1^* = f_1(x)$$
$$y_2^{*}{}'' + p(x)y_2^{*}{}' + q(x)y_2^* = f_2(x)$$

于是有

$$(y_1^* + y_2^*)'' + p(x)(y_1^* + y_2^*)' + q(x)(y_1^* + y_2^*)$$
$$= (y_1^{*\prime\prime} + p(x)y_1^{*\prime} + q(x)y_1^*) + (y_2^{*\prime\prime} + p(x)y_2^{*\prime} + q(x)y_2^*)$$
$$= f_1(x) + f_2(x)$$

即 $y_1^* + y_2^*$ 满足方程(6-3).

上述这些定理是求线性微分方程通解的理论基础,读者应予以注意.

三、二阶常系数齐次线性微分方程

在二阶齐次线性微分方程

$$y'' + p(x)y' + q(x)y = 0$$

中,如果 y'、y 的系数 $p(x)$、$q(x)$ 均为常数,即上式成为

$$y'' + py' + qy = 0 \tag{6-6}$$

其中,p,q 均为常数,则称该方程为**二阶常系数齐次线性微分方程**.

对于二阶常系数齐次线性方程(6-6),考虑到左边 p,q 均为常数,我们可以猜想该方程具有 $y=e^{\lambda x}$ 形式的解,其中 λ 为特定常数.将 $y'=\lambda e^{\lambda x}$,$y''=\lambda^2 e^{\lambda x}$ 代入上式,得

$$e^{\lambda x}(\lambda^2 + p\lambda + q) = 0$$

由于 $e^{\lambda x} \neq 0$,因此,只要 λ 满足方程

$$\lambda^2 + p\lambda + q = 0 \tag{6-7}$$

即 λ 是上述一元二次方程的根时,$y=e^{\lambda x}$ 就是式(6-6)的解.方程(6-7)称为方程(6-6)的**特征方程**.特征方程的根称为**特征根**.

综上所述,我们已经把求二阶常系数齐次线性方程(6-6)的解转化为求它的特征方程的根的问题.

下面讨论特征方程根的情况:

(1) 特征方程具有两个不相等的实根 λ_1 与 λ_2,即 $\lambda_1 \neq \lambda_2$,那么,这时函数 $y_1 = e^{\lambda_1 x}$ 和 $y_2 = e^{\lambda_2 x}$ 都是方程(6-6)的解,且 $\dfrac{y_1}{y_2} = e^{(\lambda_1 - \lambda_2)x} \neq$ 常数,所以 y_1 与 y_2 线性无关,因而它的通解为

$$y = C_1 e^{\lambda_1 x} + C_2 e^{\lambda_2 x}$$

(2) 特征方程具有两个相等的实根,即 $\lambda_1 = \lambda_2 = \dfrac{-p}{2}$,这时,由特征根可得到常系数线性齐次方程的一个特解 $y_1 = e^{\lambda_1 x}$.还需再找一个与 y_1 线性无关的特解 y_2,为此,设 $y_2 = u(x)y_1$,其中 $u(x)$ 为待定函数.将 y_2 及其一阶导数、二阶导数

$$(y_2)' = (ue^{\lambda_1 x})' = e^{\lambda_1 x}[u'(x) + \lambda_1 u(x)],\ (y_2)'' = e^{\lambda_1 x}[u''(x) + 2\lambda_1 u'(x) + \lambda_2^2 u(x)]$$

代入方程(6-6)中,得

$$e^{\lambda_1 x}[u''(x) + (2\lambda_1 + p)u'(x) + (\lambda_1^2 + p\lambda_1 + q)u(x)] = 0$$

注意到 $\lambda_1 = \dfrac{-p}{2}$ 是特征方程的重根,所以有 $\lambda_1^2 + p\lambda_1 + q = 0$ 及 $2\lambda_1 + p = 0$,且 $e^{\lambda_1 x} \neq 0$,因此,只要 $u(x)$ 满足 $u''(x) = 0$,则 $y_2 = ue^{\lambda_1 x}$ 就是(6-6)式的解.为简便起见,取方程 $u''(x) = 0$ 的一个解 $u = x$,于是得到方程(6-6)的与 $y_1 = e^{\lambda_1 x}$ 线性无关的解 $y_2 = xe^{\lambda_1 x}$.因此方程(6-6)的通解为

$$y = C_1 e^{\lambda_1 x} + C_2 x e^{\lambda_1 x} = (C_1 + C_2 x) e^{\lambda_1 x}$$

(3) 特征方程具有一对共轭复根 $\lambda_1 = \alpha + i\beta, \lambda_2 = \alpha - i\beta$，这时有两个线性无关的特解 $y_1 = e^{(\alpha+i\beta)x}$ 与 $y_2 = e^{(\alpha-i\beta)x}$. 这是两个复数解，为了便于在实数范围内讨论问题，我们再找两个线性无关的实数解.

由欧拉公式
$$e^{ix} = \cos x + i\sin x$$

$$y_1 = e^{\alpha x}(\cos \beta x + i\sin \beta x), y_2 = e^{\alpha x}(\cos \beta x - i\sin \beta x)$$

于是有

$$\frac{1}{2}(y_1 + y_2) = e^{\alpha x}\cos \beta x, \quad \frac{1}{2}(y_1 - y_2) = e^{\alpha x}\sin \beta x$$

由定理 6-5-1 知，以上两个函数 $e^{\alpha x}\cos \beta x$ 与 $e^{\alpha x}\sin \beta x$ 均为方程(6-6)的解，且它们线性无关. 因此，这时方程 $y'' + py' + qy = 0$ 的通解为

$$y = e^{\alpha x}(C_1 \cos \beta x + C_2 \sin \beta x)$$

上述求二阶常系数线性齐次方程通解的方法称为特征根法，其步骤是：

① 写出所给方程的特征方程；

② 求出特征根；

③ 根据特征根的三种不同情况，写出对应的特解，并写出其通解.

特征根法也适用于各阶常系数线性齐次方程(包括一阶的).

【例 6-5-1】 求方程 $y'' - 2y' - 3y = 0$ 的通解.

解：所给微分方程的特征方程为

$$\lambda^2 - 2\lambda - 3 = 0$$

其根 $\lambda_1 = -1, \lambda_2 = 3$ 是两个不相等的实根，因此所求通解为

$$y = C_1 e^{-x} + C_2 e^{3x}$$

【例 6-5-2】 求方程 $y'' + 2y' + y = 0$ 的通解，并求满足初始条件 $y\Big|_{x=0} = 4, y'\Big|_{x=0} = -2$ 的特解.

解：所给微分方程的特征方程为

$$\lambda^2 + 2\lambda + 1 = 0$$

其根 $\lambda_1 = \lambda_2 = -1$ 是两个相等的实根，因此所求通解为

$$y = (C_1 + C_2 x) e^{-x}$$

将条件 $y\Big|_{x=0} = 4$ 代入通解，得 $C_1 = 4$，从而

$$y = (4 + C_2 x) e^{-x}$$

将上式对 x 求导，得

$$y' = (C_2 - 4 - C_2 x) e^{-x}$$

再把条件 $y'\Big|_{x=0} = -2$ 代入上式，得 $C_2 = 2$，于是所求特解为

$$y = (4 + 2x) e^{-x}$$

【例 6-5-3】 求方程 $y'' - 2y' + 5y = 0$ 的通解.

解：所给微分方程的特征方程为

$$\lambda^2 - 2\lambda + 5 = 0$$

其根 $\lambda_{1,2}=1\pm 2i$ 为一对共轭复根,因此所求通解为

$$y = e^{x}(C_1\cos 2x + C_2\sin 2x)$$

四、二阶常系数非齐次线性微分方程

二阶常系数非齐次线性微分方程的一般形式是

$$y'' + py' + qy = f(x)$$

其中 p,q 是常数.

由解的结构定理知,线性非齐次方程的通解是对应的线性齐次方程的通解与其自身的一个特解之和.而求二阶常系数线性齐次方程的通解问题已经解决,所以求线性非齐次方程的通解关键在于求其一个特解.

下面介绍当自由项 $f(x)$属于某些特殊类型函数时如何求解.

(1) 自由项 $f(x)$为一个多项式 $P_n(x)$.

设二阶常系数线性非齐次方程为

$$y'' + py' + qy = P_n(x)$$

其中 $P_n(x)$为 x 的 n 次多项式.因为方程中 p、q 均为常数且多项式的导数仍为多项式,我们不难验证,$y''+py'+qy=P_n(x)$的特解为

$$y^* = x^k Q_n(x)$$

其中 $Q_n(x)$与 $P_n(x)$是同次多项式,k 取值 0、1 或 2,由原方程中 p、q 的取值决定.具体方法如下:

$$q \neq 0,\text{则 } k = 0$$
$$q = 0,\text{但 } p \neq 0,\text{则 } k = 1$$
$$q = 0,\text{且 } p = 0,\text{则 } k = 2$$

将所设的特解代入原方程,比较等式两边,使 x 同次幂的系数相等,从而确定 $Q_n(x)$的各项系数,得到所求之特解.

【例 6-5-4】 求方程 $y''-2y'+y=x^2$ 的一个特解.

解:因为自由项 $f(x)=x^2$ 是 x 的二次式,且 y 的系数 $q=1\neq 0$,取 $k=0$,所以设特解为:

$$y^*=Ax^2+Bx+C$$

则

$$y^{*\prime}=2Ax+B,\quad y^{*\prime\prime}=2A$$

代入原方程后,有

$$Ax^2 + (-4A+B)x + (2A-2B+C) = x^2$$

比较两端 x 同次幂的系数,有

$$\begin{cases} A = 1 \\ -4A + B = 0 \\ 2A - 2B + C = 0 \end{cases}$$

解得:

$$A=1,B=4,C=6$$

故所求特解为

$$y^* = x^2 + 4x + 6$$

【例 6-5-5】 求方程 $y''+y'=x^3-x+1$ 的一个特解.

解:因为自由项 $f(x)=x^3-x+1$ 是一个 x 的三次多项式,且 y 的系数 $q=0$,但 $p=1\neq 0$,故取 $k=1$,所以设方程的特解为

$$y^* = x(Ax^3+Bx^2+Cx+D)$$

以下求导、代入、比较系数等环节请读者自己练习.最后求得特解为

$$y^* = x\left(\frac{1}{4}x^3-x^2+\frac{5}{2}x-4\right)$$

(2) 自由项 $f(x)$ 为 $Ae^{\alpha x}$ 型.

设二阶常系数线性非齐次方程为

$$y''+py'+qy = Ae^{\alpha x}$$

其中 α、A 为常数.

因为方程中 p、q 均为常数且指数函数的导数仍为指数函数,因此,我们可以设 $y''+py'+qy=Ae^{\alpha x}$ 有特解

$$y^* = Bx^k e^{\alpha x}$$

其中,B 为待定常数.k 的取值由 α 是否为特征方程的根的情况而定,具体方法如下:

当 α 不是特征方程的根时,$k=0$;

当 α 是特征方程的单根时,$k=1$;

当 α 是特征方程的重根时,$k=2$.

【例 6-5-6】　求方程 $y''+2y'-3y=e^x$ 的一个特解.

解:因为 $\alpha=1$ 是特征方程 $\lambda^2+2\lambda-3=0$ 的单根,取 $k=1$,所以,设特解为

$$y^* = Bxe^x$$

则
$$y^{*\prime}=Be^x(1+x),\quad y^{*\prime\prime}=Be^x(2+x)$$

代入原方程并消去 e^x 后,有

$$B=\frac{1}{4}$$

故所求特解为:
$$y^*=\frac{1}{4}xe^x$$

(3) 自由项 $f(x)$ 为 $e^{\alpha x}(A\cos\omega x+B\sin\omega x)$ 型.

设二阶常系数线性非齐次方程为

$$y''+py'+qy = e^{\alpha x}(A\cos\omega x+B\sin\omega x)$$

其中,α、ω、A、B 均为常数.

因为方程中 p、q 均为常数且指数函数的导数仍为指数函数,正弦函数与余弦函数的导数仍是正弦函数与余弦函数,因此我们可以设上述方程有特解

$$y^* = x^k e^{\alpha x}(C\cos\omega x+D\sin\omega x)$$

其中,C、D 为待定常数,k 取值 0 或 1.具体方法如下:

当 $\alpha+i\omega$ 不是特征方程的根时,$k=0$;

当 $\alpha+i\omega$ 是特征方程的根时,$k=1$.

【例 6-5-7】　求方程 $y''-y=e^x\cos 2x$ 的一个特解.

解:因为自由项 $f(x)=e^x\cos 2x$ 为 $e^{\alpha x}(A\cos\omega x+B\sin\omega x)$ 型的函数,且

$$\alpha+i\omega = 1+2i$$

不是相应的特征方程 $\lambda^2-1=0$ 的根,取 $k=0$,所以设特解为

$$y^* = e^x(C\cos 2x + D\sin 2x)$$

求导得
$$y^{*\prime} = e^x[(C+2D)\cos 2x + (-2C+D)\sin 2x]$$
$$y^{*\prime\prime} = e^x[(-3C+4D)\cos 2x + (-4C-3D)\sin 2x]$$

代入所给方程,得

$$4e^x[(-C+D)\cos 2x - (C+D)\sin 2x] = e^x\cos 2x$$

比较两端同类项的系数,有

$$\begin{cases} -C+D = \dfrac{1}{4} \\ C+D = 0 \end{cases}$$

解得 $C=-\dfrac{1}{8}, D=\dfrac{1}{8}$.

因此所求特解为

$$y^* = \frac{1}{8}e^x(\sin 2x - \cos 2x)$$

【例 6-5-8】 求方程 $y''+y=\sin x$ 的通解.

解:因为自由项 $f(x)=\sin x$ 为 $e^{\alpha x}(A\cos\omega x+B\sin\omega x)$ 型的函数,且 $\alpha=0,\omega=1$,又 $\alpha+\omega i=i$ 是特征方程 $\lambda^2+1=0$ 的根,取 $k=1$,所以,设特解为

$$y^* = x(C\cos x + D\sin x)$$

求导得
$$(y^*)' = C\cos x + D\sin x + x(D\cos x - C\sin x)$$
$$(y^*)'' = 2D\cos x - 2C\sin x - x(C\cos x + D\sin x)$$

代入原方程,得

$$2D\cos x - 2C\sin x = \sin x$$

比较两端 $\sin x$ 与 $\cos x$ 的系数,得

$$C = -\frac{1}{2}, D = 0$$

故原方程的特解为

$$y^* = -\frac{1}{2}x\cos x$$

而对应齐次方程 $y''+y=0$ 的通解为

$$Y = C_1\cos x + C_2\sin x$$

故原方程的通解为

$$y = y^* + Y = -\frac{1}{2}x\cos x + C_1\cos x + C_2\sin x$$

习题 6.5

1. 求下列微分方程的通解

(1) $y''+y'-2y=0$;　　(2) $y''-4y'=0$;

(3) $y''+6y'+13y=0$;　　(4) $y''+9y=0$;

(5) $y''-9y=2x$；　　　　(6) $y''-2y'=e^{2x}$.

2. 求下列微分方程满足所给初始条件的特解

(1) $y''-4y'+3y=0, y\big|_{x=0}=6, y'\big|_{x=0}=10$；

(2) $4y''+4y'+y=0, y\big|_{x=0}=2, y'\big|_{x=0}=0$；

(3) $y''-3y'-4y=0, y\big|_{x=0}=0, y'\big|_{x=0}=-5$；

(4) $y''+y+\sin 2x=0, y\big|_{x=\pi}=1, y'\big|_{x=\pi}=1$.

习题答案与提示

习题 1.1

1. $f(0)=3,f(1)=2,f(-1)=10,f(x+2)=3x^2+8x+7$

2. $f(0)=1,f(2)=4,f(-2)=-1,f(x+2)=\begin{cases}3+x & -\infty<x\leqslant-2\\ 2^{x+2} & -2<x<+\infty\end{cases}$

3. $f[f(x)]=x(x\neq-1)$

4. $f_n(x)=\sqrt{1+n+x^2}$

5. $f(x)=\dfrac{(x-a_1)(x-a_2)}{(a_3-a_1)(a_3-a_2)}$

6. 求下列函数的定义域

(1) $D=(-\infty,+\infty)$　　(2) $D=(-\infty,+\infty)$

(3) $D=[-1,1]$　　(4) $D=[0,1]$

(5) $D=[-2,1)$　　(6) $D=(1,+\infty)$

(7) $D=[-2,-1)\cup(2,4]$

7. 指出下列函数中，哪些是奇函数，哪些是偶函数，哪些既不是奇函数，也不是偶函数？

(1) 奇函数　(2) 偶函数　(3) 非奇非偶　(4) 奇函数

(5) 偶函数　(6) 奇函数　(7) 奇函数　(8) 偶函数

(9) 奇函数　(10)奇函数　(11) 非奇非偶　(12) 奇函数

8. 指出下列函数对中，哪些表示相同的函数，哪些表示不同的函数？

(1) 不同　(2) 不同　(3) 不同　(4) 不同

(5) 相同　(6) 不同　(7) 相同　(8) 不同

(9) 不同　(10) 不同　(11) 不同　(12) 相同

(13) 不同　(14) 相同　(15) 相同　(16) 相同

(17) 相同　(18) 相同

9. 下列函数在给定定义域内，哪些是有界函数，哪些是无界函数？

(1) 无界　(2) 无界　(3) 有界　(4) 无界

(5) 有界　(6) 有界　(7) 无界　(8) 有界

(9) 有界　(10) 有界

10. $f(g(x))=x^2+2,g(f(x))=x^2+2x+2$

11. $f(g(x))=4^x, g(f(x))=2^{x^2}$

12. 下列函数可看成由哪些简单函数复合而成？

(1) $y=\sqrt{u}, u=3x^2-1$

(2) $y=\lg u, u=1+x^5$

(3) $y=e^u, u=\lg v, v=\sqrt{w}, w=1+x^2$

(4) $y=u^3, u=\sin v, v=2x^2+1$

(5) $y=u^2, u=\ln v, v=\arcsin x$

(6) $y=e^u, u=\arctan v, v=\sqrt{x}$

13. 求下列函数的反函数

(1) $y=\sqrt{x}$　　(2) $y=-\sqrt{x}$　　(3) $y=\frac{2(x+1)}{x-1}$

(4) $y=(\ln x)-2$　　(5) $y=\frac{1}{4}(10^{x-2}-3)$　　(6) $y=\frac{1}{2}(e^x-e^{-x})$

习题 1.2

1.（略）　2.（略）　3.（略）　4.（略）

习题 1.3

1.（略）　2.（略）　3.（略）　4.（略）

5. $\lim\limits_{x\to 1^-} f(x)=\lim\limits_{\substack{x\to 1\\x<1}} f(x)=\lim\limits_{\substack{x\to 1\\x<1}}(x+2)=3, \lim\limits_{x\to 1^+} f(x)=\lim\limits_{\substack{x\to 1\\x>1}} f(x)=\lim\limits_{\substack{x\to 1\\x>1}}(x^2-1)=0$

因为 $\lim\limits_{x\to 1^-} f(x)=3\neq 0=\lim\limits_{x\to 1^+} f(x)$，所以$\lim\limits_{x\to 1} f(x)$不存在

习题 1.4

1. (1) 是　(2) 不是　(3) 是　(4) 是　(5) 是　(6) 不是

2. (1) 不是　(2) 是　(3) 不是　(4) 是　(5) 不是　(6) 是

3. (1) 1 阶　(2) 2 阶　(3) 1 阶　(4) 2 阶

4. (1) 2 阶　(2) 1 阶　(3) 2 阶　(4) 1 阶

习题 1.5

1. (1) $\frac{1}{2}$　(2) $\frac{1}{2}$　(3) 1　(4) $-\frac{1}{4}$　(5) 6　(6) 1

2. (1) 1　(2) 0　(3) 2　(4) ∞　(5) -1　(6) $-\frac{1}{4}$　(7) $\frac{1}{2}$

(8) $\left(\frac{6}{5}\right)^{10}$　(9) 1　(10) $\frac{\pi-2}{\pi+2}$　(11) $\frac{1}{2}$　(12) 0　(13) $\frac{2}{3}$　(14) 0

3. (1) $\frac{1}{2}$　(2) -2　(3) -2　(4) $\frac{b}{2\sqrt{a}}$

习题 1.6

1. (1) $\frac{4}{3}$　(2) -3　(3) 2　(4) 4　(5) 1　(6) 3　(7) 4　(8) $\frac{1}{3}$

2. (1) 1　(2) $\frac{1}{2}$

3. (1) e^8　(2) e^2　(3) $A=2\ln 2$　(4) $k=-3$

习题 1.7

1. (1) $x=0$(可去间断点)$x=\pm\sqrt{e}$(第二类间断点)

(2) $x=\pm 1$(第一类不可去间断点)

(3) $x=0$(可去间断点)

(4) $x=0$(可去间断点)$x=\pm k\pi$(第二类间断点),$k=1,2,3,\cdots\cdots$

2. (1) 1　(2) 0　(3) $2^{\frac{1}{4}}$　(4) $\frac{4}{\pi}$　(5) $\frac{2}{\pi}$　(6) $1+e$

3. 图(省略),在 $x=0$ 处不连续,在 $x=1$ 处连续.

4. (1) 在分界点 $x=0$ 处不连续,因为 $\lim\limits_{x\to 0^-} f(x)=0\neq 2=\lim\limits_{x\to 0^+} f(x)$

(2) 在分界点 $x=0$ 处连续,因为 $\lim\limits_{x\to 0^-} f(x)=2=f(0)=\lim\limits_{x\to 0^+} f(x)$

(3) 在分界点 $x=1$ 处连续,因为 $\lim\limits_{x\to 1^-} f(x)=-2\pi=f(1)=\lim\limits_{x\to 1^+} f(x)$

第 1 章综合练习题

1. (1) $D=(1,3]$　(2) $D=(1,3]$　(3) $D=(1,3)$
2. 正确的选择为:A
3. 正确的选择为:D
4. 正确的选择为:C
5. 正确的选择为:D
6. 正确的选择为:C

7. (1) $y=\frac{e^{x-a}-c}{b}$　(2) $y=a+\ln(bx+c)$　(3) $y=\ln(x+\sqrt{x^2+1})$

8. (1) $f(g(x))=4^x$　(2) $g(f(x))=2^{x^2}$　(3) $f(x)=x^2+(2+b)x+1+b+2a$

(4) $f(x)=a^2(x^2-2)$　(5) $f(x)=\frac{1}{a^2}(x^2+2)$

9. (1) $\frac{1}{2}$　(2) $\frac{1}{2}$　(3) 0

10. (1) 3　(2) 1　(3) 5　(4) -4　(5) $\frac{1}{18}$　(6) $\frac{1}{5^{20}}$　(7) $-\frac{\sqrt{2}}{2}$

(8) $\frac{1}{4}$

11. (1) x　(2) 3　(3) $\frac{1}{2}$　(4) $\frac{\sqrt{2}}{2}$　(5) 8　(6) 2　(7) e^8　(8) e^3

(9) e^{-2}　(10) e^2

12. 利用连续函数的性质求下列极限

(1) e^3　(2) 1　(3) 0　(4) $2\ln 3$　(5) 27　(6) $e^{-\frac{1}{2}}$　(7) e^2

(8) $e^{-\frac{1}{2}}$　(9) e^{-3}　(10) $e^{\frac{1}{2}}$

13. $k=f(0)=\lim\limits_{x\to 0^-}f(x)=\lim\limits_{x\to 0^+}f(x)=2$

14. $a=1, b=-2$

15. $V(x)=x(a-2x)(b-2x)$

16. $C(x)=\pi a x^2+\frac{4aV}{x}$

17. $V(x)=\frac{R^3x^2}{24\pi^2}\sqrt{4\pi^2-x^2}$

习题 2.1

1. -1　2. 0　3. $2f'(a)$　4. $a=2, b=-1$

5. $$f'(3)=\lim_{\Delta x\to 0}\frac{f(3+\Delta x)-f(3)}{\Delta x}=\lim_{\Delta x\to 0}\frac{\frac{1}{\sqrt{3+\Delta x}}-\frac{1}{\sqrt{3}}}{\Delta x}=\lim_{\Delta x\to 0}\frac{\sqrt{3}-\sqrt{3+\Delta x}}{\Delta x\cdot\sqrt{3+\Delta x}\cdot\sqrt{3}}$$

$$=\lim_{\Delta x\to 0}\frac{(\sqrt{3}-\sqrt{3+\Delta x})\cdot(\sqrt{3}+\sqrt{3+\Delta x})}{\Delta x\cdot\sqrt{3+\Delta x}\cdot\sqrt{3}\cdot(\sqrt{3}+\sqrt{3+\Delta x})}$$

$$=-\lim_{\Delta x\to 0}\frac{1}{\sqrt{3+\Delta x}\cdot\sqrt{3}\cdot(\sqrt{3}+\sqrt{3+\Delta x})}=-\frac{\sqrt{3}}{18}$$

6. $f'(x)=\begin{cases}\cos x & x<0\\ 1 & x\geqslant 0\end{cases}$

7. 切线方程：$4x-y-6=0$

法线方程：$x+4y+7=0$

8. 连续但不可导

习题 2.2

1. (1) $y'=3^x\ln 3+3x^2$　　(2) $y'=2x\tan x+x^2\sec^2 x$

(3) $y'=(x-2)(x-3)+(x-1)(x-3)+(x-1)(x-2)$

(4) $y'=-\dfrac{2}{(1+x)^2}+\dfrac{x}{(1-x^2)\sqrt{1-x^2}}$

(5) $y'=\dfrac{2}{1+x^2}+2\sec^2 x\tan x$

(6) $y'=\dfrac{2x}{(1+x^2)\ln(1+x^2)}$

(7) $y'=e^{3x}(3\cos x-\sin x)+\dfrac{1}{x\ln 2}$

(8) $y'=\left(\dfrac{b}{a}\right)^x\ln\dfrac{b}{a}+\dfrac{a}{b}\left(\dfrac{x}{b}\right)^{a-1}$

2. (1) $y'|_{x=\frac{\pi}{6}}=\dfrac{\sqrt{3}}{2}+\dfrac{1}{2},y'\Big|_{x=\frac{\pi}{4}}=\sqrt{2}$　　(2) $f'(0)=\dfrac{3}{25},f'(2)=\dfrac{17}{15}$

3. $\dfrac{dy}{dx}=\ln x-\dfrac{1}{2x\sqrt{x}}+1,\dfrac{dy}{dx}\Big|_{x=1}=\dfrac{1}{2}$

4. $y'=\dfrac{-1}{x\sqrt{x^2-1}}\cdot f'\left(\arcsin\dfrac{1}{x}\right)(x>1)$

5. $f'(x)=5(x-3)^4$

习题 2.3

1. (1) $y'=\dfrac{2x-y}{x-2y}$　　(2) $y'=\dfrac{y\sin x+\cos(x-y)}{\cos x+\cos(x-y)}$

(3) $y'=\dfrac{y-e^{x+y}}{e^{x+y}-x}$或$y'=\dfrac{y-xy}{xy-x}$　　(4) $y'=\dfrac{2xy-2e^{2x}}{\cos y-x^2}$

2. (1) $\dfrac{dy}{dx}=\left(\dfrac{x}{1+x}\right)^x\left(\ln\dfrac{x}{1+x}+\dfrac{1}{1+x}\right)$

(2) $\dfrac{dy}{dx}=(\sin x)^{\ln x}\left(\dfrac{\ln\sin x}{x}+\dfrac{\cos x\ln x}{\sin x}\right)$

(3) $\dfrac{dy}{dx}=\dfrac{x(1-x)^2}{(1+x)^3}\cdot\left(\dfrac{1}{x}-\dfrac{2}{1-x}-\dfrac{3}{1+x}\right)$

(4) $\dfrac{dy}{dx}=\dfrac{xy\ln y-y^2}{xy\ln x-x^2}$

3. (1) $\dfrac{dy}{dx}=\dfrac{3}{2}(1+t)$　　(2) $\dfrac{dy}{dx}=\dfrac{\cos t-t\sin t}{1-t\cos t-\sin t}$

(3) $\dfrac{dy}{dx}=\dfrac{\cos t-\sin t}{\cos t+\sin t}$

4. $\dfrac{dy}{dx}=\dfrac{\left(\dfrac{3t^2}{1+t^2}\right)'}{\left(\dfrac{3t}{1+t^2}\right)'}=\dfrac{2t}{1-t^2}$,

$k=\dfrac{dy}{dx}\Big|_{t=2}=\dfrac{2t}{1-t^2}\Big|_{t=2}=-\dfrac{4}{3}$,

切线方程为 $4x+3y-12=0$;

法线方程为 $3x-4y+6=0$.

5. $\dfrac{dx}{dt}=6t+2$, $\dfrac{dy}{dt}=\dfrac{-e^y\cos t}{e^y\sin t-1}$, $\dfrac{dy}{dx}=\dfrac{-e^y\cos t}{(e^y\sin t-1)(6t+2)}$

当 $t=0$ 时, $y=1$, 则 $\dfrac{dy}{dx}\Big|_{t=0}=\dfrac{-e^y\cos t}{(e^y\sin t-1)(6t+2)}\Big|_{\substack{t=0\\y=1}}=\dfrac{e}{2}$

习题 2.4

1. (1) $y''=4-\dfrac{1}{x^2}$ (2) $y''=-2e^{-x}\cos x$ (3) $y''=-\dfrac{1}{(x+1)^2}$

(4) $y''=2\arctan x+\dfrac{2x}{1+x^2}$ (5) $y''=\dfrac{(x^2-2x+2)e^x}{x^3}$ (6) $y''=-\dfrac{x}{(1+x^2)^{\frac{3}{2}}}$

(7) $\dfrac{d^2y}{dx^2}=-\dfrac{1}{a(1-\cos t)^2}$ (8) $\dfrac{d^2y}{dx^2}=\dfrac{1+t^2}{4t}$

2. 略.

3. (1) $y^{(4)}(2)=\dfrac{93}{4}$

(2) $y^{(50)}=2^{50}(-x\sin 2x+25\cos 2x)$

4. (1) $y'=\alpha(1+x)^{\alpha-1}$, $y''=\alpha(\alpha-1)(1+x)^{\alpha-2}$, $\cdots$

$y^{(n)}=\alpha(\alpha-1)(\alpha-2)\cdots(\alpha-n+1)(1+x)^{\alpha-n}$

(2) $y'=5^x\cdot\ln 5$, $y''=5^x\cdot(\ln 5)^2$, $\cdots$, $y^{(n)}=(\ln 5)^n\cdot 5^x$

(3) $y'=\dfrac{-2}{(1+x)^2}$, $y''=\dfrac{4}{(1+x)^3}$, $\cdots$, $y^{(n)}=(-1)^n\dfrac{2\cdot n!}{(1+x)^{n+1}}$

(4) $y'=2\sin x\cos x=\sin 2x$, $y''=2\cos 2x=2\sin\left(2x+\dfrac{\pi}{2}\right)$, $\cdots$

$y^{(n)}=2^{n-1}\sin\left(2x+\dfrac{n-1}{2}\pi\right)(n\geqslant 1)$

5. $f''(x)=4x$

习题 2.5

1. $\Delta y=f(x_0+\Delta x)-f(x_0)=2x_0\Delta x+(\Delta x)^2-2\Delta x$,

$dy=f'(x_0)\cdot\Delta x$,

当 $x_0=2,\Delta x=0.01$ 时,

$\Delta y=0.0201$;$dy=0.02$

2. (1) $dy=\left(\frac{1}{\sqrt{x}}+\frac{1}{x^2}\right)dx$

(2) $dy=(\cos 2x-2x\sin 2x)dx$

(3) $dy=(2x-x^2)e^{-x}dx$

(4) $dy=8x\tan(1+2x^2)\sec^2(1+2x^2)dx$

3. (1) $-3e^{-3x}$ (2) $\frac{2x}{1+x^4}$ (3) $\frac{12}{(3x+2)^2}$

(4) $2\sqrt{x}+C$ (5) $\ln|1+x|+C$ (6) $\arcsin x+C$

4. (1) $\sqrt[3]{1.02}=\sqrt[3]{1+0.02}\approx 1+\frac{1}{3}\cdot 0.02=1.0067$

(2) $\ln 0.98=\ln(1-0.02)\approx -0.0200$

(3) $\sin 29°30'=\sin\left(\frac{\pi}{6}-\frac{\pi}{360}\right)\approx \sin\frac{\pi}{6}-\cos\frac{\pi}{6}\cdot\frac{\pi}{360}=\frac{1}{2}-\frac{\sqrt{3}}{2}\cdot\frac{\pi}{360}=0.4925$

(4) $\arctan 0.95\approx\frac{\pi}{4}-0.025$

5. $-43.63\ \mathrm{cm}^2$,$104.72\ \mathrm{cm}^2$

第 2 章综合练习题

1. (1) C (2) B (3) D (4) D (5) C

2. (1) $y'=x\cdot\cos x$ (2) $y'=\frac{1}{1+x^2}$

(3) $y'=\frac{\cos x}{\sin x+\cos x}$ (4) $y'=x^{\frac{1}{x}-2}(1-\ln x)$

3. (1) $y'=4x+\frac{1}{x}$, $y''=4-\frac{1}{x^2}$

(2) $y'=2e^{2x-1}$, $y''=4e^{2x-1}$

(3) $y'=2x\arctan x+1$, $y''=2\arctan x+\frac{2x}{1+x^2}$

(4) $y'=\frac{e^x(x-1)}{x^2}$, $y''=\frac{(x^2-2x+2)e^x}{x^3}$

4. (1) $\frac{dy}{dx}=\frac{e^{2t}}{(1-t)}$, $\frac{d^2y}{dx^2}=\frac{(3-2t)e^{3t}}{(1-t)^3}$

(2) $\frac{dy}{dx}=\frac{1}{t}$, $\frac{d^2y}{dx^2}=-\frac{1+t^2}{t^3}$

5. (1) $dy=f'(x)dx=(2x\ln x^2+2x)dx$,

$dy\Big|_{x=1}=2dx$;

(2) 函数 $f(x)=\begin{cases}\cos x, x\leqslant 1\\ ax+b, x>1\end{cases}$ 在 $x=1$ 处可导,故有

$$\begin{cases}\lim\limits_{x\to 1^+}(ax+b)=\lim\limits_{x\to 1^-}\cos x\\ f_+(1)=f_-(1)\end{cases}$$

即

$$\begin{cases}a=-\sin 1\\ b=\sin 1+\cos 1\end{cases}$$

(3) $k=y'\Big|_{x=2,y=\frac{3}{2}\sqrt{3}}=-\dfrac{\sqrt{3}}{4}$,

切线方程为$\dfrac{\sqrt{3}}{4}x+y-2\sqrt{3}=0$;

法线方程为 $4x-\sqrt{3}y-\dfrac{7}{2}=0$

(4) 连续但不可导

(5) $f'(a)=\varphi(a), f''(a)=2\varphi'(a)$

(6) $y=\dfrac{1}{x^2-1}=\dfrac{1}{(x-1)(x+1)}=\dfrac{1}{2}\left(\dfrac{1}{x-1}-\dfrac{1}{x+1}\right)$

$$y^{(n)}=\frac{1}{2}\left[\left(\frac{1}{x-1}\right)^{(n)}-\left(\frac{1}{x+1}\right)^{(n)}\right]=\frac{1}{2}\left[\frac{(-1)^n n!}{(x-1)^{n+1}}-\left(\frac{(-1)^n n!}{(x+1)^{n+1}}\right)\right]$$

$$=\frac{(-1)^n n!}{2}\left[\frac{1}{(x-1)^{n+1}}-\frac{1}{(x+1)^{n+1}}\right]$$

习题 3.1

1. D
2. (提示:验证函数 $f(x)$满足罗尔定理的三个条件)
3. (提示:验证函数 $f(x)$满足罗尔定理的三个条件)
4. C
5. (提示:验证函数 $F(x)=f(x)-2x[f(1)-f(0)]$满足罗尔定理的三个条件)
6. (略)
7. (提示:应用拉格朗日中值定理)
8. (提示:证明其导数恒为常数)
9. (略)
10. (略)

习题 3.2

1. (1) 1　(2) 2　(3) $\dfrac{1}{3}$　(4) -1　(5) $\cos a$

(6) $-\frac{3}{5}$　(7) $\frac{1}{3}$　(8) 1　(9) $\frac{1}{2}$　(10) $\frac{1}{2}$

(11) 0　(12) $\frac{1}{3}$　(13) 0　(14) 1

2.(提示:证明该极限存在用等价无穷小)

习题 3.3

1. $f(x)=-56+21(x-4)+37(x-4)^2+11(x-4)^3+(x-4)^4$

2. $x\ln(1+x)=x^2-\frac{x^3}{3}+\cdots+\frac{(-1)^n x^n}{n-1}+o(x^n)(n>2)$

3. $\frac{1}{x}=-[1+(x+1)+(x+1)^2+\cdots+(x+1)^{n+1}]+(-1)^{n+1}\frac{(x+1)^{n+1}}{[-1+\theta(x+1)]^{n+2}}$ $(0<\theta<1)$

4. $\frac{1}{3}$

5. (1) $\frac{1}{3}$　(2) $-\frac{1}{2}$　(3) $-\frac{1}{12}$　(4) $\frac{1}{6}$

6. (1) $\sqrt[3]{30}\approx 3.107\ 24$　(2) $\ln 1.2\approx 0.182\ 7$

习题 3.4

1. 单调增加

2. (1) 在$(-\infty,0]$,$[1,+\infty)$内单调增加;在$[0,1]$内单调减少

(2) 在$(-\infty,-2]$,$[2,+\infty)$内单调增加;在$[-2,0)$,$(0,2]$内单调减少

(3) 在$(-\infty,0]$,$[2,+\infty)$内单调增加;在$[0,2]$内单调减少

(4) 在$(-\infty,0)$,$\left(0,\frac{1}{2}\right]$,$(1,+\infty]$内单调减少,在$\left[\frac{1}{2},1\right]$上单调增加

(5) 在$(-\infty,+\infty)$上单调增加

(6) 在$[0,2]$内单调增加;在$(-\infty,0]$,$[2,+\infty)$内单调减少

3.(略).

4. (1) 拐点$\left(\frac{1}{2},\frac{23}{2}\right)$,在$\left(-\infty,\frac{1}{2}\right]$内是凸的,在$\left[\frac{1}{2},+\infty\right)$内是凹的

(2) 没有拐点,在$(-\infty,0)$内是凸的,在$(0,+\infty)$内是凹的

(3) 拐点$(-1,\ln 2)$,$(1,\ln 2)$,在$(-\infty,-1]$,$[1,+\infty)$内是凸的,在$[-1,1]$内是凹的

(4) 没有拐点,在$(-\infty,+\infty)$内是凹的

(5) 拐点$\left(\frac{1}{2},e^{\arctan\frac{1}{2}}\right)$,在$\left(-\infty,\frac{1}{2}\right]$内是凸的,在$\left[\frac{1}{2},+\infty\right)$内是凹的

(6) 拐点$(2,2e^{-2})$,在$(-\infty,2]$内是凸的,在$[2,+\infty)$内是凹的

5. (略)

6. $a=-\frac{3}{2}, b=\frac{9}{2}$

7. (1) 水平渐近线 $y=2$,铅垂渐近线 $x=1$

(2) 水平渐近线 $y=1$,铅垂渐近线 $x=\frac{1}{2}$

(3) 斜渐近线 $y=2x-4$,铅垂渐近线 $x=0$ 和 $x=-2$

习题 3.5

1. (1) 极大值 $f(-1)=7$,极小值 $f(1)=-1$

(2) 极小值 $f(0)=0$

(3) 极大值 $f\left(\frac{3}{4}\right)=\frac{5}{4}$

(4) 极大值 $f\left(\frac{\pi}{4}+2k\pi\right)=\frac{\sqrt{2}}{2}e^{\frac{\pi}{4}+2k\pi}$,极小值 $f\left(\frac{\pi}{4}+(2k+1)\pi\right)=-\frac{\sqrt{2}}{2}e^{\frac{\pi}{4}+(2k+1)\pi}$

2. (1) 最大值 $f(4)=142$,最小值 $f(1)=7$

(2) 最大值 $f\left(\frac{3}{4}\right)=\frac{5}{4}$,最小值 $f(-5)=-5+\sqrt{6}$

(3) 最大值 $f(2)=\ln 5$,最小值 $f(0)=0$

(4) 最大值 $f\left(-\frac{1}{2}\right)=f(1)=\frac{1}{2}$,最小值 $f(0)=0$

3. $r=\sqrt[3]{\frac{V}{2\pi}}, h=2\sqrt[3]{\frac{V}{2\pi}}, d:h=1:1$

4. 1 800 元

5. 60 元

习题 3.6

(略)

第 3 章综合练习题

1. (1) A　(2) C　(3) D　(4) D

2. $f(x)=|x|, x\in[-1,1]$

3. (提示:构造函数 $F(x)=xf(x)$,对 $F(x)$应用罗尔定理)

4.(略)

5.(略)

6.(1) $-\frac{1}{2}$　(2) 2　(3) $\frac{1}{2}$　(4) $-\frac{1}{3}$

(5) $\frac{1}{3}$　(6) -1　(7) 0　(8) $e^{-\frac{2}{\pi}}$

7.(1) 在$[-\infty,-1]$,$[1,+\infty)$内单调增加;在$(-1,1]$内单调减少

(2) 在$[0,+\infty)$内单调增加;在$(-\infty,0]$内单调减少

(3) 在$(-\infty,+\infty)$内单调增加

(4) 在$\left[\frac{1}{2},+\infty\right)$内单调增加;在$\left(-\infty,\frac{1}{2}\right]$内单调减少

(5) 在$(-\infty,0]$,$[1,+\infty)$内单调增加;在$[0,1]$内单调减少

8.(1) 在$(-\infty,+\infty)$内是凸的

(2) 在$(-\infty,2]$内是凸的,在$[2,+\infty)$内是凹的

(3) 在$(-\infty,+\infty)$内是凹的

(4) 在$(0,+\infty)$内是凹的

9.(略)

10.(1) 斜渐近线 $y=x$,铅垂渐近线 $x=0$

(2) 斜渐近线 $y=x+\frac{\pi}{2}$,$y=x-\frac{\pi}{2}$

(3) 斜渐近线 $y=x$,铅垂渐近线 $x=0$

11. 长为 10 m;宽为 5 m

12.(1) 产量为 $x=140$ 时,平均成本 $\bar{c}=176$ 为最低平均成本;

(2) 产量为 $x=140$ 时,总成本 $c=28\,000$

习题 4.1

1.(1) x^3-2x^2+2x+C

(2) $\frac{x^3}{3}-x+\arctan x+C$

(3) $\frac{1}{2}(x-\sin x)+C$

(4) $\arctan x+\ln|x|+C$

(5) $x-\frac{6}{5}x^{\frac{5}{3}}+\frac{7}{3}x^{\frac{7}{3}}+C$

(6) $\frac{1}{2}u^2-\frac{2}{3}u^{\frac{3}{2}}+u+C$

(7) $\frac{16}{3}x^{\frac{13}{6}}-\frac{6}{7}x^{\frac{7}{6}}+C$

(8) $-\cot x-\tan x+C$

(9) $-4\cot x+C$

(10) $e^x-3\sin x+C$

(11) $\frac{2}{7}x^{\frac{7}{2}}-\frac{10}{3}x^{\frac{3}{2}}+C$

(12) $-\frac{a}{x}-3b\sin x+2c\ln|x|+C$

2. $y=x^2+1$

习题 4.2

1. (1) $\frac{1}{4}\ln|4x-3|+C$

(2) $\frac{1}{\sqrt{2}}\arcsin(\sqrt{2}x)+C$

(3) $\frac{1}{2}\ln\left|\frac{e^x-1}{e^x+1}\right|+C$

(4) $\frac{1}{3}e^{3x+2}+C$

(5) $\frac{1}{2\ln 2}2^{2x}+\frac{2}{\ln 6}6^x+\frac{1}{2\ln 3}3^{2x}+C$

(6) $\frac{1}{\sqrt{10}}\arctan\sqrt{\frac{5}{2}}x+C$

(7) $-\cos x+\frac{2}{3}\cos^3 x-\frac{1}{5}\cos^5 x+C$

(8) $\frac{1}{11}\tan^{11}x+C$

(9) $-\frac{1}{16}\cos 8x-\frac{1}{4}\cos 2x+C$

(10) $\frac{x}{2}+\frac{1}{20}\sin 10x+C$

(11) $-\frac{1}{x^2+4x+5}+C$

(12) $-2\cos\sqrt{x}+C$

(13) $-\frac{2}{9}(1-2x^3)^{\frac{3}{4}}+C$

(14) $-\cot\left(\frac{x}{2}-\frac{\pi}{4}\right)+C$

(15) $\frac{3}{2}(\sin x-\cos x)^{\frac{2}{3}}+C$

(16) $-\frac{1}{\arcsin x}+C$

(17) $\arctan(x-1)+C$

(18) $\frac{1}{2}\arcsin\frac{2}{3}x+\frac{1}{4}\sqrt{9-4x^2}+C$

(19) $-\ln|\cos\sqrt{1+x^2}|+C$

(20) $\frac{1}{2}\arctan(\sin^2 x)+C$

2. (1) $\ln(\sqrt{1+e^{2x}}-1)-x+C$

(2) $\ln\frac{\sqrt{x^2+1}-1}{|x|}+C$

(3) $\arctan^2\sqrt{x}+C$

(4) $-\frac{1}{x\ln x}+C$

(5) $\frac{1}{22}(x+2)^{22}-\frac{1}{7}(x+2)^{21}+C$

(6) $\frac{1}{n+3}(x+1)^{n+3}-\frac{2}{n+2}(x+1)^{n+2}+\frac{1}{n+1}(x+1)^{n+1}+C$

(7) $-\frac{1}{3}\frac{(1+x^2)^{\frac{3}{2}}}{x^3}+\frac{\sqrt{1+x^2}}{x}+C$

(8) $\sqrt{x^2-9}+3\arcsin\frac{3}{x}+C$

(9) $\frac{x}{\sqrt{1-x^2}}+C$

(10) $\frac{x}{a^2\sqrt{x^2+a^2}}+C$

(11) $\sqrt{x^2-a^2}-a\ln\left|x+\sqrt{x^2-a^2}\right|+C$

(12) $-\frac{a^2}{2}\arcsin\frac{x-a}{a}+\frac{x-a}{2}\sqrt{2ax-x^2}+C$

(13) $\sqrt{2x}-\ln(1+\sqrt{2x})+C$

(14) $-\frac{3}{4}(1-x)^{\frac{4}{3}}+\frac{6}{7}(1-x)^{\frac{7}{3}}-\frac{3}{10}(1-x)^{\frac{10}{3}}+C$

(15) $\arccos\frac{1}{x}+C$

(16) $\frac{a^2}{2}\arcsin\frac{x}{a}-\frac{1}{2}x\sqrt{a^2-x^2}+C$

(17) $-\frac{1}{3a^2}\frac{\sqrt{(a^2-x^2)^3}}{x^3}+C$

(18) $\frac{\sqrt{1-x^2}-1}{x}+\arcsin x+C$

(19) $\frac{1}{4}x^4+\frac{3}{4}\ln|x^4-1|-\frac{3}{4(x^4-1)}-\frac{1}{8(x^4-1)^2}+C$

(20) $-\frac{1}{n}\ln|1+x^{-n}|+C$

习题 4.3

1. (1) $\frac{1}{4}e^{2x}(2x-1)+C$

(2) $\frac{1}{2}(x^2-1)\ln(x-1)-\frac{1}{4}x^2-\frac{1}{2}x+C$

(3) $\frac{2}{9}x\sin 3x-\left(\frac{1}{3}x^2-\frac{2}{27}\right)\cos 3x+C$

(4) $-x\cot x+\ln|\sin x|+C$

(5) $\frac{1}{4}(x^2+x\sin 2x)+\frac{1}{8}\cos 2x+C$

(6) $x\arcsin x+\sqrt{1-x^2}+C$

(7) $x\arctan x-\frac{1}{2}\ln(1+x^2)+C$

(8) $\frac{1}{3}x^3\arctan x-\frac{1}{6}x^2+\frac{1}{6}\ln(1+x^2)+C$

(9) $x\tan x-\frac{1}{2}x^2+\ln|\cos x|+C$

(10) $-2\sqrt{1-x}\arcsin x+4\sqrt{1+x}+C$

(11) $x\ln^2 x-2x\ln x+2x+C$

(12) $\frac{1}{3}x^3\ln x-\frac{1}{9}x^3+C$

(13) $-\frac{1}{26}e^{-x}(\sin 5x+5\cos 5x)+C$

(14) $\frac{1}{2}e^x-\frac{1}{10}e^x(\cos 2x+2\sin 2x)+C$

(15) $-\frac{\ln^3 x+3\ln^2 x+6\ln x+6}{x}+C$

(16) $\frac{1}{2}x[\cos(\ln x)+\sin(\ln x)]+C$

(17) $x(\arcsin x)^2+2\sqrt{1-x^2}\arcsin x-2x+C$

(18) $2e^{\sqrt{x}}(x-2\sqrt{x}+2)+C$

(19) $2e^{\sqrt{x+1}}(\sqrt{x+1}-1)+C$

(20) $x\ln(x+\sqrt{1+x^2})-\sqrt{1+x^2}+C$

(21) $\frac{5}{3}(x^2+x+2)^{\frac{3}{2}}+\frac{2x+1}{8}\sqrt{x^2+x+2}+\frac{7}{16}\ln\left(x+\frac{1}{2}+\sqrt{x^2+x+2}\right)+C$

(22) $\frac{1}{3}(x^2+2x-5)^{\frac{3}{2}}-(x+1)\sqrt{x^2+2x-5}+6\ln\left|x+1+\sqrt{x^2+2x-5}\right|+C$

(23) $\sqrt{x^2+x+1}-\frac{3}{2}\ln\left(x+\frac{1}{2}+\sqrt{x^2+x+1}\right)+C$

(24) $-\sqrt{5+x-x^2}+\frac{5}{2}\arcsin\frac{2x-1}{\sqrt{21}}+C$

2. (1) $I_n=-\frac{1}{n}\sin^{n-1}x\cos x+\frac{n-1}{n}I_{n-2}\quad(n=2,3,4,\cdots)$

其中：$I_0=x+C, I_1=-\cos x+C$

(2) $I_n=\frac{1}{n-1}\tan^{n-1}x-I_{n-2}(n=2,3,4,\cdots)$

其中：$I_0=x+C, I_1=-\ln|\cos x|+C$

(3) $\frac{1}{n-1}\frac{\sin x}{\cos^{n-1}x}+\frac{n-2}{n-1}I_{n-2}(n=2,3,4,\cdots)$

其中 $I_0=x+C, I_1=\ln|\sec x+\tan x|+C$

(4) $I_n=-x^n\cos x+nx^{n-1}\sin x-n(n-1)I_{n-2}(n=2,3,4,\cdots)$

其中 $I_0=-\cos x+C, I_1=-x\cos x+\sin x+C$

(5) $I_n=\frac{1}{1+n^2}e^x(\sin^n x-n\sin^{n-1}x\cos x)+\frac{n(n-1)}{1+n^2}I_{n-2}(n=2,3,4,\cdots)$

其中：$I_0=e^x+C, I_1=\frac{1}{2}e^x(\sin x-\cos x)+C$

(6) $I_n=\frac{1}{1+\alpha}x^{1+\alpha}\ln^n x-\frac{n}{1+\alpha}I_{n-1}(n=1,2,3,\cdots)$，其中 $I_0=\frac{1}{1+\alpha}x^{1+\alpha}+C$

(7) $I_n=-\frac{1}{n}x^{n-1}\sqrt{1-x^2}+\frac{n-1}{n}I_{n-2}(n=2,3,4,\cdots)$

其中 $I_0=\arcsin x+C, I_1=-\sqrt{1-x^2}+C$

(8) $I_n=-\frac{1}{n-1}\frac{\sqrt{1+x}}{x^{n-1}}-\frac{2n-3}{2n-2}I_{n-1}(n=2,3,4,\cdots)$

其中 $I_0=2\sqrt{1+x}+C, I_1=\ln\left|\frac{\sqrt{1+x}-1}{\sqrt{1+x}+1}\right|+C$

习题 4.4

(1) $\frac{1}{4}\ln\left|\frac{x-1}{x+1}\right|+\frac{1}{2(x+1)}+C$

(2) $\frac{1}{2}\ln\left|\frac{x^2-1}{x^2+1}\right|+\frac{3}{4}\ln\left|\frac{x-1}{x+1}\right|-\frac{3}{2}\arctan x+C$

(3) $\frac{1}{4}\ln\left|\frac{1+x}{1-x}\right|-\frac{1}{2}\arctan x+C$

(4) $\frac{1}{2}\ln\frac{x^2+x+1}{x^2+1}+\frac{1}{\sqrt{3}}\arctan\frac{2x+1}{\sqrt{3}}+C$

(5) $\ln|x|-\frac{2}{7}\ln|1+x^7|+C$

(6) $\frac{1}{6}(x-1)\sqrt{2+4x}+C$

(7) $\frac{1}{2}x^2-\frac{1}{2}x\sqrt{x^2-1}+\frac{1}{2}\ln|x+\sqrt{x^2-1}|+C$

(8) $\sqrt{x^2-1}+\ln|x+\sqrt{x^2-1}|+C$

(9) $2\ln(\sqrt{1+x}+\sqrt{x})+C$

(10) $\frac{2x^2-1}{3x^3}\sqrt{1+x^2}+C$

(11) $2\sqrt{x}-4\sqrt[4]{x}+4\ln(\sqrt[4]{x}+1)+C$

(12) $\frac{3}{25}\sqrt[3]{\left(\frac{x-4}{x+1}\right)^5}+C$

(13) $\frac{1}{3}\ln\left|\frac{3+\tan\frac{x}{2}}{3-\tan\frac{x}{2}}\right|+C$

(14) $\frac{2}{\sqrt{3}}\arctan\frac{2\tan\frac{x}{2}+1}{\sqrt{3}}+C$

(15) $-\frac{1}{2\sqrt{3}}\arctan\frac{\sqrt{3}}{2}\cot x+C$

(16) $\ln\left|\tan\frac{x}{2}+1\right|+C$

(17) $\frac{1}{2}(\sin x-\cos x)-\frac{1}{2\sqrt{2}}\ln\left|\tan\left(\frac{x}{2}+\frac{\pi}{8}\right)\right|+C$

(18) $-2\cot 2x+C$

(19) $x-\frac{1}{\sqrt{2}}\arctan(\sqrt{2}\tan x)+C$

(20) $\frac{e^x}{1+x}+C$

(21) $x\ln(1+x^2)-2x+2\arctan x+C$

(22) $-\frac{1}{2}x\sqrt{1-x^2}\arcsin x+\frac{1}{4}x^2+\frac{1}{4}(\arcsin x)^2+C$

(23) $(4-2x)\cos\sqrt{x}+4\sqrt{x}\sin\sqrt{x}+C$

(24) $x\tan\frac{x}{2}+C$

(25) $\frac{1}{2}\ln\left|\frac{e^x-1}{e^x+1}\right|+C$

(26) $6\ln\frac{\sqrt[6]{x}}{\sqrt[6]{x}+1}+C$

(27) $\frac{1}{2}x\sqrt{1-x^2}\arcsin x-\frac{1}{4}x^2+\frac{1}{4}(\arcsin x)^2+C$

(28) $\ln\frac{e^x}{1+e^x}+\frac{1}{1+e^x}+C$

第4章综合练习题

1. (1) $-\frac{2}{3}x^{-\frac{3}{2}}+C$

(2) $\frac{2^x}{\ln 2}+\frac{1}{3}x^3+C$

(3) $x^3+\arctan x+C$

(4) $x-\arctan x+C$

(5) $\frac{8}{15}x^{\frac{15}{8}}+C$

(6) $-\frac{1}{x}-\arctan x+C$

(7) e^x+x+C

(8) $\frac{(3e)^x}{\ln(3e)}+C$

(9) $-\cot x-x+C$

(10) $2x-5\frac{\left(\frac{2}{3}\right)^x}{\ln 2-\ln 3}+C$

(11) $\frac{1}{2}x+\frac{1}{2}\sin x+C$

(12) $\frac{1}{2}\tan x+C$

(13) $\sin x-\cos x+C$

(14) $-\cot x-\tan x+C.$

(15) $\frac{\tan x+x}{2}+C$

(16) $\frac{1}{3}e^{3t}+C$

(17) $-\frac{1}{20}(3-5x)^4+C$

(18) $-\frac{1}{2}(5-3x)^{\frac{2}{3}}+C$

(19) $-\frac{1}{a}\cos ax-be^{\frac{x}{b}}+C$

(20) $2\sin\sqrt{t}+C$

(21) $\frac{1}{11}\tan^{11}x+C$

(22) $\ln|\csc 2x-\cot 2x|+C$

(23) $\arctan e^x+C$

(24) $\frac{1}{2}\sin x^2+C$

(25) $-\frac{3}{4}\ln|1-x^4|+C$

(26) $\frac{1}{2}\frac{1}{\cos^2 x}+C$

(27) $\frac{1}{25}\ln|4-5x|+\frac{4}{25}\frac{1}{4-5x}+C$

(28) $-\frac{1}{97}\frac{1}{(x-1)^{97}}-\frac{1}{49}\frac{1}{(x-1)^{98}}-\frac{1}{99}\frac{1}{(x-1)^{99}}+C$

(29) $\frac{1}{8}\ln\left|\frac{x^2-1}{x^2+1}\right|-\frac{1}{4}\arctan x^2+C$

(30) $\sin x-\frac{1}{3}\sin^3 x+C$

(31) $-\frac{1}{10}\cos 5x+\frac{1}{2}\cos x+C$

(32) $\frac{1}{4}\sin 2x-\frac{1}{24}\sin 12x+C$

(33) $\frac{1}{3}\sec^3 x-\sec x+C$

(34) $-\frac{10^{\arccos x}}{\ln 10}+C$

(35) $\sqrt{x^2-9}-3\arccos\frac{3}{|x|}+C$

(36) $\frac{x}{\sqrt{1+x^2}}+C$

(37) $\frac{x}{a^2\sqrt{a^2+x^2}}+C$

(38) $\frac{9}{2}\arcsin\frac{x+2}{3}+\frac{x+2}{2}\sqrt{5-4x-x^2}+C$

(39) $-\frac{2e^{-2x}}{17}(4\sin\frac{x}{2}+\cos\frac{x}{2})+C$

(40) $2x\sin\frac{x}{2}+4\cos\frac{x}{2}+C$

(41) $x\ln^2 x-2x\ln x+2x+C$

(42) $\frac{1}{n+1}x^{n+1}\left(\ln x-\frac{1}{(n+1)}\right)+C$

(43) $-e^{-x}(x^2+2x+2)+C$

(44) $-\frac{1}{2}\left(x\sin 2x-\frac{3}{2}\right)\cos 2x+\frac{x}{2}\sin 2x+C$

(45) $\frac{e^x}{5}(5\sin^2 x-\sin 2x+2\cos 2x)+C$

(46) $2\sqrt{x}\ln(1+x)-4\sqrt{x}+4\arctan\sqrt{x}+C$

(47) $-e^{-x}(x^2+2x+3)+C$

(48) $\frac{1}{3}x^3-\frac{3}{2}x^2+9x-27\ln|x+3|+C$

(49) $-\frac{x}{(x-1)^2}+C$

(50) $\frac{1}{2}\ln|x^2-1|+\frac{1}{x+1}+C$

(51) $\ln\frac{|x|}{\sqrt{x^2+1}}+C$

(52) $\frac{1}{\sqrt{2}}\arctan\left(\frac{1}{\sqrt{2}}\tan\frac{x}{2}\right)+C$

(53) $\frac{1}{2}[\ln|1+\tan x|-\frac{1}{2}\ln(1+\tan^2 x)+x]+C$

(54) $\ln\left|1+\tan\frac{x}{2}\right|+C$

(55) $\frac{3}{2}\sqrt[3]{(1+x)^2}-3\sqrt[3]{1+x}+3\ln\left|\sqrt[3]{1+x}+1\right|+C$

(56) $\frac{1}{2}x^2-\frac{2}{3}x^{\frac{3}{2}}+x+C$

2. $f(x)=2\sqrt{1+x}-1$

3. 证明：$I_n=\int\tan^n x\,dx=\int(\tan^{n-2}x\sec^2 x-\tan^{n-2}x)dx$

$$=\int\tan^{n-2}x\sec^2 x\,dx-\int\tan^{n-2}x\,dx$$

$$=\int\tan^{n-2}x\,d\tan x-I_{n-2}=\frac{1}{n-1}\tan^{n-1}x-I_{n-2}$$

$n=5$ 时，$I_5=\int\tan^5 x\,dx=\frac{1}{4}\tan^4 x-I_3=\frac{1}{4}\tan^4 x-\frac{1}{2}\tan^2 x+I_1$

$$=\frac{1}{4}\tan^4 x-\frac{1}{2}\tan^2 x+\int\tan x\,dx=\frac{1}{4}\tan^4 x-\frac{1}{2}\tan^2 x-\ln|\cos x|+C$$

4. $\cos x-\frac{2}{x}\sin x+C$

5. $xf^{-1}(x)-F(f^{-1}(x))+C$

习题 5.1

1. 60

2. $\frac{1}{3}$

3. (1)0　　(2)$\frac{\pi}{4}$

4. (1) $\int_0^1 x\,dx>\int_0^1\sin x\,dx$　　(2) $\int_0^1 e^x\,dx>\int_0^1(1+x)dx$

(3) $\int_e^{2e}\ln x\,dx<\int_e^{2e}\ln^2 x\,dx$　　(4) $\int_0^{\frac{\pi}{4}}\sin^4 x\,dx<\int_0^{\frac{\pi}{4}}\sin^2 x\,dx$

5. 0(解法一：利用中值定理；解法二：利用积分不等式)

习题 5.2

1. $\frac{dy}{dx}=y'=\frac{1+\cos^2(y-x)}{\cos^2(y-x)-2y}$

2. (1) $\ln(3x^2+1)$　　(2) $-\sin x\cos(\pi\cos^2 x)-\cos x\cos(\pi\sin^2 x)$

(3) $\frac{3x^2}{\sqrt{1+x^6}}-\frac{2x}{\sqrt{1+x^4}}$　　(4) $\int_0^{x^2} e^{t^2} dt+2x^2 e^{x^4}$

3. (1) $a\left(a^2-\frac{a}{2}+1\right)$　(2) $\frac{21}{8}$　(3) $\frac{\pi}{6}$　(4) $\frac{\pi}{3a}$

(5) π　(6) 0　(7) 1　(8) $\frac{8}{3}$

4. 1

习题 5.3

1. (1) $\frac{1}{2}$　(2) $\frac{1}{3}$　(3) $\frac{7}{72}$　(4) $2\ln 3-3\ln 2$

2. (1) $\frac{e^2+1}{4}$　(2) $\ln 2-\frac{3}{8}$　(3) $\frac{\pi}{4}-\frac{1}{2}$　(4) 0

3. 1

4. 提示:作换元 $x=1-u$

习题 5.4

1. (1) 0　(2) $\frac{\pi}{\sqrt{2}}$　(3) π

(4) 发散　(5) 发散　(6) $2(\ln 2-1)$

2. 当 $a=1$ 时,$\int_2^{+\infty} \frac{1}{x(\ln x)^a} dx=+\infty$

当 $a\neq 1$ 时,$\int_2^{+\infty} \frac{1}{x(\ln x)^a} dx=\begin{cases}\frac{1}{(a-1)(\ln 2)^{a-1}}, & a>1\\ +\infty, & a<1\end{cases}$

所以:当 $a>1$ 时,原无穷积分收敛

当 $a\leqslant 1$ 时,原无穷积分发散

习题 5.5

1. (1) $\frac{3}{2}-\ln 2$　(2) $\frac{1}{6}$　(3) $\frac{3}{2}$　(4) $\frac{9}{2}$

2. $\frac{9}{4}$

3. $\frac{16}{3}p^2$

4. (1) $\frac{27\pi}{2}$　(2) $160\pi^2$

5. $8a$

第5章综合练习题

1. (1) $e-e^{-1}$　(2) -2　(3) $\frac{3}{2}$　(4) $-e^{-y}\cos x$　(5) $\frac{1}{3}$

2. (1) A　(2) D　(3) A　(4) C　(5) B

3. (1) $\frac{\pi}{4}-\arctan 2-1$　(2) 4　(3) $\frac{\pi}{2}$　(4) $\sqrt{2}-1$

(5) $\frac{1}{4}$　(6) $\frac{e-1}{2}$　(7) $-\frac{\pi}{4}+\arctan e$　(8) $\frac{\pi}{2}-1$

(9) $\ln 2-\frac{1}{2}$　(10) $-2e$

4. (1) $\frac{\pi}{2}$　(2) $\sqrt{2\pi}$　(3) π　(4) $-\frac{\pi}{2}\ln 2$

5. (1) $\frac{2}{3}(2\sqrt{2}-1)$　(2) 2　(3) 2　(4) $\frac{9}{2}$

6. 略

7. 略

8. $1+\ln(1+e^{-1})$

习题 6.1

1. (1) 一阶　(2) 二阶　(3) 三阶

   (4) 一阶　(5) 三阶　(6) 二阶

2. (1) 是　(2) 是　(3) 不是

习题 6.2

1. (1) $y=e^{cx}$　(2) $y=\frac{1}{2}x^2+\frac{1}{5}x^3+C$

(3) $(1-x)(1+y)=C$　(4) $(x-4)y^4=Cx$

2. (1) $e^y=\frac{1}{2}(e^{2x}+1)$　(2) $\cos x-\sqrt{2}\cos y=0$

(3) $x^2y=4$　(4) $2y^3+3y^2-2x^3-3x^2=-5$

3. $xy=6$

习题 6.3

1. (1) $\csc\frac{y}{x}-\cot\frac{y}{x}=Cx$　　(2) $\ln\frac{y}{x}=Cx+1$

(3) $y^2=x^2(2\ln|x|+C)$　　(4) $2xy-y^2=C$

2. (1) $y^3=y^2-x^2$　　(2) $y^2=2x^2(\ln|x|+2)$

习题 6.4

1. (1) $y=(x^2+C)e^x$　　(2) $y=\frac{1}{3}x^2+\frac{3}{2}x+2+\frac{C}{x}$

(3) $y=(x+C)e^{-\sin x}$　　(4) $y=\frac{\sin x+C}{x^2-1}$

(5) $x=Cy^3+\frac{1}{2}y^2$　　(6) $2x\ln y=\ln^2 y+C$

2. (1) $y=\frac{x}{\cos x}$　　(2) $y=\frac{\pi-1-\cos x}{x}$

(3) $y=\frac{2}{3}(4-e^{-3x})$　　(4) $y=x^3(1-e^{x^{-2}-1})$

3. $y=2(e^x-x-1)$

习题 6.5

1. (1) $y=C_1e^x+C_2e^{-2x}$　　(2) $y=C_1+C_2e^{4x}$

(3) $y=e^{-3x}(C_1\cos 2x+C_2\sin 2x)$　　(4) $y=C_1\cos 3x+C_2\sin 3x$

(5) $y=C_1e^{-3x}+C_2e^{3x}-\frac{2}{9}x$　　(6) $y=\left(C_1+\frac{1}{2}\right)e^{2x}+C_2$

2. (1) $y=4e^x+2e^{3x}$　　(2) $y=(2+x)e^{-\frac{x}{2}}$

(3) $y=e^{-x}-e^{4x}$　　(4) $y=-\cos x-\frac{1}{3}\sin x+\frac{1}{3}\sin 2x$

参考文献

[1] 于伟建,万细仔.经济数学基础[M].2版.北京:北京理工大学出版社,2012.

[2] 顾静相.经济应用数学(上册)[M].北京:高等教育出版社,2009.

[3] 同济大学数学系.高等数学(上册)[M].北京:高等教育出版社,2007.